Gerd Hammer

Untersuchung der Eigenschaften von planaren Mikrowellen-resonatoren für Kinetic-Inductance Detektoren bei 4,2 K

Untersuchung der Eigenschaften von planaren Mikrowellen-resonatoren für Kinetic-Inductance Detektoren bei 4,2 K

Karlsruher Schriftenreihe zur Supraleitung
Band 005

Herausgeber: Prof. Dr.-Ing. M. Noe
                Prof. Dr. rer. nat. M. Siegel

Eine Übersicht über alle bisher in dieser Schriftenreihe erschienenen
Bände finden Sie am Ende des Buchs.

Untersuchung der Eigenschaften von planaren Mikrowellenresonatoren für Kinetic-Inductance Detektoren bei 4,2 K

von
Gerd Hammer

Dissertation, Karlsruher Institut für Technologie
Fakultät für Elektrotechnik und Informationstechnik, 2011
Hauptreferent: Prof. Dr. rer. nat. Michael Siegel
              Prof. Dr.-Ing. habil. Hannes Töpfer

Impressum

Karlsruher Institut für Technologie (KIT)
KIT Scientific Publishing
Straße am Forum 2
D-76131 Karlsruhe
www.ksp.kit.edu

KIT – Universität des Landes Baden-Württemberg und nationales
Forschungszentrum in der Helmholtz-Gemeinschaft

KIT Scientific Publishing 2011
Print on Demand

ISSN 1869-1765
ISBN 978-3-86644-715-8

Untersuchung der Eigenschaften von planaren Mikrowellenresonatoren für Kinetic–Inductance Detektoren bei 4,2 K

Zur Erlangung des akademischen Grades eines

DOKTOR–INGENIEURS

von der Fakultät für

Elektrotechnik und Informationstechnik

des Karlsruher Instituts für Technologie (KIT)

genehmigte

DISSERTATION

von

Dipl.–Ing. Gerd Hammer

geb. in Schramberg

Tag der mündlichen Prüfung:	14. Juli 2011
Hauptreferent:	Prof. Dr. rer. nat. Michael Siegel
Korreferent:	Prof. Dr.–Ing. habil. Hannes Töpfer

Vorwort

Die vorliegende Arbeit entstand am Institut für Mikro– und Nanoelektronische Systeme der Fakultät für Elektro– und Informationstechnik des Karlsruher Instituts für Technologie (KIT). Dem Leiter des Instituts Herrn Professor Dr. rer. nat. Michael Siegel bin ich für das Ermöglichen dieser Arbeit, seiner Unterstützung und die Übernahme des Hauptreferats zu großem Dank verpflichtet. Ebenso danke ich Herrn Professor Dr.–Ing. habil. Hannes Töpfer für die Übernahme des Korreferates.

Mein besonderer Dank gilt meinem Betreuer, Herrn Dr.–Ing. Stefan Wünsch, für die vertrauensvolle Zusammenarbeit. Seine umfassenden Erfahrungen auf dem Gebiet der supraleitenden Mikrowellenschaltungen waren bei den Problemstellungen und Messungen sehr hilfreich und er hatte für alle Fragestellungen stets ein offenes Ohr.

Meinen Kollegen am Institut, sowohl aus dem wissenschaftlichen wie auch aus dem technischen Bereich, und allen beteiligten Studenten möchte ich für die tatkräftige fachliche Unterstützung und die wertvollen Diskussionen danken, die mit zum Gelingen dieser Arbeit beigetragen haben. In alphabetischer Reihenfolge danke ich namentlich Erich Crocoll, Doris Duffner, Karlheinz Gutbrod, Martin Herold, Matthias Hofherr, Dr. Konstantin Ilin, Dr. Christoph Kaiser, Tobias Kappler, Ulrich Lewark, Max Meckbach, Petra Probst, Dagmar Rall, Markus Rösch, Frank Ruhnau, Alexander Stassen, Alexander Scheuring, Axel Stockhausen und Hansjürgen Wermund.

Nicht zuletzt bedanke ich mich bei meinen Eltern Waltraud und Eberhard, meinen Geschwistern Dagmar, Carmen und Peter und meiner Verlobten Jasmin mit ihren Eltern Sybille und Andreas für ihre unermüdliche Unterstützung und Motivation bei der Durchführung dieser Arbeit.

Inhaltsverzeichnis

1. Einleitung

Im elektromagnetischen Frequenzspektrum liegt zwischen den Mikrowellen und der Infrarot-strahlung ein Bereich, der nach heutigem Stand technisch noch nicht intensiv genutzt wird [1]. Diese THz–Frequenzen im Band von 300 GHz – 30 THz bzw. diese submm–Wellen bei Längen zwischen 1 mm – 10 μm befinden sich im technischen Grenzbereich zwischen Mikro-wellenelektronik und optischen Systemen. Seit einigen Jahren weitet sich das Interesse an der THz–Technologie von der Grundlagenforschung für Atmosphärentechnik und Radioastrono-mie auf industrielle Anwendungen wie Materialforschung und Sicherheitstechnik aus [1, 2, 3]. Dabei werden supraleitende Detektoren als Mikrokalorimeter (Transition Edge Sensoren – TES) oder als supraleitende Tunnelkontakte (Superconducting Tunnel Junctions – STJ) basie-rend auf extern angeregten Tunnelprozessen der Elektronen eingesetzt [2]. Durch die Kühlung der Detektoren wird das thermische Rauschen bei der Messung minimiert und die Energie-auflösung verbessert. Supraleiter bieten aufgrund ihrer kleinen Energielücke Δ, mit Werten im meV Bereich, sehr viel größere Empfindlichkeiten als Halbleiter. Zum Auslesen werden neben Induktivitäten und Widerständen auch Tunnelkontakte u.a. für die Auslesesysteme mit SQUIDs (Superconducting QUantum Interference Devices) benötigt. Der zusätzliche Auf-wand macht die Realisierung von Arrays schwierig, da die benötigten Multiplexsysteme im Kryostat realisiert werden müssen [4]. Die Detektortechnologien stellen hohe Anforderungen an die Produktionsprozesse und die Reproduzierbarkeit, was nur durch erheblichen techni-schen und kostenintensiven Aufwand realisierbar ist. Für Kameraanwendungen sind diese Systeme bedingt geeignet, da mit großen Pixelzahlen die Einschränkungen bei der Realisie-rung zunehmen.

Kinetic–Inductance Detektoren (KIDs) wurden im Jahr 2003 als erfolgversprechendes neu-es Detektorkonzept für die Astronomie im Frequenzbereich von Röntgenstrahlung, optischen Wellenlängen und Infrarotstrahlung vorgestellt [5, 6, 7, 8]. Dabei wird der bekannte Effekt der kinetischen Induktivität zur Messung der Einflüsse einer externen Anregung auf die Ladungsträger verwendet [9]. In diesem Prinzip wird, vergleichbar zu Elektronen in Halbleiter- oder Phononendetektoren, die relative Anzahl von Ladungsträgern und Löchern bzw. Cooper-Paaren (CP) und Quasiteilchen (QT) in Abhängigkeit von der eingestrahlten Leistung gemessen. Die zugeführte Energie führt zum Aufbrechen der CP und der Zunahme der Induktivität. Bei KIDs wird dieser Parameter in einem Schwingkreis messtechnisch erfasst und ausgewertet. Unterhalb der Sprungtemperatur T_C erhöht sich die Empfindlichkeit dieses Detektortyps exponentiell und wird durch das thermisch verursachte Generierungs- und Rekombinationsrauschen der QT beschränkt [8]. Im Detektorkonzept der KIDs ist das Frequenzbereichs-Multiplexen (FDM) ein zentraler Bestandteil des Designs, wodurch die Detektoren zu großen Arrays erweitert werden können. Bis zu 10 000 Pixel könnten auf diese Weise an zwei koaxialen Leitungen ausgelesen werden [10]. Damit bieten KIDs das Potenzial von höheren Empfindlichkeiten und schnelleren Antwortzeiten als herkömmliche Detektoren bei gleichzeitig einfacher Herstellung und flexibler Skalierung zu großformatigen Arrays.

Für eine Realisierung des KID–Prinzips wurden bereits verschiedene Detektorentwürfe vorgestellt und deren Machbarkeit demonstriert [8, 11]. Untersuchungen zum Nachweis des physikalischen Messprinzips, Messungen von Empfindlichkeit, Relaxationszeit und Frequenzrauschen unter Verwendung verschiedener Materialien bei mK–Temperaturen sind dokumentiert [12, 13, 14]. Der Aufbau des Messsystems vom physikalischen Messsignal über die elektrischen Signale bis zur Auswertung ist sehr komplex, wobei viele Parameter ermittelt und optimiert werden müssen. Das Mikrowellendesign der Resonatoren im KID wurde bisher vernachlässigt, obwohl der Resonator das Kernelement des Detektors und der FDM–Auslese darstellt. Eine Anpassung der Technologie auf zugeschnittene Anwendungen für hochsensitive Einzel–Pixel–Detektoren oder Integration in große Multipixel–Arrays ist bisher nicht möglich. Diese Arbeit beschäftigt sich mit der Untersuchung und Optimierung der Mikrowelleneigenschaften von Resonatoren für KIDs, die diesem Detektorkonzept zugrunde liegen. Es wird der Entwurf und die Herstellung von KIDs bei einer Betriebstemperatur von $4, 2$ K gezeigt. Das Ziel sind hochgütige Resonatoren für KID–Arrays mit hoher Packungsdichte, die sich zu großen Pixelzahlen erweitern lassen. Die Eigenschaften und Verhaltensweisen der

KIDs, welche durch die Miniaturisierung der Strukturen oder durch die Funktion im Verbund mit weiteren KIDs entstehen, werden dokumentiert und ausgewertet.

Das Konzept eines KIDs wird mit den wichtigsten Parametern und Eigenschaften in Kapitel 2 beschrieben. Kapitel 3 stellt die Entwurfsparameter der Schwingkreise mit den notwendigen Berechnungen, den Simulationsparametern und den Messumgebungen vor. Als erstes werden die Koppelparameter des Schwingkreises im Kapitel 4 anhand der Reflexionsparameter von $\lambda/4$–Leitungsresonatoren untersucht. Die Reflexion ist ein sehr sensitiver Messparameter und zeigt bei selbst kleinsten Veränderungen der Impedanz im Schwingkreis einen großen Einfluss auf die Reflexionsmessung. Da die rücklaufende Welle separiert und ausgewertet werden muss, ist der Aufwand für die Erstellung von Arrays hoch. Zur Erweiterung des Einzelresonatorkonzepts werden daher in Kapitel 5 sowohl Untersuchungen zur Ankopplung der Resonatoren an eine Durchgangsleitung als auch die Ankopplung von mehreren $\lambda/4$–Leitungsresonatoren an einer gemeinsamen Zuleitung gezeigt. Die gewonnenen Erkenntnisse werden in Multi–Resonator Arrays umgesetzt und messtechnisch erfasst. Die Miniaturisierung der Leitungsresonatoren zur Erhöhung der Packungsdichte ist limitiert, da die Leitungslänge einer viertel Betriebswellenlänge bzw. deren elektrisch wirksamen Länge entsprechen muss. Mit konzentrierten Resonatoren aus induktiven und kapazitiven Elementen in Kapitel 6 lassen sich höhere Packungsdichten erzielen. Sowohl die Mikrowelleneigenschaften von einzelnen Resonatoren als auch von Arrays werden untersucht. Den Abschluss bildet Kapitel 7 mit einem Vergleich der Resonatoren und den wichtigsten Ergebnissen des Mikrowellendesigns, gefolgt vom Ausblick.

2. Kinetic–Inductance Detektoren (KID)

Kinetic–Inductance Detektoren haben das Potenzial, Empfindlichkeiten bis zum Quanten-limit zu erreichen. Gleichzeitig ist durch eine Frequenzbereichs–Auslese (Frequency–Domain Multiplexing – FDM) der Einsatz in großen Arrays möglich. Der Schwerpunkt der nachfolgenden Kapitel liegt auf der Untersuchung von Resonatoren, die den Grundbestandteil eines KIDs bilden. Um ein Verständnis der Resonatoren im Detektor zu erlangen, wird dessen Funktionsprinzip vorgestellt und mit den zugrunde liegenden Mechanismen im Speziellen vertieft. Konzeption, Aufbau, Strahlungseinkopplung und Auslesemethoden helfen einen Überblick über das System zu erlangen und die entscheidenden Mikrowellenparameter, Geometrien und Materialien für die notwendigen Umgebungsbedingungen zu identifizieren. Auf diese Weise lassen sich optimierte Mikrowellendesigns für leistungsfähige Detektoren entwerfen.

2.1. Funktionsprinzip des Detektors

Der Schwingkreis, als Kernelement des KIDs, ist aus einer Induktivität L und einer Kapazität C aufgebaut. Die Abbildung 2.1 (a) zeigt einen idealen LC–Resonator ohne Anschlüsse für die Signalquelle und die Ausleseelektronik. Durch die Parallelschaltung von Induktivität und Kapazität wird ein komplexe Impedanz definiert. Die Resonanzfrequenz f_0 bzw. die Kreisresonanzfrequenz ω_0 des Schwingkreises lässt sich durch die Werte von L und C nach

$$f_0 = \frac{1}{2\pi\sqrt{LC}} \quad \text{bzw.} \quad \omega_0 = \frac{1}{\sqrt{LC}} \tag{2.1}$$

bestimmen [15, 16]. Im KID werden die Induktivitäten mit supraleitenden Schichten realisiert, deren Induktivitätsbetrag neben den geometrischen Parametern von der eingekoppelten Mikrowellenleistung abhängt. Diese Eigenschaft wird in Kapitel 2.2 vertieft. Bei konstanter Kapazität C verändert sich damit die Impedanz des LC–Schwingkreises. Eine Vergrößerung

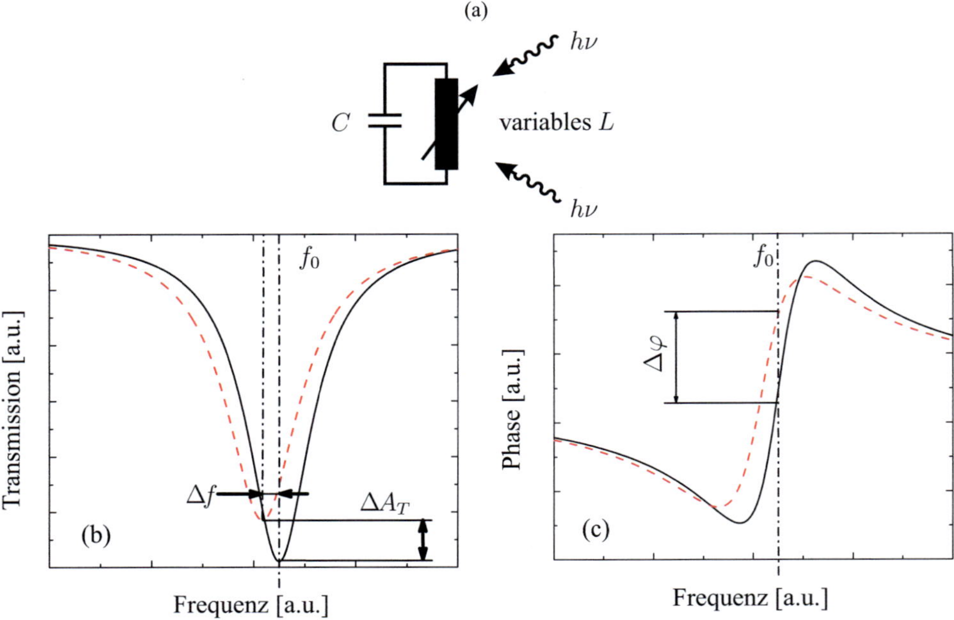

Abbildung 2.1.: (a) Ersatzschaltbild eines idealen LC–Schwingkreises mit supraleitender Induktivität. Durch die Einkopplung einer zusätzlichen Leistung wird die Induktivität L vergrößert und damit die Resonanzfrequenz f_0 verstimmt. (b+c) Darstellung des Amplituden– (b) und Phasenverlaufs (c) eines Resonators im Frequenzbereich um die Resonanzfrequenz ohne (—) und mit (– – –) Verstimmung der Resonanz durch Vergrößerung der Induktivität.

der Induktivität macht sich durch eine Verstimmung der Resonanz f_0 zu niedrigeren Frequenzen bemerkbar. Bei dieser Frequenzverschiebung werden die Amplituden und Phasen ebenfalls verändert. Die Abbildungen 2.1 (b) bzw. (c) stellen den Frequenz– bzw. Phasenverlauf eines Schwingkreises dar, der eine Dämpfung bei der Resonanz und damit die Charakteristik einer Bandsperre zeigt. Das elektrische Verhalten des Schwingkreises ohne bzw. mit einer einfallenden Leistung ist im Frequenzbereich um die Resonanz gezeigt. In Abhängigkeit von der eingestrahlten Leistung wird die Resonanz entsprechend stark zu kleineren Frequenzen ausgelenkt.

Zur Analyse des Schwingkreises werden zwei Vorgehensweisen unterschieden. Einerseits lässt sich der Amplitudenverlauf mit einem Spektrumanalysator durch Abtastung des Frequenzbereichs um die Resonanz ermitteln, um die Frequenzänderung Δf auszuwerten. Die abzulesende Frequenz der Resonanz wird am tiefsten Punkt der Messkurve gemessen. In Abbildung 2.1 (b) sind diese Werte durch vertikale Linien markiert. Andererseits kann die Messfrequenz bei der Resonanz des unbeeinflussten Schwingkreises festgehalten werden, um Amplituden– (ΔA_T) und Phasenänderungen ($\Delta \varphi$) aufzuzeichnen. Sowohl die Amplituden– als auch die Phaseninformation werden bei der Resonanzfrequenz bzw. bei 0°–Phasendrehung des unbeeinflussten Schwingkreises abgelesen. Aus den Amplituden– bzw. Phasenänderungen lassen sich mit Kenntnis der Schwingkreisparameter und unter Anwendung der Lorentzfunktion sowohl Kurvenverschiebung als auch Resonanzfrequenz errechnen.

Um kleinste Signale messen zu können, werden hohe Anforderungen an die Ausleseelektronik gestellt. Geringe Leistungen des zu messenden Signals implizieren kleine Änderungen der kinetischen Induktivität mit minimaler Verstimmung der Resonanzfrequenz. Damit die Veränderungen nicht im Rauschen untergehen, ist eine extrem schmale Resonanz mit tiefer Senke und steiler Phasenflanke notwendig. Auf die Möglichkeiten und Grenzen der Auslesemethoden für KID–Schwingkreise wird am Ende des Kapitels 2 eingegangen.

2.2. Detektionsmechanismus im KID

Die Verschiebung der Resonanz im KID wird durch die veränderliche Induktivität L verursacht. Der zugrunde liegende Mechanismus basiert auf dem Einfluss der zugeführten elektromagnetischen Leistung auf den Strom bzw. die Ladungsträger im elektrischen Leiter. Im verlustlosen Leiter mit vernachlässigbar großem Querschnitt wird das elektrische Feld H aus dem Leiter verdrängt, wodurch dessen Energie im magnetischen Feld außerhalb des Leiters gespeichert wird. Die Energie E_{geo} ist unabhängig von Temperatureinflüssen und wird durch das Integral von H über dem Volumen V mit der Permittivität μ_0 bestimmt [9].

$$E_{geo} = \int_V \frac{1}{2}\mu_0 H^2 \, dV \tag{2.2}$$

Bei nicht vernachlässigbarem Querschnitt dringen elektrische Felder im Normalleiter innerhalb der Wirbelstromeindringtiefe bzw. im Supraleiter innerhalb der London–Eindringtiefe λ_L ein [17]. Die Ströme in diesem Leitervolumen V_L tragen die Bewegungsenergie der Ladungsträger und steuern auf diese Weise einen zusätzlichen Beitrag bei [9].

$$E_{kin} = \int_{V_L} \frac{1}{2} mnv^2 \, dV \tag{2.3}$$

Im Prinzip ist die kinetische Energie E_{kin} mit einer Trägheit der Ladungsträger vergleichbar, die durch das elektrische Wechselfeld verursacht wird. Die Parameter Masse m, Ladungsträgerdichte n und Ladungsträgergeschwindigkeit v sind unabhängig vom magnetischen Feld und der Stromdichte. Durch Addition von Gleichungen (2.2) und (2.3) ergibt sich die Gesamtenergie E aus dem stationären bzw. geometrischen Anteil E_{geo} und dem kinetischen bzw. bewegten Anteil E_{kin}. Im homogenen Leiter mit einheitlicher Querschnittsgeometrie und Stromdichteverteilung kann diese zu

$$\begin{aligned} E = E_{geo} + E_{kin} &= \int_V \frac{1}{2} \mu_0 H^2 \, dV + \int_{V_L} \frac{1}{2} mnv^2 \, dV \\ &= \frac{1}{2} I^2 (L_{geo} + L_{kin}) = \frac{1}{2} I^2 L \end{aligned} \tag{2.4}$$

umgeformt werden [9]. Die Gesamtinduktivität setzt sich analog zur Energie aus dem geometrischen Anteil und dem kinetischen Anteil zu $L = L_{geo} + L_{kin}$ zusammen. Die geometrische Energie E_{geo} bestimmt die geometrische bzw. äußere Induktivität L_{geo} [18]. Im Schwingkreis sind L_{geo} und Kapazität C durch die geometrische und materialspezifische Realisierung definiert und können durch deren Änderung beeinflusst werden. Die kinetische Energie E_{kin} bestimmt die kinetische bzw. innere Induktivität L_{kin} [18]. Damit ist L_{kin} eine Größe, die den Resonator eines KIDs durch elektromagnetische Kräfte von Außen verstimmt und dessen Impedanz verändert.

Nach dem Drude–Modell treten im elektrischen Leiter Verluste durch Kollisionen von bewegten Ladungsträgern mit einer mittleren Stoßzeit $\bar{t}$ bzw. Relaxationszeit τ zwischen zwei Stößen auf [19]. Der Widerstand eines Leiters ist umgekehrt proportional zur Relaxationszeit, während die Reaktanz mit der kinetischen Induktivität alleine von der Frequenz abhängt. Für Normalleiter liegt τ bei Raumtemperatur in der Größenordnung von $0,1$ ps, wodurch die kinetische Reaktanz erst bei Frequenzen größer als 10 THz über den reellen Widerstand dominiert [9, 20]. Die Studien von Heinrich Hertz zeigten bereits, dass die kinetische Induktivität im metallischen Leiter gegenüber dem geometrischen Anteil selbst bei optimierten Geometrien mindestens um einen Faktor 300 kleiner ist [21]. Damit liegt der Anteil α_{kin} als Verhältnis von kinetischer Induktivität zur Gesamtinduktivität mit

$$\alpha_{kin} = \frac{L_{kin}}{L} \tag{2.5}$$

bei ≈ 3 ‰ und ist vernachlässigbar klein.

Bei der Verwendung von Supraleitern gilt $\tau \to \infty$, weshalb der Ausdruck $\omega > \frac{1}{\tau}$ für nahezu jede Frequenz gültig ist [22]. Damit dominiert der Einfluss der Reaktanz selbst bei niedrigen Frequenzen über den reellen Widerstand. Die kinetische Induktivität ist in der Lage den Wert der geometrischen Induktivität zu übertreffen. Der Anteil der kinetischen Induktivität erreicht Werte im Bereich von $0,5 < \alpha_{kin} < 1$. Für einen supraleitenden Draht von 1 m Länge und $0,25$ mm Durchmesser liegt der absolute Wert der kinetischen Induktivität in der Größenordnung von $L_{kin} \approx 100$ pH [9]. Der absolute Wert ist im Vergleich zu kommerziellen Induktivitäten sehr klein, aber der L_{kin}–Anteil verschwindet dabei nicht im Messrauschen. Deshalb sind für die Realisierung von Kinetic–Inductance Detektoren supraleitende Leitermaterialien notwendig. Ein Vergleich von Normal– und Supraleitung ist im Anhang A zusammengefasst.

Im folgenden Verlauf werden die grundlegenden Eigenschaften von supraleitenden Induktivitäten mit ihren Abhängigkeiten von Schichtdicke und Temperatur diskutiert. Dabei werden die theoretischen Abhandlungen aus den Anhängen A und B verwendet. In einem supraleitenden Material erfolgt der Transport eines Stromes durch die supraleitenden Ladungsträger verlustfrei. Photonen mit einer Strahlungsenergie $E = h\nu$ können die gekoppelten Elektronenpaare (Cooper–Paare) zu zwei ungebundenen Elektronen (Quasiteilchen) anregen, wenn mit $h\nu > 2\Delta$ die Energielücke des Supraleiters überwunden wird. Für Aluminium mit einer Sprungtemperatur von $T_C = 1,19$ K muss die Strahlungsfrequenz $\nu > 88$ GHz sein. Bei Niob mit $T_C = 9,25$ K muss $\nu > 680$ GHz gelten. Die Abbildung 2.2 zeigt die energetisch erlaubten Zustände der Ladungsträger im Supraleiter mit Cooper–Paaren (CP) und Quasiteilchen (QT). Über die Sprungtemperatur T_C lässt sich die Bindungsenergie der Cooper–Paare

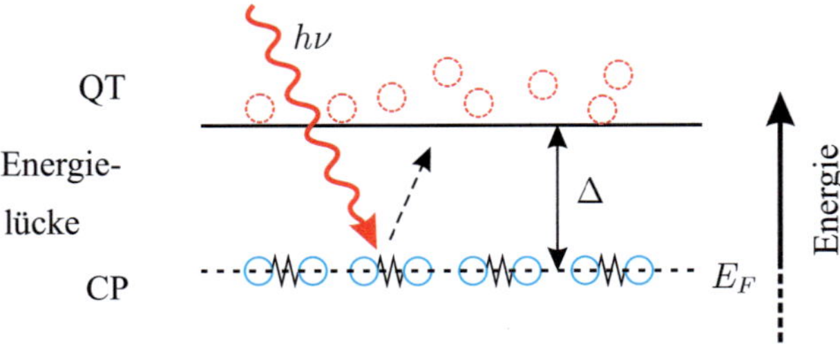

Abbildung 2.2.: Schematische Darstellung der Energie im supraleitenden Grundzustand und im angeregten Zustand, die durch die Energielücke Δ getrennt sind. Bei Anregung eines Cooper–Paares (CP) aus dem Fermi–Energieniveau E_F mit einem Photon der Energie $h\nu > 2\Delta$, wird das CP zu zwei Quasiteilchen (QT) aufgebrochen [20].

mit der materialabhängigen Energielücke Δ nach Gleichung (A.2) berechnen [17]. Bei Erhöhung der Temperatur bis hin zur Sprungtemperatur T_C sinkt die Cooper–Paar–Dichte n_S, während die Quasiteilchendichte n_N steigt. Dieses Verhalten wird durch das Zweiflüssigkeitsmodell beschrieben [17]. Für den Fall einer höheren Temperatur muss bei ansonsten konstanten Bedingungen die gleiche Energie mit weniger supraleitenden Ladungsträgern transportiert werden. Die reduzierte Anzahl der Ladungsträger kann durch eine höhere Geschwindigkeit der CP kompensiert werden, wodurch der Trägheitseffekt der bewegten Ladungsträger vergrößert wird [23]. Die kinetische Induktivität L_{kin} und damit die Gesamtinduktivität steigt an.

Neben der Temperatur wirkt sich die Schichtdicke t des Leiters durch das Integral über dem Volumen aus Gleichung (2.3) auf die Größe von L_{kin} aus. Anhand der Gleichungen (B.10) bis (B.12) in Anhang B.1 lassen sich die Induktivitäten für verschiedene Materialien in einem Temperaturbereich berechnen. Die Auswertung in Abbildung 2.3 (a) zeigt den Verlauf der Induktivitäten L_{kin}, L_{geo} und der resultierenden Gesamtinduktivität für Niob bzw. Aluminium für Schichtdicken zwischen 50 nm $\leq t \leq$ 250 nm. In Tabelle 2.1 sind alle notwendigen Parameter für die Berechnungen angegeben. Die Temperatur ist zur besseren Vergleichbarkeit auf $T = T_C/2$ normiert. Alle Berechnungen der Induktivitäten er-

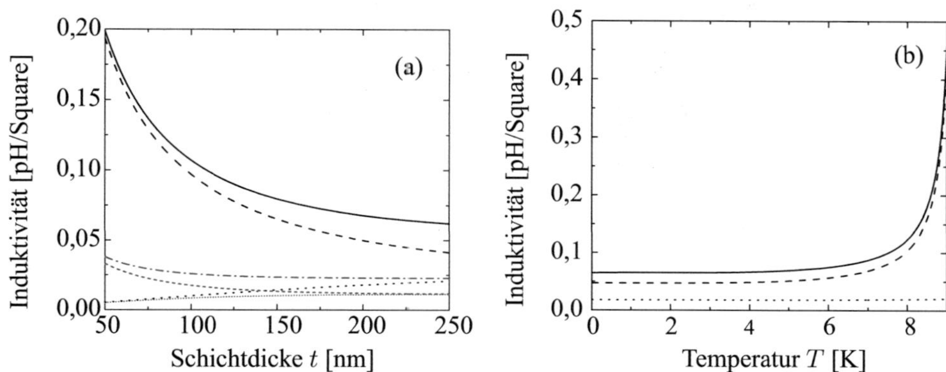

Abbildung 2.3.: (a) Abhängigkeit der berechneten Induktivitäten L (—), L_{kin} (– – –) und L_{geo} ($\cdot$ $\cdot$ $\cdot$) für Niob bzw. L (– $\cdot$ –), L_{kin} (- - -) und L_{geo} ($\cdots$) für Aluminium bei $T = T_C/2$ für Schichtdicken zwischen 50 nm $\leq t \leq$ 250 nm. (b) Abhängigkeit der berechneten Induktivitäten L (—), L_{kin} (– – –) und L_{geo} ($\cdot$ $\cdot$ $\cdot$) für Niob bei konstanter Schichtdicke $t = 200$ nm für Temperaturen zwischen $0,01$ K $\leq T \leq 9$ K. Die Berechnung erfolgt in [H/Square] ohne Angabe einer Innenleiterbreite [11].

Tabelle 2.1.: Parameter der Induktivitätsberechnung [11, 18, 24] und Resultate der Induktivitätsanteile $\alpha_{kin} = L_{kin}/L$ von Niob und Aluminium.

	Niob	Aluminium
Temperatur T [K]	$T_C/2 = 4,625$	$T_C/2 = 0,595$
Londoneindringtiefe λ_L [nm]	85	35
Schichtdicke t [nm]	50 ... 250	
α_{kin} @ $t = 50$ nm	$0,97$	$0,87$
α_{kin} @ $t = 250$ nm	$0,66$	$0,51$

folgen in der Einheit [H/Square]. Durch das Normieren auf Strukturquadrate entfällt die Angabe einer Leiterbreite [11]. Die Berechnungen zeigen, dass für die aufgeführten Bedingungen die kinetische Induktivität von Niob größer ist als von Aluminium. Für kleine Schichtdicken steigt die kinetische Induktivität an während die geometrische Induktivität abnimmt. Der Anteil der kinetischen Induktivität bewegt sich zwischen $0,66 \leq \alpha_{kin,Nb} \leq 0,97$ bzw. $0,51 \leq \alpha_{kin,Al} \leq 0,87$. Die Abbildung 2.3 (b) zeigt den berechneten Verlauf der Induktivitäten von Niob über der Temperatur bei einer Schichtdicke von 250 nm. Unterhalb der halben Sprungtemperatur ist die kinetische Induktivität nahezu unabhängig von der Temperatur. Im Bereich zwischen $T_C/2 \leq T < T_C$ tritt ein exponentieller Anstieg der kinetischen Induktivität ein, der proportional zum Anstieg der Quasiteilchen ist.

Beim Vergleich zwischen den beiden Materialien für die KID–Auswahl ist Niob wegen der größeren kinetischen Induktivität und gleichzeitig höheren Betriebstemperatur gegenüber Aluminum zu bevorzugen. Die besten Voraussetzungen für hohe L_{kin}–Werte sind dünne Schichten und Temperaturen nahe der Sprungtemperatur. Beides wirkt sich allerdings negativ auf die Verluste im Supraleiter aus. Dieser Widerspruch macht eine Optimierung von Betriebstemperatur und Schichtdicke notwendig, um eine geeignete Kombination zwischen hoher Induktivität und niedrigen Verlusten zu finden [17]. In vielen Anwendungen wird dennoch Aluminium als Detektorschicht bevorzugt [7, 8, 11]. Die Energielücke von Aluminium erlaubt die Detektion von Strahlung oberhalb von 88 GHz und schließt im Gegensatz zu Niob den niedrigen dreistelligen GHz–Bereich als nutzbaren Frequenzbereich mit ein. Daher sollte die Energielücke der Resonatormetallisierung möglichst klein sein. Die Leitfähigkeit von Aluminium ist mit 37 MS/m größer als bei Niob mit $27,8$ MS/m [11, 24] und zeigt geringere Verluste. Bei vergleichbarer Geometrie, Betriebsfrequenz und auf T_C normierter Temperatur sind die Verluste im Aluminiumleiter deswegen kleiner. Diese Vorteile müssen wegen der niedrigen Sprungtemperatur des Aluminiums von $T_C = 1,19$ K mit einer sehr aufwändigen Kühlung bei Temperaturen im mK–Bereich erkauft werden.

In dieser Arbeit wird eine Methodik entwickelt, die den einfachen und schnellen Entwurf von Resonatoren mit zielgerichteten Eigenschaften für Detektoranwendungen erlaubt. Dabei werden die Mikrowelleneigenschaften von Resonatoren für KIDs untersucht. Niob bietet insbesondere für diesen Fall den Vorteil einer höheren Betriebstemperatur bei $T_C/2 = 4,6$ K. Dadurch erleichtert sich die Handhabung im Messaufbau und es kann flüssiges Helium mit einer Temperatur von $4,2$ K als Kühlmittel verwendet werden. Der Wert der kinetischen Induktivität von Niob bei einer Schichtdicke von 250 nm ist vergleichbar mit dem von Aluminium bei einer Schichtdicke von 50 nm. Der Anteil der kinetischen Induktivität von Niob ist bei diesem Vergleich um etwa 24 % reduziert. Daher lassen sich alle notwendigen Mikrowellenuntersuchungen bei $4,2$ K durchführen. Die Ergebnisse sind auf andere Betriebsbedingungen, wie z.B. tiefere Temperaturen, übertragbar. Wenn beim Resonatorentwurf für eine Detektoranwendung beispielsweise eine Maximierung von α_{kin} erforderlich ist, so wird mit dieser Arbeit der Zusammenhang zu den Mikrowellenparametern der Resonatoren gezeigt und auf die notwendigen Designparameter eingegangen. Die Auswirkung von Mikrowellen– oder Materialparametern auf die Detektoren ist nicht Gegenstand dieser Arbeit und muss in detaillierten Untersuchungen der Detektoreigenschaften separat geklärt werden.

In vorangegangenen Arbeiten wurde die Einkopplung einer Strahlungsleistung behandelt, die durch den KID detektiert werden soll [8, 11]. Anstelle einer direkten Einstrahlung im Detektor kann äquivalent dazu die Änderung der Temperatur im Resonator oder dem Empfangselement verwendet werden. Die dadurch veränderte Induktivität im Schwingkreis beeinflusst die Resonanzfrequenz und erlaubt auf diese Weise einen Nachweis der Funktion als KID [25]. Um große Auslenkungen des Messsignals zu erzielen, müssen möglichst viele Cooper–Paare aufgebrochen werden. Die Anzahl der zusätzlichen Quasiteilchen hängt mit $N_{qp} = \eta \frac{h\nu}{\Delta}$ von der Strahlungsenergie $h\nu$, dem verwendeten Supraleiter mit dessen Energielücke Δ und der Koppeleffizienz η ab. Diese Effizienz ist $\eta < 1$, da ein Teil der Photonenenergie als Schwingungen ins Gitter des Metalls abgegeben wird. Der Konversionsfaktor von Photonenenergie zu Quasiteilchen liegt für Supraleiter mit kleiner Energielücke bei $\eta \approx 0,58$ [26]. Eine Steigerung der Effizienz bis zu dieser Grenze ist durch geeignete Einkoppelmethoden mit Antennen oder Absorbern möglich. Grundsätzlich kann die supraleitende Schicht des Resonators als Absorber betrachtet bzw. verwendet werden. Die verschiedenen Methoden zur Strahlungseinkopplung müssen in der Realisierung der Resonatoren sehr unterschiedlich berücksichtigt werden. Aus diesem Grund erfolgt zunächst die Beschreibung der Realisierung der Schwingkreise und danach die Beschreibung der Methoden zur Strahlungseinkopplung.

2.3. Realisierungen von LC–Schwingkreisen

Die Umsetzung der Schwingkreise und der Ankopplung lässt sich mit verschiedenen Methoden durchführen. Dabei können die Schwingkreise als diskrete bzw. konzentrierte Resonatoren mit Induktivität L und Kapazität C oder als verteilte Resonatoren bzw. Leitungsresonatoren realisiert werden.

Einzelne Elemente L oder C gelten als konzentriert, wenn die geometrisch längsten Abmessungen der Strukturen mindestens $\lambda/20$ der Betriebswellenlänge λ oder kleiner sind [11]. Bei 6 GHz betragen die maximale Strukturgrößen je nach verwendetem Substratmaterial etwa $1 - 2$ mm. Für Frequenzen im GHz–Bereich werden die Abmessungen und elektrischen Werte der Elemente so klein, dass diese sehr kompakt mit miniaturisierten Leitungen realisiert werden können. Als Induktivitäten werden lange Leitungen verwendet, die durch eine Mäandrierung platzsparend entworfen werden können. Kapazitäten finden als Koppelspalt, vergleichbar zum Plattenkondensator, oder als Interdigitalkapazität ihren Einsatz [27].

Leitungsresonatoren sind aus Leitungen einer definierten Länge ℓ aufgebaut. Für die Resonanzfrequenz f_0 entspricht diese Länge entweder der halben Wellenlänge, der viertel Wellenlänge oder Vielfachen der beiden Werte [16, 28]. Diese Art von Resonatoren wird in der Technik gerne wegen ihrer guten Hochfrequenzeigenschaften eingesetzt [29]. Die Kombination aus Induktivitätsbelag, Kapazitätsbelag und Länge des Leitungsstücks entspricht elektrisch einem LC–Parallelschwingkreis. Zur Berechnung der Resonanzfrequenz wird die Beziehung zur Wellenlänge λ nach Gleichung (2.6) verwendet [28, 30].

$$f_0 = \frac{c}{\lambda} \quad \text{bzw.} \quad f_0 = \frac{c_0}{\lambda\sqrt{\varepsilon_{r,eff}}} \tag{2.6}$$

Die Parameter sind Lichtgeschwindigkeit im Material c, Lichtgeschwindigkeit im Vakuum c_0 und effektive Permittivität $\varepsilon_{r,eff}$. Dabei hängt $\varepsilon_{r,eff}$ von der Materialauswahl und der verwendeten Wellenleitertopologie ab. Da $\lambda/2$–Resonatoren gegenüber den $\lambda/4$–Varianten die doppelte Länge bemessen, werden hinsichtlich einer Miniaturisierung der Strukturen und Mi-

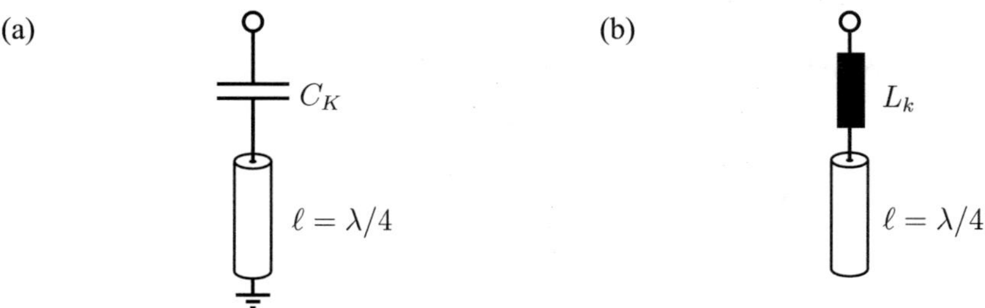

Abbildung 2.4.: Prinzipdarstellung der kapazitiven (a) bzw. induktiven (b) Ankopplung eines $\lambda/4$–Leitungsresonators an eine Durchgangsleitung.

nimierung der Leitungslängen $\lambda/4$–Leitungsresonatoren im weiteren Verlauf verwendet [31]. Diese bestehen aus einem Leitungsstück, das an einem Ende durch einen Kurzschluss (Short) zur Masse bzw. Leiter und am zweiten Ende durch einen elektrischen Leerlauf (Open) definiert ist. Die Resonatorlänge ℓ lässt sich durch

$$\ell = \lambda/4 = \frac{c_0}{4 f_0 \sqrt{\varepsilon_{r,eff}}} \tag{2.7}$$

berechnen [16]. Periodische Wiederholungen der Resonanz treten bei ungeradzahligen Vielfachen von $\lambda/4$, d.h. für Längen $\ell = \frac{\lambda}{4}(1 + 2n)$ mit $n = 0, 1, 2, \dots$, auf. Die in Abbildung 2.5 gezeigten elektrischen Ersatzschaltbilder der $\lambda/4$–Leitungsresonatoren mit konzentrierten Elementen sind schematisch mit Leitungen in Abbildung 2.4 (a) und (b) dargestellt.

Beide Varianten der LC–Schwingkreise müssen für die Charakterisierung an ein externes Netzwerk angekoppelt werden. In den Abbildungen 2.5 und 2.6 sind die Konfigurationen der nachfolgend verwendeten Schwingkreise dargestellt.

Für die Parallelschwingkreise mit einer kurzgeschlossenen und einer entkoppelten Leerlauf–Leitungsseite sind die Ersatzschaltbilder mit kapazitiver (a) und induktiver (b) Kopplung in der Abbildung 2.5 gezeigt. Der Unterschied dieser beiden Ausführungen liegt in der Orientierung der Kurzschlussseite des Resonators. Bei kapazitiver Kopplung stellt diese eine Verbindung zur Masse her, während bei induktiver Kopplung der Kurzschluss durch die Koppelinduktivität zur Durchgangsleitung (DL) realisiert ist. Der LC–Serienschwingkreis in Abbildung 2.6 (a) koppelt über das elektromagnetische Feld der Induktivitäten zwischen Re-

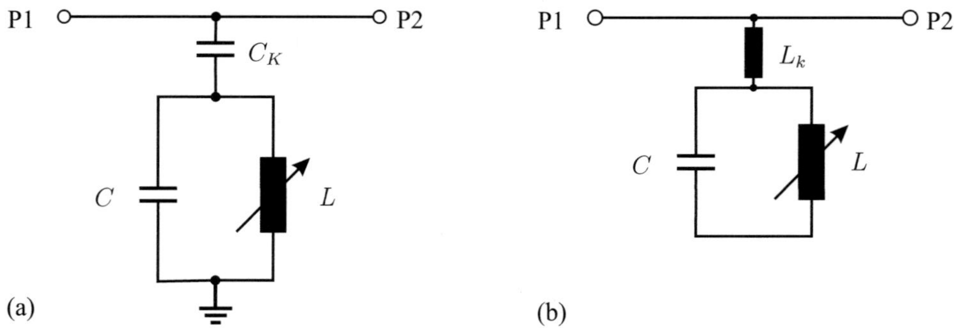

Abbildung 2.5.: Mögliche Ankopplungen von LC–Schwingkreisen an einer Durchgangsleitung. Zu erkennen sind der kurzgeschlossene Parallelschwingkreis mit kapazitiver Kopplung (a) und der leerlaufende Parallelschwingkreis mit Kurzschluss zum Leiter über die induktive Kopplung (b).

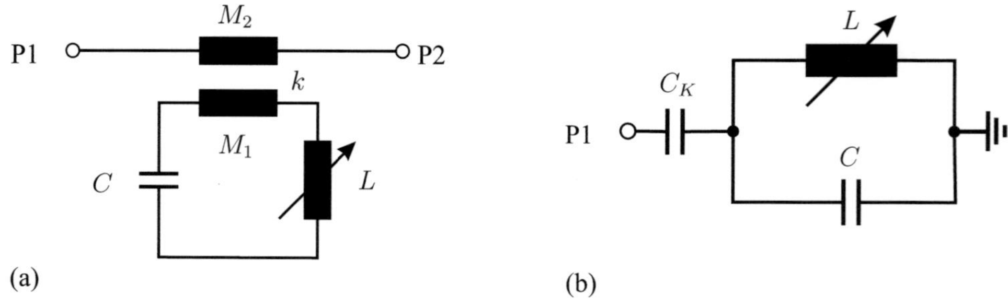

Abbildung 2.6.: (a) Mögliche Ankopplungen von LC–Schwingkreisen an einer Durchgangsleitung. Zu erkennen ist der Serienschwingkreis mit induktiver Kopplung $k =$
$\sqrt{M_1 M_2}$. (b) Kapazitive Ankopplungen eines LC–Schwingkreises über eine
Zuleitung mit Anschluss (P1).

sonator und Ausleseleitung. Bei den drei Varianten handelt es sich um Schwingkreise, die an eine DL als Ausleseleitung gekoppelt sind und die Charakteristik einer Bandsperre zeigen. In der Resonanz wird Energie aus der DL abgezogen, wohingegen außerhalb der Resonanz die Signale ungehindert durch die DL übertragen werden. Im Transmissionsparameter $|\underline{S}_{21}|$ der DL entsteht eine Resonanzsenke und ein Phasensprung, wie in Abbildung 2.1 (b) und (c) gezeigt. Diese Arten von Schwingkreisen werden deswegen im weiteren Verlauf als Absorptionsresonatoren bezeichnet.

In Abbildung 2.6 (b) ist die Ankopplung des Schwingkreises über eine Zuleitung mit lediglich einem Anschluss (P1) dargestellt. Die Zuleitung endet an der Kopplung zum Schwingkreis. Bei dieser Variante handelt es sich um einen Reflexionsresonator. Die Anregungsleitung dient zugleich als Ausleseleitung, indem die Reflexionen auf der Leitung als Auslesesignale verwendet werden. Der Reflexionsparameter $|\underline{S}_{11}|$ zeigt eine Resonanzsenke bei der Resonanzfrequenz, da in diesem Fall die Impedanz des Resonators an den Wellenwiderstand mit $Z_L = 50\ \Omega$ angepasst ist. Die Signalenergie der anregenden Welle wird aufgenommen und Reflexionen werden unterbunden. Außerhalb der Resonanzfrequenz findet an der Koppelstelle Totalreflexion statt. Das rücklaufende Signal wird in diesem Fall nicht gedämpft.

2.4. Strahlungseinkopplung im KID

In diesem Kapitel werden Methoden zur Einkopplung einer Strahlungsleistung in den Detektor betrachtet. Bei der Strahlungseinkopplung muss die Diskrepanz zwischen Freiraumwellenwiderstand mit $Z_0 = 377\ \Omega$ und Impedanz des Messsystems mit $Z_L = 50\ \Omega$ überbrückt werden. Ansonsten wird durch den Impedanzsprung der größte Teil der Strahlungsleistung reflektiert, bevor das detektierende Element das Signal messen kann. Die zu empfangenden Strahlungsleistungen sind bei THz–Frequenzen aufgrund von Energien im meV–Bereich sehr klein und müssen durch geeignete Varianten der Strahlungseinkopplung effizient genutzt werden.

Es wurden bereits einige Arbeiten zur Einkopplung von Strahlungsleistung in KIDs durchgeführt [8, 11, 12, 13]. Die nachfolgende Übersicht zeigt Umsetzungen der bekanntesten Einkoppelkonzepte von verschiedenen Arbeitsgruppen und gibt Einblicke in das Zusammenspiel zwischen Koppelelement und KID. Bei Verwendung von Antennen oder Absorbern wird die effektive Detektorfläche und der Wirkungsgrad der Einkopplung vergrößert [8]. Die gezielte Auswahl bestimmter Strahlungsfrequenzen lässt sich ebenfalls realisieren [32]. Bei Leitungsresonatoren und konzentrierten Resonatoren unterscheidet sich die Einkopplung der Strahlung aufgrund deren Größe und des geometrischen Aufbaus. Im Hinblick auf eine spätere Erweiterung der Resonatoren mit Elementen für die Strahlungseinkopplung muss der Unterschied in der Realisierung des KIDs zusätzlich berücksichtigt werden. Eine breitbandige oder schmalbandige Auslegung der Strahlungskopplung wird durch die verwendeten Antennen und eventuell mit weiteren Filtern festgelegt.

Für die Strahlungseinkopplung in einem $\lambda/4$–Leitungsresonator wird das sensitive Kurzschluss–Ende verwendet [8, 10]. Auf dem Leitungsstück ist die Stromdichteverteilung durch die resonante elektromagnetische Schwingung festgelegt. Das Leerlauf–Ende stellt für die elektromagnetische Welle einen Knotenpunkt dar und die Stromdichte der stehenden Welle ist an dieser Stelle Null. Am Kurzschluss–Ende entsteht im Gegensatz dazu ein Wellenbauch, wodurch an dieser Stelle die höchste Stromdichte zu finden ist. Berechnungen zeigen beim Einbringen von zusätzlichen Quasiteilchen in diesem Bereich einen erhöhten Einfluss auf den Resonator [33].

Höhere Frequenzen, wie z.B. optische–, UV– und Röntgenstrahlung, werden mit Hilfe von Absorbern eingekoppelt [8]. Der Supraleiter des Absorbers muss eine größere Energielücke als der Supraleiter des Schwingkreises besitzen, damit an der Schnittstelle zwischen den beiden Materialien ein Potenzialgefälle entsteht. Durch Einkopplung einer Strahlung werden dann Quasiteilchen generiert, die zu den Rändern der Absorberfläche diffundieren. An der Kontaktfläche zum Resonator existiert ein Energieunterschied zum Resonator hin. Da die Energielücke im Supraleiter des Resonators kleiner ist, sind die Quasiteilchen in der Lage dort zusätzliche Cooper–Paare aufzubrechen. Der Übergang in den Resonator erlaubt den angeregten Elektronen einen energetisch günstigeren Zustand anzunehmen. Optimierte Designs der Kontaktfläche zwischen den zwei Materialien, sowie die Einkopplung am sensitiven Bereich des Leitungsresonators, ermöglichen eine Optimierung der Effizienz [12]. Die Abbildung 2.7 (a) zeigt schematisch das Kurzschluss–Ende der Leitungsresonatoren mit dem

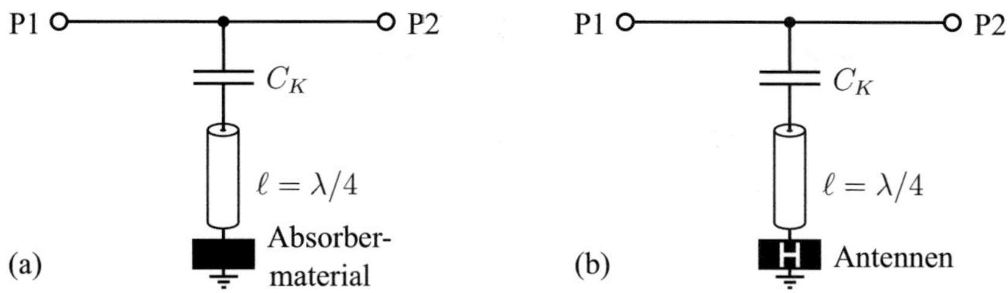

Abbildung 2.7.: Schematische Darstellung eines KIDs mit Absorber (a) und Doppelschlitzantenne (b) am Kurzschluss–Ende des $\lambda/4$–Leitungsresonators.

Übergang zur Absorberfläche. Die Messung von zusätzlich angeregten Quasiteilchen mit einem Leitungsresonator wurde bereits demonstriert [34].

Für mm– und submm–Wellenlängen werden bereits Antennenkonzepte vorgeschlagen, wobei auch Antennenarrays denkbar sind [32, 35]. Die Strahlung wird durch die Antenne gesammelt und zum Kurzschluss–Ende des Leitungsresonators geleitet. Um die Verluste in der Zuleitung zwischen Antenne und Resonator zu minimieren, darf die Energie der Strahlung nicht größer als die Energielücke des verwendeten supraleitenden Leitermaterials sein. Die Abbildung 2.7 (b) zeigt die schematische Darstellung eines antennengekoppelten Leitungsresonators. Erste Messungen mit einem Schlitzantennen–Array wurden in einem Demonstrationsinstrument für Frequenzen von 240 GHz und 350 GHz gezeigt [36].

Bei konzentrierten Resonatoren wurde ein quasioptisches Gitter im THz–Bereich vorgestellt [11]. Dabei wird ein Netz aus Leitungsstrukturen verwendet, deren Abstände und Breiten kleiner als $\lambda/20$ sind. Die mäandrierten Leitungen der konzentrierten Induktivität dienen direkt als Empfängerelement. Bei der zu detektierenden Frequenz $f = 1,5$ THz liegt die Wellenlänge bei $\lambda = 200$ μm und ist vergleichbar oder kleiner als die Resonatorfläche. Für die Freiraumwelle stellt das Gitter eine geschlossene Leiterfläche dar. Wie bei einem Bolometer mit Gitterabsorber muss die effektive Flächenimpedanz Z_{eff} des absorbierenden Elements an den Freiraumwellenwiderstand Z_0 angepasst werden. Diese ist durch $Z_{eff} = \frac{Z}{F} = Z\frac{s}{w}$ mit der Impedanz Z des Detektormaterials (in Ω/Square), dem Füllfaktor F, der Leiterbreite w und der Spaltbreite s gegeben [11]. Die eingestrahlte Leistung verursacht Verluste, die sich auf die Leitfähigkeit $\underline{\sigma}$ auswirken und die effektive Impedanz Z_{eff} verschieben. Der Entwurf der

Elemente eines konzentrierten Resonators bestimmt damit die Eigenschaften für die Einkopplung von Strahlung über das Verhältnis von Leiter– zu Spaltbreite und der Resonatorfläche. Am Ende des Jahres 2009 wurden erste Messungen mit diesem Konzept am 30 m Teleskop in Granada, Spanien, an diskreten KIDs demonstriert [37].

Die Einkopplung von Strahlung ist nicht die einzige Möglichkeit, um die Energieverteilung im Resonator zu beeinflussen. Im weiteren Verlauf wird für den Funktionstest der Resonatoren im KID anstatt der aufwändigen Einkopplung von Strahlung eine alternative Methode verwendet. Äquivalent zur einzukoppelnden Strahlungsleistung wird eine thermische Anregung der Ladungsträger angewendet [25]. Die Berechnung der Dichte $n_{qp}(T)$ von thermisch angeregten Quasiteilchen erfolgt durch Gleichung (2.8) [38].

$$n_{qp}(T) = 4N_0\Delta(T)\sqrt{\frac{\pi}{2}\frac{k_B T}{\Delta(T)}}e^{-\frac{\Delta(T)}{k_B T}} \tag{2.8}$$

Dabei ist N_0 die Zustandsdichte der Metalle beim Fermi–Niveau. Diese lässt sich aus der Atomdichte N und der molaren Wärmekapazität C_{mol} ermitteln [8, 39, 40]. Aus der Literatur werden für Aluminium und Niob die Werte $N_{0,Al} = 1,72 \cdot 10^{22} \frac{1}{cm^3 eV}$ und $N_{0,Nb} = 9,21 \cdot 10^{22} \frac{1}{cm^3 eV}$ verwendet [39, 40]. Auf diese Weise lässt sich die Quasiteilchendichte in Abhängigkeit des Leitermaterials und der Betriebstemperatur des Detektors ermitteln. Durch die Leistung der einfallenden Strahlung lassen sich die zusätzlich generierten Quasiteilchen berechnen. Mit der korrespondierenden Temperaturänderung werden im weiteren Verlauf die Einflüsse einer simulierten Einstrahlung auf die Resonatoreigenschaften berücksichtigt.

2.5. Kenngrößen von Detektoren

Die Leistungsparameter von Detektoren werden durch die Messung der rauschäquivalenten Leistung (Noise Equivalent Power – NEP) bewertet [41]. Dieses Kriterium erlaubt eine quantitative Aussage über die minimal messbare Leistung eines Detektors und den Vergleich zu anderen Detektoren. Mit dem NEP–Wert wird die Übertragungsfunktion aus eingestrahlter Photonenleistung zu Detektorausgangssignal gemessen. Er definiert die kleinste notwendige Strahlungsleistung, die am Detektor ein vom Rauschen unterscheidbares Ausgangssignal erzielt. Mit der Empfindlichkeit in [V/W] und der Rauschspannungsdichte in [V/$\sqrt{\text{Hz}}$] des Detektorausgangssignals lässt sich der NEP–Wert durch

$$\text{NEP} = \frac{\text{Rauschspannungsdichte}}{\text{Empfindlichkeit}} \tag{2.9}$$

beschreiben [41].

Die Rauschspannungsdichte des Resonators wird intrinsisch durch thermische Phononen hervorgerufen, die eine Generierung und Rekombination von Quasiteilchen verursachen. Dieses Rauschen kann nicht vermieden werden und begrenzt die Empfindlichkeit. Daher hängt der kleinstmögliche NEP–Wert mit NEP_{GR} von der Anzahl der Quasiteilchen N_{eq} im Resonator und der Quasiteilchenrekombinationszeit τ_{qp} ab [42].

$$\text{NEP}_{GR} = 2\Delta\sqrt{N_{eq}/\tau_{qp}} \propto e^{-\frac{\Delta}{k_B T}} \tag{2.10}$$

Die NEP_{GR} skaliert mit der Temperatur und verringert sich bei sinkenden Temperaturwerten. Die Quasiteilchenrekombinationszeit kann durch

$$\frac{1}{\tau_{qp}} = \frac{\pi^{\frac{1}{2}}}{\tau_0} \left(\frac{2\Delta}{k_B T_C}\right)^{\frac{5}{2}} \left(\frac{T}{T_C}\right)^{\frac{1}{2}} e^{-\frac{\Delta}{k_B T}} \tag{2.11}$$

berechnet werden, wobei τ_0 eine materialabhängige Zeitkonstante mit Bezug zur Elektron–Phonon Koppelstärke ist [39]. Damit wird τ_{qp} von den Materialeigenschaften und der Temperatur bestimmt. Ein zusätzliches Frequenz– und Phasenrauschen tritt mit einem $1/\sqrt{f}$–Spektrum auf [43]. Das Zusatzrauschen zeigt eine deutliche Abhängigkeit von der Mikrowellenleistung [18]. Der aktuelle Stand der Forschung deutet darauf hin, dass der Ursprung dieses Effektes auf eine Oberflächenverteilung von Zwei–Level–Fluktuatoren im Substrat zurückzuführen ist [18, 44, 45]. Neben dem Detektor steuert die Ausleseelektronik seinen Teil zum Rauschen bei, das durch das Verstärkerrauschen dominiert wird [6].

Im KID sind Amplituden– oder Phasenänderung der Mikrowellensignale die entscheidenden Messgrößen [8, 32]. In den meisten Fällen wird die Phase zum Auslesen verwendet [8, 11, 12]. Dabei ist die Empfindlichkeit S das Maß der Phasenänderung $\partial\phi$ des Detektorausgangssignals, das durch die Einstrahlung bzw. durch zusätzliche Anregung von Quasiteilchen ∂N_{qp} verursacht wird. Die theoretische Empfindlichkeit kann mit Hilfe der Mattis–Bardeen Theorie abgeschätzt werden. Bei kleinen Änderungen der Quasiteilchendichte nahe der Resonanzfrequenz mit der Phasenmitte im Resonanzpunkt gilt die Gleichung (2.12) [8, 11].

$$S = \frac{\partial \phi}{\partial N_{qp}} = \frac{\partial \phi}{\partial \omega_0} \frac{\partial \omega_0}{\partial L_{tot}} \frac{\partial L_{tot}}{\partial \sigma_2} \frac{\partial \sigma_2}{\partial T} \frac{\partial T}{\partial N_{qp}} \tag{2.12}$$

Die Quasiteilchendichte im Resonator ist als gleichförmig verteilt angenommen. Eine Beschreibung der Berechnungsvorschrift findet sich in Anhang B.2. Für hochsensitive Detektoren ist eine größtmögliche Änderung des Ausgangssignals pro angeregtem Quasiteilchen bzw. ein großes Verhältnis von $\partial \phi / \partial N_{qp}$ anzustreben. Eine Steigerung der Empfindlichkeit erfolgt durch die Maximierung des Anteils der kinetischen Induktivität, der MW–Parameter des Resonators oder durch Minimierung des Detektorvolumens. Bei konstanten geometrischen Voraussetzungen bewegt sich der Anteil der kinetischen Induktivität bei den verwendeten Supraleitern und den gezeigten Schichtdicken zwischen $0,51 \leq \alpha_{kin} \leq 0,97$. Der Einfluss dieser Größe auf die Empfindlichkeit hängt vom Material bzw. der gewählten Temperatur ab und variiert um etwa den Faktor 2. Sowohl das Volumen als auch die Resonatoreigenschaften werden durch das Mikrowellendesign bestimmt. Eine Verkleinerung des Volumens wird durch die Miniaturisierung der Detektorstrukturen erreicht. Die Optimierung der Mikrowelleneigenschaften erfolgt anhand einer Maximierung der Resonatorgüten. Auf dieses Maß wird zusammen mit den Verlustmechanismen im nachfolgenden Kapitel 2.6 eingegangen. Mikrowellenresonatoren mit Gütewerte von $Q_L = 4 \cdot 10^4$ @ $4, 2$ K bzw. $Q_L = 4, 5 \cdot 10^5$ @ 900 mK wurden bereits erfolgreich demonstriert [31, 46].

Unter Berücksichtigung dieser Parameter kann mit der im Anhang B.3 beschriebenen Methode eine äquivalente Rauschleistungsdichte ermittelt werden [13, 18]. Zur Berechnung dieses Wertes wird die Energie der Einstrahlung in eine äquivalente Temperaturdifferenz umgerechnet, die nach Gleichung (2.8) zusätzliche Quasiteilchen in einem Schwingkreis anregt. Die Vergrößerung der kinetischen Induktivität verstimmt die Impedanz des Resonators. Diese Verstimmung wird bei Absorptionsresonatoren anhand der Transmissionsparameter $|\underline{S}_{21}|$ gemessen. Die Empfindlichkeit S ergibt sich aus dem Quotienten der Ableitungen nach der Leistung $\partial |\underline{S}_{21}| / \partial P$ bzw. der Frequenz $\partial |\underline{S}_{21}| / \partial f$ [18]. Zusammen mit der Rauschleistungsdichte wird anhand der Gleichung (2.9) ein Zahlenwert für die NEP berechnet. Um den Unterschied zwischen den Materialien Aluminium und Niob im KID aufzuzeigen, wird die Berech-

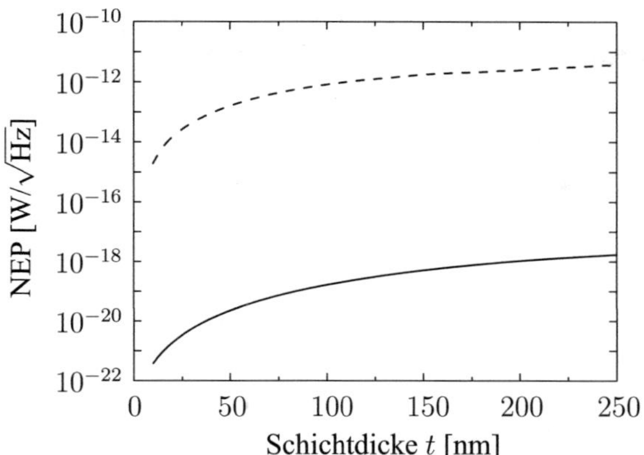

Abbildung 2.8.: Verlauf des berechneten NEPs eines Aluminium–KIDs (—) und eines Niob–KIDs (– – –) bei $T = T_C/2$ für Schichtdicken zwischen 50 nm $\leq t \leq$ 250 nm.

nung der NEPs anhand nachfolgender Parameter und Annahmen durchgeführt. Als Grundlage werden 10 µm breite $\lambda/4$–Leitungsresonatoren aus Aluminium bzw. Niob mit verschiedenen Schichtdicken auf Saphirsubstrat verwendet. Die Geometrie entspricht den Resonatoren mit der kleinsten Innenleiterbreite in dieser Arbeit. Die Resonanzfrequenz liegt bei $f_0 = 6$ GHz. Für eingekoppelte Strahlungsleistung und Rauschspannungsdichte eines NWAs [47] werden typische Werte von 30 pW und 794 nV/$\sqrt{\text{Hz}}$ angenommen. Unter Zuhilfenahme der in der Literatur genannten Materialparameter [8, 11, 24, 39, 40, 27] kann nun der NEP–Wert abgeschätzt werden. Für die Schichtdicke wird $t > \lambda_L$ angenommen, wodurch die kinetische Induktivität nach Gleichung (B.7) gültig ist.

Die Auswertung der Formeln ist für Aluminium und Niob in Abbildung 2.8 dargestellt. Ein koplanarer Resonator mit Aluminium als Leitermaterial und der Betriebstemperatur $T_C/2 = 600$ mK lässt NEP–Werte zwischen $1 \cdot 10^{-18}$ W/$\sqrt{\text{Hz}}$ bei dicken bzw. $1 \cdot 10^{-21}$ W/$\sqrt{\text{Hz}}$ bei dünnen Schichten erwarten. Der vergleichbare Resonator in Niobtechnologie und $T_C/2 = 4{,}6$ K erreicht berechnete Werte zwischen $5 \cdot 10^{-12}$ W/$\sqrt{\text{Hz}}$ bei dicken bzw. $5 \cdot 10^{-15}$ W/$\sqrt{\text{Hz}}$ bei dünnen Schichten. Die beiden Kurven unterscheiden sich um den Faktor $\approx 10^6$. Dadurch wird deutlich, dass sowohl der Einsatz von Aluminium in Detektoren als auch die Verwendung von dünnen Schichten anzustreben sind. Das Volumen als Eingangsparameter der Berechnung kann den Unterschied zwischen den beiden Kurven nicht erklären, da in beiden Fällen aufgrund der Geometrievorgaben gleiche Abmessungen gelten. Die Eingangsgröße α_{kin} unterscheidet sich zwischen den beiden Materialien höchstens um den Faktor 2. Als einzige gewichtige Einflussgröße bleibt die Güte, die von der Temperatur und den Materialleitwerten abhängt. Werden beide Fälle mit derselben Temperatur mit z.B. 100 mK berechnet, so schrumpft die Differenz zwischen den Kurven auf Faktoren zwischen 10^1 und 10^3. Bei der Ermittlung der KID–Eigenschaften mit MW–Resonatoren in Niob–Technologie wird eine äquivalente Rauschleistungsdichte von $\approx 1 \cdot 10^{-12}$ W/$\sqrt{\text{Hz}}$ @ ($t = 250$ nm, $T = 4,2$ K) erwartet. Damit ist der mathematische Nachweis erbracht, dass der Detektor funktioniert.

2.6. Güten und Verlustmechanismen im Resonator

Die Einflussfaktoren auf das KID aus der Gleichung (2.12) lassen sich durch die Gleichung (2.13) in einer vereinfachten Schreibweise darstellen [8, 11].

$$S \propto \frac{\alpha_{kin} Q_L}{V} \tag{2.13}$$

Aus der Formel wird die Abhängigkeit von den verwendeten Materialien und Geometrien durch den Anteil der kinetischen Induktivität α_{kin} und das Volumen V deutlich. Neben diesen Parametern spielt die Güte als Maß für die Verluste im Resonator eine bedeutende Rolle. Dieser Parameter erlaubt die Optimierung der Detektoreigenschaften durch das Mikrowellendesign des Schwingkreises. Zur Maximierung der Detektor–Empfindlichkeit sind die limitierenden Parameter der belasteten Güte Q_L zu minimieren. Aus diesem Grund findet in diesem Kapitel eine detaillierte Betrachtung der Verluste im Resonator statt.

Die Güte ist die bedeutendste Größe für die Bewertung von Schwingkreisen bzw. Leitungsresonatoren und wird theoretisch durch die Verluste der Quasiteilchen begrenzt. Mit sinkender Temperatur steigt die Güte in einem exponentiellen Verlauf an und führt zu einem Anstieg der Empfindlichkeit des KID. In der Praxis limitieren Mikrowellen– und Abstrahlverluste die Resonatoreigenschaften [48]. Die unbelastete bzw. interne Güte Q_U ist ein dimensionsloses Maß, um die Dynamik eines Schwingkreises auf eine Anregung ohne Einfluss eines Koppelnetzwerkes zu charakterisieren. Dabei wird die gespeicherte Energie einer Periode in Relation zum Energieverlust in einer Schwingung gesetzt [48].

$$Q_U = \frac{\omega E}{E_{diss}} \tag{2.14}$$

Die im Schwingkreis gespeicherte Energie $E(t) = E_0\, e^{-\eta t}$ klingt mit einer Zeitkonstante η exponentiell ab. Mit

$$E_{diss} = E_0 \frac{1}{1 + Q_U^2(x - \frac{1}{x})^2} \quad \text{und} \quad x = \frac{\omega}{\omega_0} \tag{2.15}$$

wird die dissipierte Energie einer einzelnen Periode bestimmt [48]. Das Verhalten von verteilten Mikrowellenschwingkreisen kann nahe der Resonanzfrequenz wie ein Schwingkreis mit konzentrierten Bauelementen behandelt werden [49]. Unbelastete Güte Q_U, Koppelgüte / externe Güte Q_E und belastete Güte Q_L sind Maße für Verluste in Resonator, Kopplung und Gesamtsystem. Es gilt die reziproke Beziehung in Gleichung (2.16) [50].

$$\frac{1}{Q_L} = \frac{1}{Q_U} + \frac{1}{Q_E} \tag{2.16}$$

Die Koppelgüte definiert die Stärke der Ankopplung an ein externes Netzwerk. Mit steigendem Q_E nimmt die Stärke der Kopplung ab. Da die Kopplung von der geometrischen Realisierung der Resonatoren abhängt, muss die Koppelgüte für jedes Design separat ermittelt werden. Der Resonator einschließlich Kopplung an ein externes Netzwerk wird durch die belastete Güte Q_L charakterisiert.

Die unbelastete Güte Q_U setzt sich aus der Leitungsverlustgüte Q_ρ, der dielektrischen Güte Q_ε und der Abstrahlgüte Q_{rad} zusammen [16, 51].

$$\frac{1}{Q_U} = \frac{1}{Q_\rho} + \frac{1}{Q_\varepsilon} + \frac{1}{Q_{rad}} \tag{2.17}$$

Die dielektrische Güte ist umgekehrt proportional zum dielektrischen Verlustfaktor des Substrats. Hierbei handelt es sich um eine Materialeigenschaft, die durch geeignete Auswahl des Mikrowellensubstrats hinreichend klein gehalten werden kann. Die Forderung nach geringen dielektrischen Verluste werden von Silizium mit $\tan\delta = 1\cdot 10^{-4}$ und Saphir mit $\tan\delta = 1\cdot 10^{-5}$, jeweils bei $T = 4,2$ K, erfüllt [27]. Beides sind sehr gute Mikrowellensubstrate. Saphir weist als Isolator kleinere Verluste gegenüber dem Halbleiter Silizium auf und ist im optischen Bereich transparent. Die Abstrahlgüte Q_{rad} ist umgekehrt proportional zum Abstand zwischen Innenleiter und Masse [51]. Mit den in dieser Arbeit verwendeten Geometrien der Proben betragen die berechneten Güten zwischen $Q_{rad} = 3 \cdot 10^4$ und $Q_{rad} = 2 \cdot 10^6$. Da diese Werte sehr groß sind, können die Abstrahlverluste vernachlässigt werden. Zudem kann wegen des Einbaus des Resonators in ein Gehäuse die Güte Q_{rad} als unendlich angenommen und in Folge dessen vernachlässigt werden [52]. Die Leitungsverlustgüte berechnet sich mit der Kreisfrequenz, der Induktivität und dem Widerstand bzw. dem Dämpfungsbelag α und der Wellenlänge λ zu

$$Q_\rho = \frac{\omega L}{R} = \frac{\pi}{\alpha \lambda}\,. \tag{2.18}$$

Da die Erhöhung der kinetischen Induktivität in Gleichung (2.18) zu einem Anstieg der Induktivität L führt, muss zum Erreichen einer hohen Güte der Widerstand R des Leitermaterials minimiert werden. Die Leitungsverlustgüte ist im Supraleiter umgekehrt proportional zum Oberflächenwiderstand $Q_\rho \propto \frac{1}{R_S}$. Damit hängt die Güte von den Oberflächenverlusten im Leitermaterial ab und wirkt sich auf die Impedanz der Schaltkreise aus.

Die Oberflächenimpedanz Z_S ist als Quotient aus der tangentialen elektrischen Feldstärke E_t und der tangentialen magnetischen Feldstärke H_t an der Oberfläche eines leitenden Halbraums definiert [17, 28]. Die Gleichung (2.19) entspricht dabei der Gleichung (A.13) in abgewandelter Schreibweise.

$$Z_S = \frac{\underline{E_t}}{\underline{H_t}} = R_S + jX_S = R_S + j\omega L_S \tag{2.19}$$

Der Oberflächenwiderstand R_S beschreibt die ohmschen Leiterverluste. Die Reaktanz X_S gibt die innere Induktivität des Leiters an und ist ein Maß für das Eindringen der elektromagnetischen Welle in die Oberfläche. Unter den Annahmen von Frequenzen deutlich unterhalb der Energielückenfrequenz und einer Temperatur $T < T_C$ lassen sich R_S bzw. X_S im Supraleiter durch die Gleichungen (A.15) bzw. (A.16) nähern [53]. Der Oberflächenwiderstand $R_S \approx 1/2\mu_0^2\sigma_1\omega^2\lambda_L^3$ bzw. $X_S \approx \omega\mu_0\lambda_L = \omega L_{kin}$ ist linear von der Leitfähigkeit, quadratisch von der Betriebsfrequenz und kubisch von der London–Eindringtiefe abhängig. Die Reaktanz zeigt mit $X_S \approx \omega\mu_0\lambda_L = \omega L_{kin}$ eine einfache Abhängigkeit von der Frequenz und der London–Eindringtiefe. Durch Umstellen dieser Gleichung lässt sich $L_{kin} = \mu_0\lambda_L$

bestimmen. Die beiden Gleichungsparameter λ_L bzw. σ_1 zeigen in den Gleichungen (A.7) bzw. (A.17) eine ausgeprägte Abhängigkeit von der Temperatur. Werden alle diese Parameter zusammen genommen, so zeigt R_S eine starke Temperaturabhängigkeit mit kubischer Potenz. Der imaginäre Anteil ist linear bzw. in speziellen Fällen quadratisch von der Temperatur abhängig. Das Absenken der Temperatur verursacht daher eine deutlich stärkere Reduktion des Oberflächenwiderstandes gegenüber der Oberflächenimpedanz. Für kleine Temperaturen sowie $T \longrightarrow 0$ K gilt $R_S << \omega L_S$.

Zur Reduktion der Leitungsverluste bzw. zur Steigerung der Güte Q_ρ entsprechend der Gleichung (2.18) ist die Induktivität zu maximieren und der Widerstand zu minimieren. Mit steigender Betriebsfrequenz erhöht sich die Reaktanz. Da λ_L von Temperatur und Schichtdicke abhängt, müssen diese beiden Parameter näher betrachtet werden. Eine Erhöhung der Temperaturen ($T < T_C$) und ein Senken der Schichtdicke vergrößern die kinetische Induktivität. Bei dünnen Schichten mit $t < \lambda_L$ steigt L_{kin} im günstigsten Fall sogar, wie im Anhang B.1 beschrieben, mit $L_{kin} \approx \mu_0 \lambda_L^2$. Niedrige Betriebsfrequenzen und Temperaturen sind notwendig, um die resistiven Verluste klein zu halten. Die Leitfähigkeit σ_n ist durch geeignete Auswahl des Leitermaterials möglichst groß zu wählen. Beim Vergleich von L mit R wird deutlich, dass große Induktivitäten dünne Schichten erfordern während zur Senkung der Verluste dicke Schichten notwendig sind. Für die Maximierung der Güte ist ein optimales Verhältnis zwischen kleinen Verlusten und großen Induktivitäten zu ermitteln. Untersuchungen von Schwingkreisen bei verschiedenen Temperaturen und mit unterschiedlichen Schichtdicken der Metallisierung sind durchzuführen.

Um eine Vorstellung über die Verlustwerte im Leitermaterial zu bekommen, sind einige Daten von Niob und Aluminium für eine Beispielfrequenz von 6 GHz in der Tabelle 2.2 angegeben. Die Werte des Kupfers dienen als Richtwert eines typischen Leitermaterials. Für 6 GHz erreicht der Oberflächenwiderstand von Niob bei $4,2$ K $\approx T_C/2$ einen Wert von $R_S \approx 10$ µΩ und liegt damit um einen Faktor 2000 kleiner, als der Wert von OFHC (Oxide Free High Conductivity)–Kupfer. Wie erwartet liegt der Oberflächenwiderstand von Aluminium mit $R_S = 9$ µΩ bei $T_C/2 = 0,6$ K unterhalb des Wertes von Niob. Die höhere Leitfähig-

Tabelle 2.2.: Vergleich der physikalischen Eigenschaften von Kupfer [54, 55], Niob [24] und Aluminium [11, 18, 40] mit Berechnung von R_S, σ_1 und σ_2 bei 6 GHz.

	Kupfer (Cu)	Niob (Nb)	Aluminium (Al)
T_C	-	$9,25$ K	$1,19$ K
2Δ (0 K)	-	$3,05$ meV	$0,36$ meV
δ (6 GHz) | λ_L (0 K)	853 nm (293 K)	85 nm	35 nm
ρ (293 K)	$1,7$ μΩ cm	4 μΩ cm	$2,45$ μΩ cm
R_S (6 GHz)	$20,2$ mΩ (293 K)	$10,2$ μΩ (4, 2 K)	$9,36$ μΩ (0, 6 K)
σ_n	$5,8 \cdot 10^7$ S/m	$2,78 \cdot 10^7$ S/m (4,2 K)	$3,7 \cdot 10^7$ S/m
σ_1 (6 GHz)	-	$1,38 \cdot 10^7$ S/m	$1,47 \cdot 10^7$ S/m
σ_2 (6 GHz)	-	$2,79 \cdot 10^9$ S/m	$1,61 \cdot 10^{10}$ S/m

keit bei Aluminium ermöglicht unter vergleichbaren Bedingungen größere Resonatorgüten als bei Niob.

2.7. Multi–Resonator Arrays für KIDs

Der Wunsch nach Multipixel–Systemen bei den Detektoranwendungen erfordert eine Umsetzung der in diesem Kapitel beschriebenen Resonatoren für KIDs in ein Array mit einer Vielzahl von Resonatoren. Das Verwenden der Schwingkreise erlaubt die Positionierung des Detektorelements in einem flexibel definierbaren und dennoch schmalbandigen Frequenzband. Diese Frequenzselektivität ist eine der herausragendsten Eigenschaften des KID–Prinzips und ermöglicht den Entwurf von verschiedenen Resonatoren mit separierten Resonanzfrequenzen für Multipixel–Arrays [8].

Bei Leitungsresonatoren wird die Länge der Leitung, in konzentrierten Resonatoren die Kapazität bzw. Induktivität, zur Frequenzunterscheidung variiert [11]. Durch das Verteilen aller

Schwingkreise auf verschiedene Frequenzen lassen sich diese im Idealfall simultan an einer einzigen Ausleseleitung ansprechen und auslesen [56]. Dieses Frequenzbereichs–Multiplexschema (FDM) ermöglicht damit die Erstellung von großen Resonatorarrays an einer einzigen Ausleseleitung und deren Auswerten mit einer geeigneten Ausleseelektronik [5, 7]. Jeder Resonator ist Bestandteil eines einzelnen Detektorelements und dient als Mess- bzw. Ausleseelement für ein Pixel im Detektorarray. Die Kopplung des Schwingkreises an die Ausleseleitung ist dabei eine maßgebliche Größe zur Einstellung der Mikrowelleneigenschaften des Resonators.

Im Vergleich zur Zeitbereichsauslese (Time–Domain Multiplexing – TDM) sind keine speziellen Elektronikkomponenten für den Multiplex–Aufbau des Arrays notwendig. Die Anzahl der benötigten Kabel zum Kaltbereich ist auf zwei Leitungen begrenzt und es werden keine zusätzlichen Steuerleitungen benötigt. Anstatt einer seriellen Abarbeitung ist eine parallele Verarbeitung möglich. Die Bandbreite der einzelnen Resonatoren hängt von deren Güte ab und bestimmt die benötigte Gesamtbandbreite im Spektrum. Jeder Resonator zeigt eine belastete Güte bzw. besitzt eine -3 dB–Bandbreite Δf_{BW} im Frequenzband, die sich nicht mit nahe liegenden Resonatoren überschneiden darf. Der Frequenzabstand benachbarter Resonanzen $f_{0,R1}$ und $f_{0,R2}$ kann deswegen nicht beliebig klein sein. Damit sich die Resonanzen nicht überschneiden gilt für die Resonanzen ohne Übersprechen

$$f_{0,R2} - f_{0,R1} > \left(\frac{\Delta f_{BW,R1}}{2} + \frac{\Delta f_{BW,R2}}{2} \right) . \tag{2.20}$$

Eine Abschätzung der Resonatoranzahl kann durch das Verhältnis von Gesamtbandbreite der Ausleseelektronik zum Frequenzabstand zwischen den Resonatoren $f_{0,R2} - f_{0,R1}$ vorgenommen werden. Es wird erwartet, dass sich bis zu 10000 Pixel an einer Durchgangsleitung mit zwei koaxialen Anschlüssen auslesen lassen [10].

Mit der Erweiterung des KID–Prinzips zu Arrays kommt anhand der Packungsdichte ein weiterer Freiheitsgrad im Detektorentwurf hinzu. Diesen gilt es zu minimieren, um in der Praxis mit kompakten Detektorentwürfen hohe Pixelzahlen zu erreichen. Trotz des KID–Aufbaus mit wenigen Komponenten, einer supraleitenden Metallisierung und einem hochgütigen, kristallinen Substrat, treten in der realen Messumgebung elektromagnetische Kopplungen auf, welche die Verwendung der KIDs in Arrays erschweren. Bei benachbarten Resonatoren ist ein

Übersprechen unbedingt zu vermeiden. Eine Lösungsmöglichkeit besteht in der Realisierung geeigneter Abstände zwischen den Strukturen der einzelnen Resonatoren und die Optimierung der Frequenzabstände. Eine weitere Variante ist die Miniaturisierung der Strukturen zu kleineren und dadurch kompakteren Detektoren. Im Mikrowellendesign müssen sowohl die Miniaturisierung der Detektoren als auch die Packungsdichte im Array berücksichtigt werden, da diese einen Einfluss auf die Resonatoreigenschaften haben.

2.8. Anforderungen an Resonatoren zum Aufbau von KIDs

Der Entwurf von Mikrowellenresonatoren ist mit hohen Anforderungen verknüpft, die aus den Eigenschaften eines KIDs hervorgehen. Diese basieren zum Einen auf dem Bedarf einer hohen Empfindlichkeit bzw. kleinem NEP–Wert für den Detektor, und zum Anderen in der Realisierung einer großen Resonatoranzahl in Arrays für Multipixel–Detektoren.

Die Empfindlichkeit eines KIDs wird durch die Güte der Resonatoren, dem Anteil der kinetischen Induktivität und dem Resonatorvolumen bestimmt. Für die Maximierung der belasteten Güte eines Resonators müssen sowohl Koppelgüte als auch unbelastete Güte maximiert werden. Da die Koppelgüte durch die Koppelstärke des Schwingkreises an seine Ausleseleitung bestimmt wird, beeinflussen die geometrischen Entwurfsparameter des Koppelbereichs das gesamte Resonatorverhalten in hohem Maße. Die begrenzenden Faktoren der unbelasteten Güte sind die Verluste im Resonator. Dabei spielen die verwendeten Materialien für die dielektrischen Verluste und Leitungsverluste eine Rolle, während die geometrischen Entwurfsgrößen ihren Einfluss auf Abstrahlverluste und Leitungsverluste zeigen. Das Verwenden von Supraleitern erlaubt die Minimierung der elektrischen Verluste, während qualitativ hochwertige und verlustarme Mikrowellensubstrate eine Minimierung der dielektrischen Verluste ermöglichen. Eine Miniaturisierung der elektrischen Strukturen verursacht steigende resistive Verluste, wodurch die Güten reduziert werden. Trotzdem ist der Schritt zu kleineren Resonatorvolumen bzw. –querschnitten neben der Auswahl des Leitermaterials das geeignete Mittel, um den Wert von α_{kin} zu erhöhen. Die Kunst des Resonatorentwurfs besteht darin, einen ausgewogenen Kompromiss bei der Gewichtung zwischen diesen drei Größen zu finden und diesen optimal mit der anzustrebenden Detektoranwendung in Übereinstimmung zu bringen.

Bei Detektorsystemen mit lediglich einem sensitiven Element sind die Anforderungen somit definiert. Für den Fall, dass eine große Anzahl von Resonatoren im Array erreicht werden soll, sind hohe Packungsdichten sowohl in Bezug auf die Strukturgröße als auch auf die verwendete Bandbreite erforderlich. Da diese einen direkten Bezug zu den Resonatorparametern besitzen, wirken sich Veränderungen direkt auf die Detektorperformance aus. Eine Maximierung der Güten dient daher der optimierten Nutzung des verfügbaren Frequenzbereichs, indem die benötigte Bandbreite pro Detektorelement reduziert und damit eine dichtere Packung erlaubt wird. Eine hohe Packungsdichte für eine effiziente Flächennutzung ist ebenfalls durch Verkleinerung der Resonatoren zu erzielen. Darunter zählen Reduktion der Leiterbreiten oder Auswahl einer Topologie mit kleinem Flächenbedarf. Diese Entwicklung wirkt sich wiederum negativ auf die Güten der Resonatoren aus. Ein enges aneinander Packen von benachbarten Resonatoren dient der Erhöhung der Packungsdichte, führt aber bei zu großer Nähe zu unerwünschten Koppeleffekten. Die Vermeidung dieser Kopplungen lässt sich durch Vergrößerung des Abstandes zwischen den Strukturen realisieren. Für diese Konfigurationen muss ebenfalls ein Optimum zwischen dem Aspekt der Packungsdichte und der Detektorperformance gefunden werden.

In beiden Fällen stellt die gleichzeitige Maximierung der Güten bei Miniaturisierung der Strukturen einen Widerspruch dar. Um bei diesem Dilemma eine möglichst effiziente Lösung zu finden, sind MW–Untersuchungen zu den relevanten geometrischen Einflussfaktoren wie Resonatorgeometrie, Koppelgeometrie an die Anschlussleitung und Multipixel–Geometrie erforderlich. Als Basis der nachfolgenden Entwicklungen werden für die Resonatormaterialien Silizium– bzw. Saphirsubstrat und supraleitende Niobschichten für die Resonatormessungen bei $4,2$ K verwendet. Aus diesen Anforderungen leiten sich die Untersuchungen der nachfolgenden Kapitel ab und bilden eine Grundlage zum Design von Resonatoren für KIDs. Im Verlauf dieser Arbeit werden durch die Optimierung der Kopplung die Güten maximiert, die minimalen Resonatorabstände zur Vermeidung von Übersprechen in Arrays ermittelt und die Verkleinerung der Strukturen für kleine Pixelgrößen und hoch kompakte Designs gezeigt.

3. Entwurfsparameter von Resonatoren für KIDs und Messaufbau

Bei der Anwendung von Leitungsresonatoren oder konzentrierten LC–Schwingkreisen sind Kenntnisse über die verwendeten Leitungen und deren Eigenschaften notwendig. Auf dieser Basis und mit den Materialparametern aus der Literatur lassen sich Simulationen mit verschiedenen Probengeometrien durchführen. Die Güten werden aus den Ergebnissen der Simulationen ermittelt und ermöglichen eine Optimierung der Resonatorentwürfe. Zum Auslesen der Resonatoren werden diese in einer angepassten HF–Messumgebung eingebettet und neben der NWA–Messung mit einer analogen FDM–Ausleseelektronik charakterisiert.

3.1. Wellenleitertopologien für miniaturisierte Mikrowellenschaltungen

Die Realisierung von miniaturisierten Leitungen für Mikrowellenresonatoren im GHz-Bereich erfordert eine hohe Genauigkeit der geometrischen Maße. Im Vergleich zu Koaxial– oder Hohlleitertechniken ist der Aufbau von Schaltungen in planarer Technologie gut kontrollierbar und kostengünstig. Streifenleiter werden aufgrund ihrer sehr guten Leitungseigenschaften in der Hochfrequenztechnik bis in den GHz–Bereich verwendet. Der Name 'Streifenleiter' ist ein Sammelbegriff für Wellenleiter, deren Elektroden planar gestaltet sind und mindestens eine Elektrode streifenförmig ausgeführt ist. Auf Wellenleitern bilden sich in der Regel Transversal Elektro–Magnetische (TEM) Wellen aus, deren elektrische und magnetische Felder senkrecht zur Ausbreitungsrichtung verlaufen [57]. Für planare Leitungen, die auf ein Substrat aufgebracht sind, ist das Dielektrikum im felderfüllenden Leitungsquerschnitt nicht homogen. Die Umgebung setzt sich aus dem Luftraum oberhalb und dem Substratraum un-

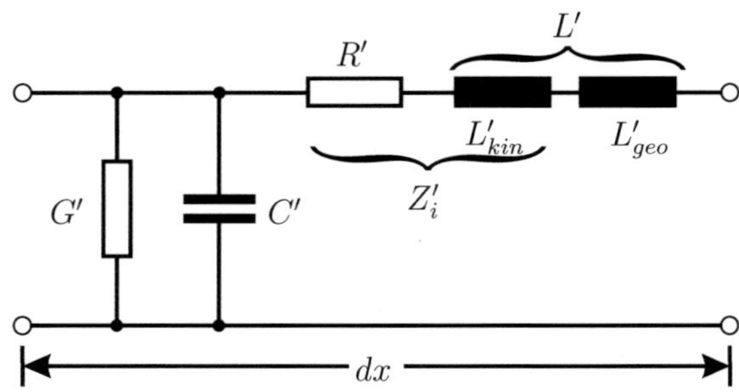

Abbildung 3.1.: Ersatzschaltbild eines infinitesimalen Leitungsstücks der Länge dx mit den Belägen G', C', R' und L' [16].

terhalb der Leiterstreifen zusammen. Im Luftraum breitet sich die TEM–Welle mit Lichtgeschwindigkeit c_0 aus, wohingegen die Phasengeschwindigkeit im Medium durch die Gleichung (3.1) gegeben ist [16].

$$v_{Ph} = \frac{\omega}{\beta} = \frac{c_0}{\sqrt{\mu_r \varepsilon_r}} \tag{3.1}$$

Die Parameter sind Kreisfrequenz ω, Phasenmaß β, Dielektrizitätszahl ε_r und Permeabilitätszahl μ_r. Die Teilwellen in den beiden Medien lassen sich nicht zu einer einzigen Welle zusammenfassen. Dennoch kann für die Näherung von kleinen Querabmessungen der Leitungen im Vergleich zur Wellenlänge eine Ausbreitung von Quasi–TEM–Wellen auf den Streifenleitern angenommen werden [58].

Eine mit Verlusten behaftete normalleitende TEM–Leitung ist durch die Leitungsbeläge bestimmt. Die Abbildung 3.1 zeigt das Ersatzschaltbild eines infinitesimalen Leitungsstücks der Länge dx mit den Belägen R', G', L' und C'. Der Kapazitätsbelag C' definiert das Verhältnis von Ladung zur Spannung zwischen den Leitern. Im Widerstandsbelag R' sind die Leiterverluste beschrieben, die umgekehrt proportional zum Oberflächenwiderstand R_S sind. Der Querleitwertsbelag G' gibt die dielektrischen Verluste im Material zwischen den Leitern an. Die Magnetfeldverteilungen zwischen den Leitern L'_{geo} und innerhalb des Leiters L'_{kin} bestimmen den Induktivitätsbelag L'. Alternativ kann die TEM–Leitung durch den komplexen Wellenwiderstand $\underline{Z}_L$ und die komplexe Ausbreitungskonstante $\underline{\gamma}$ beschrieben werden. Die-

34

se sind durch die Gleichungen (3.2) und (3.3) mit dem Dämpfungsbelag α [Np/m] und dem Phasenmaß β [1/m] definiert [16].

$$\underline{Z}_L = \sqrt{\frac{R' + j\omega L'}{G' + j\omega C'}} \tag{3.2}$$

$$\underline{\gamma} = \alpha + j\beta = \sqrt{(R' + j\omega L') \cdot (G' + j\omega C')} \tag{3.3}$$

Bei großen Frequenzen bzw. $f \to \infty$ überwiegen im Normalleiter die Blindanteile der Gleichung (3.2). Es gilt

$$Z_{L,\infty} = \sqrt{\frac{L'}{C'}} \, . \tag{3.4}$$

Im Supraleiter ist R' sehr klein und sinkt mit abnehmender Frequenz. Werden die Verluste im Substrat vernachlässigt, so lässt sich der Querleitwertsbelag mit $G' = 0$ annehmen. Unter diesen Bedingungen ist die Gleichung (3.4) selbst für kleine Frequenzen erfüllt. Bei Supraleitern mit geringen Leitungsverlusten und einem Substrat mit $\mu_r = 1$ gelten die Näherungen in den Gleichungen (3.5) und (3.6) [16].

$$\underline{\gamma} = \alpha + j\beta = \frac{R'}{2Z_L} + j\omega\sqrt{L'C'} \tag{3.5}$$

$$v_{Ph} = \frac{\omega}{\beta} = \frac{1}{\sqrt{L'C'}} = \frac{c_0}{\sqrt{\varepsilon_r}} \quad , \quad \beta = \frac{2\pi}{\lambda} \tag{3.6}$$

In dieser Arbeit werden Koplanarleitungen, koplanare Zweibandleitungen und Mikrostreifenleitungen verwendet. Jeder dieser Leitungstypen besitzt Vor– und Nachteile bezüglich Realisierung, Miniaturisierung und Anfälligkeit für parasitäre Leitungsmoden [16, 30, 59, 60, 61]. Aufgrund der inhomogenen Umgebung des Leiters muss für die TEM–Berechnungen anstelle der Permittivität ε_r eine effektive Permittivität $\varepsilon_{r,eff}$ für die unterschiedlichen Streifenleiter bestimmt werden. Dazu werden die theoretischen Näherungen aus der Literatur verwendet und bei den einzelnen Leitungsmodellen im Detail beschrieben. Alternativ kann der Wert mit den EM–Simulationswerkzeugen AWR–MWO oder Sonnet bestimmt werden [55, 62]. AWR–MWO verwendet zur Berechnung der MW–Parameter quasistatische Modelle von Leitungen, während Sonnet in einer 3D–Umgebung die Maxwell–Gleichungen von planaren Problemen numerisch löst.

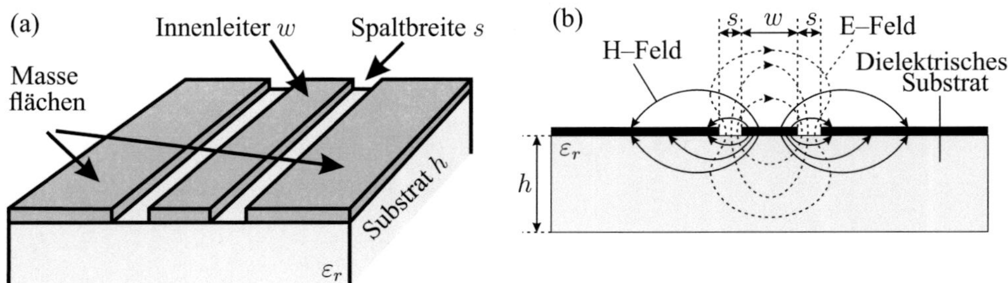

Abbildung 3.2.: (a) Schematische Darstellung einer symmetrischen Koplanarleitung mit unendlich ausgedehnter Masse an den Seiten [59]. (b) Querschnitt einer CPW
mit den elektrischen (E) und magnetischen (H) Feldlinien [59].

3.1.1. Koplanarer Wellenleiter

Die Realisierung eines koplanaren Wellenleiters (Coplanar waveguide – CPW) bzw. einer
Dreibandleitung ist in Abbildung 3.2 (a) schematisch dargestellt. Der Innenleiter mit der Breite w und den Spaltbreiten s zur Masse beidseitig des Innenleiters definieren die Leitungsgeometrie. Die Felder und Stromdichten fließen an den Kanten der Spalte und nehmen senkrecht
zur Wellenausbreitungsrichtung mit exponentiellem Verlauf ab [27]. Daher unterscheidet sich
eine Massefläche der fünffachen Innenleiterbreite praktisch nicht von einer unendlich ausgedehnten Massefläche und kann in guter Näherung durch diese ersetzt werden [27].

Die charakteristische Impedanz Z_L lässt sich durch das Verhältnis zwischen Innenleiter-
und Spaltbreite einstellen, so dass eine Impedanz von 50 Ω für beliebig kleine Innenleiterbreiten möglich ist. Bei dünnen Substraten der Dicke h bzw. großem Verhältnis von s/h wird
der Verlauf des E–Feldes im Substrat beeinträchtigt. Dieser Einfluss wird in den nachfolgenden Gleichungen berücksichtigt. Zur Kontrolle der korrekten Berechnungen der Parameter w
und s kann deren Relation unter Annahme von $d = w + 2s << h$ und einer 50 Ω–Geometrie
sehr grob mit $w = 2s$ abgeschätzt werden. Die Ausbildung der elektrischen und magnetischen
Feldverteilung der CPW–Leitung ist für die Grundwelle in Abbildung 3.2 (b) als Querschnitt
gezeigt. E– und H–Felder der TEM–Welle breiten sich zu 90 % im Substrat aus, wenn die
relative Permittivität $\varepsilon_r > 9$ ist [16].

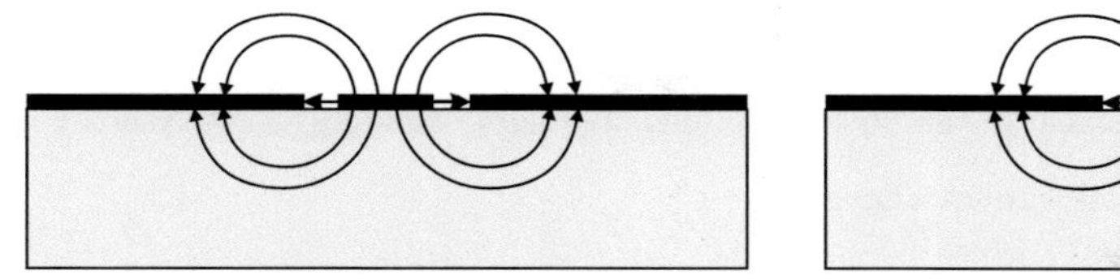

Abbildung 3.3.: Querschnitt einer CPW mit elektrischen Feldlinien verschiedener Moden [59].

In den Spalten zwischen Innenleiter und Masse können sich unerwünschte Leitungsmoden ausbreiten. Diese treten bei unstetiger Leitungsführung, wie Bögen, Verjüngungen oder anderen Leitungsdiskontinuitäten, im Leitungsverlauf auf. Dabei können sich neben den CPW–Moden auch Schlitzleitungsmoden ausbilden, die in Abbildung 3.3 schematisch dargestellt sind. Zur Unterdrückung dieser hybriden Moden im Spalt werden Massebrücken als Potenzialausgleich eingesetzt. Diese Methode wurde bereits in [27] erfolgreich verwendet.

Die effektive Permittivität $\varepsilon_{r,eff}$ kann unter den Annahmen Substratdicke $h \rightarrow \infty$, Schichtdicke $t \rightarrow 0$ und dem Verhältnis $s/h \rightarrow 0$ in guter Näherung durch die Gleichung (3.7) abgeschätzt werden [16].

$$\varepsilon_{r,eff} = \frac{\varepsilon_r + 1}{2} \tag{3.7}$$

Der Wellenwiderstand $\underline{Z}_L$ lässt sich unter der Voraussetzung einer unendlich ausgedehnten Massefläche und eines homogenen Dielektrikums im quasi–statischen Feld durch eine konforme Abbildung annähern [16, 63]. Es ist

$$\underline{Z}_L = \frac{Z_0}{\sqrt{\varepsilon_{r,eff}}} \frac{K(k')}{4K(k)} \tag{3.8}$$

mit dem vollständigen elliptischen Integral erster Ordnung $K(k)$, dem Freiraumwellenwiderstand $Z_0 = 120\pi\ \Omega = 377\ \Omega$ und den Modulen

$$d = w + 2s\,, \quad k = \frac{w}{d} \quad \text{bzw.} \quad k' = \sqrt{1 - k^2}\,. \tag{3.9}$$

Bei der Verwendung von Substratmaterial mit endlicher Dicke h und verschwindender Schichtdicke $t \to 0$ müssen k, k' und $\varepsilon_{r,eff}$ durch k_1, k'_1 und $\varepsilon_{r,eff,1}$ der Gleichung (3.10) ersetzt und in Gleichung (3.8) eingesetzt werden. Diese sind

$$k_1 = \frac{\sinh\frac{\pi w}{4h}}{\sinh\frac{\pi d}{4h}}, \quad k'_1 = \sqrt{1 - k_1^2} \quad \text{und} \quad \varepsilon_{r,eff,1} = 1 + \frac{\varepsilon_r - 1}{2}\frac{K(k'_1)\cdot K(k_1)}{K(k_1)\cdot K(k'_1)}. \tag{3.10}$$

Für die Berücksichtigung von Leitergeometrien mit endlicher Dicke t werden zusätzlich Korrekturfaktoren für w und s nach Gleichung (3.11) notwendig [59]. Es gilt

$$w \to w + x \quad \text{und} \quad d \to d + x \quad \text{mit} \quad x = \frac{1,25\,t}{\pi}\left(1 + \ln\frac{4\pi w}{t}\right). \tag{3.11}$$

Das Dämpfungsmaß α und das Phasenmaß β berechnen sich unter den Annahmen $\sigma_2 >> \sigma_1$ sowie $\lambda_L < t$ zu

$$\alpha = \frac{R'}{2Z_L} = \frac{R_S\sqrt{\varepsilon_{r,eff}}}{2Z_0}\left(\frac{1}{L'_a}\frac{\partial L'_a}{\partial n}\right) \quad \text{bzw.} \tag{3.12}$$

$$\beta = \omega\sqrt{L'C'} = \frac{\omega\sqrt{\varepsilon_{r,eff}}}{c_0}\left[1 + \frac{\lambda}{2}\left(\frac{1}{L'_a}\frac{\partial L'_a}{\partial n}\right)\right] \tag{3.13}$$

mit dem Geometriefaktor aus Gleichung (3.14) [16, 28, 59].

$$\frac{1}{L'_a}\frac{\partial L'_a}{\partial n} = \frac{4k^3}{w\sqrt{k'^3}}\frac{1+\frac{s}{w}}{1-k'}\frac{1+\frac{1,25}{\pi}\ln\frac{4\pi w}{t}}{\ln 2\frac{1+\sqrt{k'}}{1-\sqrt{k'}}} \tag{3.14}$$

In Tabelle 3.1 sind einige Breiten von CPW–Innenleitern und entsprechendem Spalt angegeben, die in den nachfolgenden Kapiteln verwendet werden. Die Werte sind für $Z_L = 50\,\Omega$ bei $f = 6$ GHz auf 300 µm dickem Silizium– bzw. 330 µm dickem Saphirsubstrat gültig und wurden mit AWR TX–Line überprüft [62].

Die Technik des koplanaren Wellenleiters bietet gegenüber anderen symmetrischen Streifenleitern zwei Vorteile. Zum Einen wird lediglich eine einzige Metallisierungsebene zur Strukturierung der Leitungen benötigt. Dadurch werden sowohl Kosten und Aufwand in der Herstellung reduziert als auch direkte Massekontaktierungen ermöglicht. Zum Anderen lässt sich die Leitungsimpedanz mit der Innenleiterbreite und der Spaltbreite unabhängig von der Wahl des Substratmaterials frei entwerfen. Diese Flexibilität bietet ein großes Potenzial zur Miniaturisierung der Schaltungen unter Beibehaltung der angepassten Leitungsstrukturen und wird lediglich durch Lithographie– und Strukturierungstechnologien begrenzt. Ein Nachteil dieser Topologie sind durch Leitungsdiskontinuitäten verursachte parasitäre Moden, die z.B. mit Massebrücken unterdrückt werden müssen.

Tabelle 3.1.: Querschnittsgeometrien für CPW–Leitungen auf Silizium und Saphir mit $Z_L = 50\,\Omega$ bei $f = 6\,\mathrm{GHz}$.

Material	Innenleiterbreite w [µm]	Spaltbreite s [µm]
Silizium (Si)	500	200
	150	83
	50	29
	20	11
	10	4
Saphir (Sa)	500	180
(Al_2O_3)	50	20
	10	3

3.1.2. Zweibandleitung

Der Aufbau einer Zweibandleitung (Coplanar Strips – CPS) ähnelt dem Aufbau einer CPW und ist in Abbildung 3.4 (a) schematisch dargestellt. Die symmetrische Zweibandleitung besteht aus einem Signal– und einem Masseleiter der Breite w, die durch einen Spalt s voneinander getrennt sind [28]. Beide Leitungen werden auf einem Substrat der Dicke h mit der Dielektrizitätszahl ε_r aufgebracht. Durch das Design verläuft die Masse lediglich an einer Seite des Signalleiters.

Die charakteristische Impedanz Z_L wird durch das Verhältnis von Leiterbreite zu Spaltbreite definiert. Unter der Annahme von $s/h \rightarrow 0$ ist die Impedanz unabhängig von der Substratdicke h und wird alleine von den Parametern w bzw. s bestimmt. Bei endlicher Substratdicke h bzw. großem Verhältnis von s/h werden die Felder im Substrat beeinflusst und müssen in den nachfolgenden Gleichungen berücksichtigt werden. Die Verteilung der elektromagnetischen Felder durchdringt sowohl Luft– als auch Substrathalbraum und ist in Abbildung 3.4 (b) für die Grundwelle gezeigt. Bei Leitungsdiskontinuitäten oder Bögen treten vergleichbar zur CPW Schlitzleitungsmoden auf, die parasitäre Effekte in den Leitungseigen-

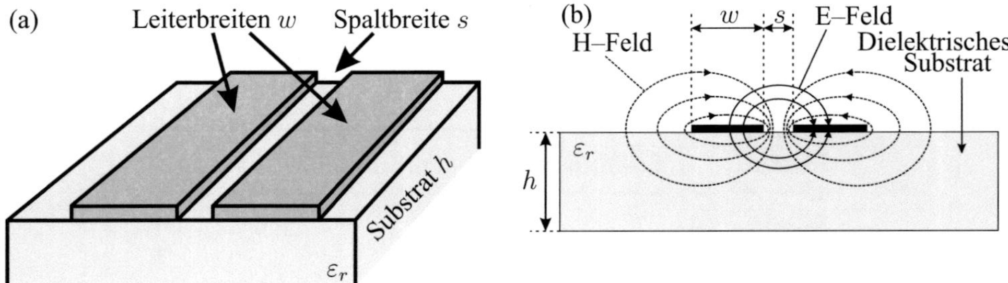

Abbildung 3.4.: (a) Schematische Darstellung einer symmetrischen Zweibandleitung. Der erste Streifen ist für Masse und der zweite Streifen für den Leiter [59]. (b) Querschnitt einer CPS mit den elektrischen (E) und magnetischen (H) Feldlinien [59].

schaften verursachen. Da die Masse auf nur einer Seite des Leiters mitgeführt wird, können diese nicht durch Massebrücken unterdrückt werden.

Die effektive Permittivität $\varepsilon_{r,eff}$ kann für große Werte von s/h nach Gleichung (3.7) abgeschätzt und in den Wellenwiderstand eingesetzt werden. Für ein endlich dickes Substrat lässt sich Z_L im quasi–statischen Feld durch eine konforme Abbildung annähern [16, 64, 65]. Die charakteristische Impedanz ergibt sich zu

$$Z_L = \frac{Z_0}{\sqrt{\varepsilon_{r,eff}}} \frac{K(k)}{K(k')} \tag{3.15}$$

mit dem vollständigen elliptischen Integral erster Ordnung $K(k)$, dem Freiraumwellenwiderstand $Z_0 = 120\pi\,\Omega = 377\,\Omega$, den Modulen

$$d = 2w + s\,, \quad k = \frac{s}{2w + s}\,, \quad k' = \sqrt{1 - k^2}\,, \quad k_1 = \frac{\tanh\frac{\pi s}{4h}}{\tanh\frac{\pi d}{4h}}\,, \quad k_1' = \sqrt{1 - k_1^2} \tag{3.16}$$

und unter Anwendung der effektiven Permittivität mit dessen Füllfaktor

$$\varepsilon_{r,eff} = 1 + \frac{(\varepsilon_r - 1)}{2} \frac{K(k) \cdot K(k_1')}{K(k') \cdot K(k_1)}\,. \tag{3.17}$$

Zweibandleitungen werden im weiteren Verlauf für Anschlussleitungen mit den Leiterbreiten $w = 100$ bzw. 1900 µm und den Spaltbreiten $s = 20$ bzw. 100 µm verwendet. Bei der Betriebsfrequenz $f = 6$ GHz und Silizium als Substrat beträgt die charakteristische Impedanz $Z_L = 50$ bzw. 65 Ω. Die Werte wurden mit Sonnet bestätigt [55].

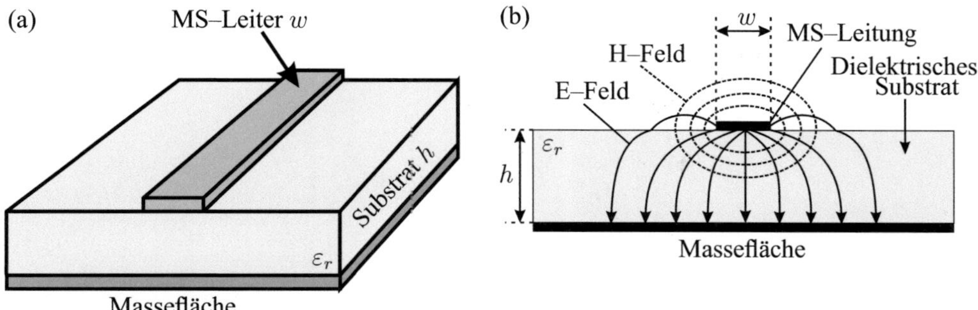

Abbildung 3.5.: (a) Schematische Darstellung einer Mikrostreifenleitung mit unendlich ausgedehnter Massefläche auf der Unterseite [59]. (b) Querschnitt einer MS–Leitung mit den elektrischen (E) und magnetischen (H) Feldlinien [59].

Die CPS–Topologie verfügt über die Vorteile der CPW mit der Option eines einseitig freien Zugangs zum Signalleiter abseits des Masseleiters. Dadurch wird die Masse bei Kopplungen mit anderen Leitern nicht unterbrochen oder gestört. Ein Nachteil liegt in der Problematik von Schlitzleitungsmoden, die bei Leitungsdiskontinuitäten entstehen. Es ist nicht möglich diese durch Massebrücken zu reduzieren, da die Masse einseitig des Leiters ausgeführt ist.

3.1.3. Mikrostreifenleitung

Der Aufbau einer Mikrostreifenleitung (Microstripe Line – MS) ist in Abbildung 3.5 (a) schematisch dargestellt. Eine Streifenleitung der Breite w liegt auf einem Substrat der Dicke h auf. Die Rückseite des Substrats ist flächig mit einer Massemetallisierung bedeckt, die im Vergleich zur Leiterbreite eine unendliche Ausdehnung besitzt [16]. Trotz zweier Metallisierungsebenen ist der technologische Realisierungsaufwand hinsichtlich Preis, Reproduzierbarkeit und Materialaufwand gering, was die MS–Leitung zu einer der am Weitesten verbreiteten Streifenleitungsart gemacht hat [59].

Der Wellenwiderstand wird durch die Leiterbreite w, die Substratdicke h und die Permittivität ε_r des Substrats festgelegt. Das Verhältnis von Leiterbreite zur Substratdicke bestimmt dessen Wert. Die elektrische und magnetische Feldverteilung einer MS–Leitung ist in Abbildung 3.5 (b) gezeigt. Bei breiten Mikrostreifenleitungen befindet sich ein Großteil des E–

Feldes im Substrat. Die effektive Permittivität $\varepsilon_{r,eff}$ kann unter den Annahmen der Substratdicke $h \to \infty$ und der Schichtdicke $t \to 0$ in guter Näherung durch die Gleichungen (3.18) bzw. (3.19) abgeschätzt werden [58].

$$\varepsilon_{r,eff} \approx \frac{\varepsilon_r + 1}{2} \quad \text{für} \quad w/h << 1 \tag{3.18}$$

$$\varepsilon_{r,eff} \approx \varepsilon_r \quad \text{für} \quad w/h >> 1 \tag{3.19}$$

Die Berechnung des Wellenwiderstandes Z_L lässt sich unter Berücksichtigung von Randfeldern und Substratdicke h mit der Gleichung (3.20) durchführen [66].

$$Z_L = Z_0 \frac{h}{w + 2h} \sqrt{\frac{1 + \frac{2\lambda}{h}}{\varepsilon_{r,eff}}} \tag{3.20}$$

Unter Berücksichtigung der Schichtdicke t des Leiters kommt der Korrekturfaktor aus Gleichung (3.21) zur Leiterbreite w hinzu.

$$w \to w + x \quad \text{mit} \quad x = \frac{1,25\,t}{\pi}\left(1 + \ln\frac{2h}{t}\right) \tag{3.21}$$

Das Dämpfungsmaß α und das Phasenmaß β lassen sich mit

$$\alpha = \frac{R'}{2Z_L} = \frac{R_S}{wZ_L} = \frac{R_S}{Z_0}\frac{w + 2h}{wh}\sqrt{\frac{\varepsilon_{r_{eff}}}{1 + \frac{2\lambda}{h}}} \quad \text{und} \tag{3.22}$$

$$\beta = \omega\sqrt{L'C'} = \frac{\omega}{c_0}\sqrt{\varepsilon_{r,eff}\left(1 + \frac{2\lambda}{h}\right)} \tag{3.23}$$

berechnen [16, 28, 59]. Auf einem 300 μm dicken Siliziumsubstrat ist ein 240 μm breiter MS–Leiter notwendig, um eine charakteristische Impedanz von $Z_L = 50\ \Omega$ zu erreichen. Die Werte werden durch AWR TX–Line bestätigt [62].

Die MS–Leitung benötigt zwar zwei Metallisierungsebenen, von denen lediglich eine Ebene strukturiert werden muss. Im Gegensatz zu den koplanaren Designs gibt es keine Probleme mit parasitären Schlitzleitungsmoden. Einschränkungen existieren beim Design, da die charakteristische Impedanz von der Substratdicke abhängt. Diese Abhängigkeit von der Substratdicke bedeutet einen Nachteil für die Miniaturisierung, da die Leitungen nicht unabhängig von den Substratparametern verkleinert werden können. Für den Fall von sehr schmalen Leitungen gegenüber der Höhe des Substrats sind die Wellenleitereigenschaften vernachlässigbar und die Strukturen wirken als konzentrierte Elemente mit kapazitivem bzw. induktivem Verhalten.

3.2. Simulationsparameter in Sonnet

Hochfrequenzschaltungen im Bereich von einigen GHz lassen sich wegen Kopplungen von Leitungen oder anderen Strukturmerkmalen nicht immer mit Ersatzschaltungen ersetzen. In diesem Fall finden EM–Simulationsprogramme wie Sonnet ihren Einsatz, bei denen Geometrien und Materialparameter in den Berechnungen von Hochfrequenzbauelementen berücksichtigt werden. Das Programm ermittelt anhand der Maxwell–Gleichungen den Wellenwiderstand der Zuleitungen und stellt die Streuparameter (S–Parameter) der Ein– und Ausgangsleitungen als Streumatrix auf [55]. Die Leitungseigenschaften fließen durch den Oberflächenwiderstand und die kinetische Induktivität in den Materialparametern für die Metalle mit ein.

Das Simulationsprogramm Sonnet berücksichtigt die Abhängigkeit der Oberflächenimpedanz $Z_S \propto \sqrt{f}$, wie es in normalleitenden Metallen üblich ist [30].

$$Z_S = (R_{DC} + R_{RF}\sqrt{f}) + j(\omega L_S + X_{DC}) \tag{3.24}$$

Als Parameter lassen sich Gleichstromwiderstand R_{DC}, Wechselstromwiderstand R_{RF}, Oberflächenreaktanz X_{DC} und kinetische Induktivität L_S beeinflussen [55]. R_{DC} beschreibt die Verluste bei niederen Frequenzen, für die der Leiter sehr viel dünner als die Skintiefe ist. Dieser Wert geht bei allen zu berechnenden Frequenzen gleichermaßen mit ein und ist für Supraleiter 0 Ω/Square. Der frequenzabhängige Widerstand R_{RF} ist der Skin–Effekt–Koeffizient, den Sonnet in der Simulation mit $\sqrt{f}$ multipliziert und damit den Oberflächenwiderstand [Ω/Square] berechnet. Nach dem Einsetzen von $R_{DC} = 0\ \Omega$/Square, $X_{DC} = 0\ \Omega$/Square, $L_S = \mu_0\lambda_L(T)$ und R_S für die Berechnungsfrequenz f_0 reduziert sich Z_S zu

$$Z_S = \frac{R_S}{\sqrt{f_0}}\sqrt{f} + j\omega L_S\,. \tag{3.25}$$

Damit können Simulationen mit den Materialparametern von Supraleitern in einem schmalen Bereich um f_0 durchgeführt werden. Diese Methode wurde bereits in früheren Arbeiten erfolgreich verwendet [27, 51].

Um einen breiteren Frequenzbereich simulieren zu können, ist es notwendig die f^2–Abhängigkeit in Supraleitern zu berücksichtigen. Mittlerweile lassen sich Parametergleichungen für die Materialeigenschaften in der Sonnet–Software einsetzen [55]. Daher wird zur Eliminierung der $\sqrt{f}$–Abhängigkeit in den Simulationen der Skin–Effekt-Koeffizient $R_{RF} = 0$ gesetzt und für R_{DC} manuell ein f^2–abhängiger Term mit den Materialeigenschaften des Supraleiters verwendet. Dieser setzt sich aus den Gleichungen (A.15) und (A.17) zusammen, die eine Frequenz– und Temperaturabhängigkeit zeigen. Für eine Niob–Metallisierung bei flüssig–Helium Kühlung werden die Werte $T = 4,2$ K, $\sigma_n = 27,8$ MS/m bzw. $\lambda_L(0) = 85$ nm angenommen und in Abhängigkeit des Simulationsparameters FREQ gebracht. Die Gleichung (3.26) beschreibt $R_{DC} = f(\text{FREQ})$ mit

$$R_{DC} = R_S = 1,741\ 766 \cdot 10^{-27} \ln\left(\frac{3,687\ 433 \cdot 10^{11}}{\text{FREQ}}\right)(2\pi\text{FREQ})^2 \ \Omega/\text{Square} \ . \tag{3.26}$$

Damit erfolgen alle Simulationen unter Berücksichtigung der f^2–Abhängigkeit, wobei der imaginäre Teil von Gleichung (3.25) unverändert bleibt. Im angegebenen Beispiel beträgt der Oberflächenwiderstand $R_S = 10,19\ \mu\Omega$ mit den Annahmen $f = 6$ GHz und $T = 4,2$ K. Die damit simulierten S–Parameter von Resonatoren werden zur Berechnung der Güten herangezogen.

3.3. Berechnung und Messung der Güte von Resonatoren

Ein $\lambda/4$–Resonator der Länge ℓ lässt sich im Ersatzschaltbild durch einen Parallelschwingkreis darstellen [16]. In Abbildung 3.6 (a) ist dieser mit kapazitiver Kopplung C_K an einer Durchgangsleitung als Anschlussleitung gezeigt. Zur Berücksichtigung von Verlusten wird ein Parallelwiderstand R_P eingefügt. Im Resonanzfall ist die verlustlose bzw. verlustbehaftete Impedanz Z

$$\frac{1}{Z} = j\left(\omega C - \frac{1}{\omega L}\right) \quad \text{bzw.} \quad \frac{1}{Z} = \frac{1}{R_P} + j\left(\omega C - \frac{1}{\omega L}\right) \tag{3.27}$$

reell und die (Kreis–) Resonanzfrequenz wird durch die Gleichung (2.1) bestimmt. Der Parallelwiderstand ist $R_P \propto \frac{1}{R_S}$ [16]. Für die unbelastete Güte Q_U des Schwingkreises gilt

$$Q_U = \frac{R_P}{\omega_0 L} = R_P \frac{\omega_0 C}{L} \ , \tag{3.28}$$

wobei sich die Dämpfung aus dem Kehrwert der Güte ermitteln lässt [16].

44

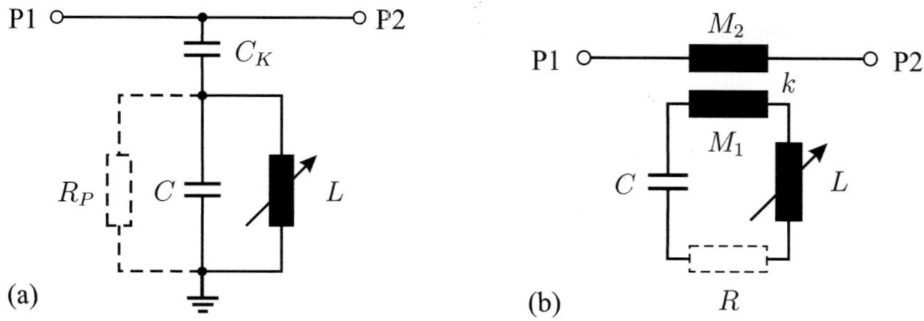

Abbildung 3.6.: (a) Ersatzschaltbild eines Leitungsresonators, der kapazitiv an eine Durchgangsleitung gekoppelt ist. Verluste im Resonator werden im gestrichelten Parallelwiderstand modelliert. (b) Der Serienschwingkreis ist induktiv an eine Durchgangsleitung gekoppelt mit $k = \sqrt{M_1 M_2}$. Für verlustbehaftete Resonatoren wird der gestrichelte Resonator in den Kreis eingefügt.

Das Ersatzschaltbild eines Serien– bzw. Reihenschwingkreises mit induktiver Kopplung an einer Durchgangsleitung ist in Abbildung 3.6 (b) dargestellt [16]. Die Impedanz des Schwingkreises wird im Resonanzfall reell, sodass die Resonanzfrequenz ebenfalls durch Gleichung (2.1) bestimmt wird. Für die verlustlose bzw. verlustbehaftete Leitungsimpedanz ist

$$Z = j\left(\omega L - \frac{1}{\omega C}\right) \quad \text{bzw.} \quad Z = R + j\left(\omega L - \frac{1}{\omega C}\right) . \tag{3.29}$$

Die Güten von seriellen Schwingkreisen mit konzentrierten Bauelementen sind durch die Gleichungen (3.30) bzw. (3.31) mit dem reellen Wellenwiderstand R_0 beschrieben [67].

$$Q_U = \frac{\omega_0 L}{R} = \frac{1}{R}\sqrt{\frac{L}{C}} \tag{3.30}$$

$$Q_L = \frac{\omega_0 L}{R + R_0} \quad \text{und} \quad Q_E = \frac{\omega_0 L}{R_0} \tag{3.31}$$

Sowohl für Parallel– als auch Serienschwingkreise gelten die Beziehungen zur Koppelstärke aus Gleichung (3.32) [67].

$$Q_L = \frac{Q_U}{1 + \kappa} \quad \text{und} \quad Q_E = \frac{Q_U}{\kappa} \tag{3.32}$$

Die Gütefaktoren können unter Anwendung verschiedener Verfahren, wie Stehwellendetektor oder Messung des Stehwellenverhältnisses einer Kavität in Abhängigkeit der Frequenz, ermittelt werden [49, 50, 67]. Mittlerweile hat sich die Auswertung von Streuparametern (S–Parametern) einer Netzwerkanalyse mit deren Reflexions– und Transmissionskoeffizienten in Amplitude bzw. Phase etabliert [48]. Aus Simulations– bzw. Messdaten werden Resonanzfrequenz und zwei Frequenzen bei Halbwertsbreite (Full Width at Half Maximum – FWHM) bestimmt. Als Halbwertsbreite ist die Bandbreite definiert, die bei der halben eingespeisten Leistung $P = P_{in}/2$ abgelesen wird. Für Amplituden deren Betrag > 6 dB ist, liegt P immer bei ≈ -3 dB und wird daher als -3 dB–Bandbreite bezeichnet. Für alle anderen Fälle oder bei abweichenden Leistungen muss die Halbwertsbreite gesondert berechnet werden [68]. Die Angaben der S–Parameter erfolgen als lineare Amplituden A_{lin}. Die Umrechnung von logarithmischen Amplituden A_{dB} in lineare Werte A_{lin} und umgekehrt ist anhand von $A_{lin} = 10^{\frac{A_{dB}}{20}}$ bzw. $A_{dB} = -20 \log_{10}(A_{lin})$ durchzuführen.

Das Vorgehen zur Ermittlung der Güten wird zunächst an Reflexionsresonatoren gezeigt. Die universellen Hüllkurven für die Reflexionskoeffizienten Amplitude und Phase lassen sich durch die Gleichung (3.33) beschreiben [67].

$$|\underline{S}_{11,lin}| = \sqrt{\frac{(1 - \kappa)^2 + (2Q_U \delta')^2}{(1 + \kappa)^2 + (2Q_U \delta')^2}} \quad \text{und} \quad \phi = \tan^{-1} \frac{4\kappa Q_U \delta'}{(2Q_U \delta')^2 + (1 - \kappa^2)} \tag{3.33}$$

Unter der Annahme eines vernachlässigbaren Offsets ist der Frequenz–Stellparameter δ' durch die normierte Frequenzabweichung zur Resonanz $\delta' = \frac{f - f_0}{f_0}$ definiert. Weitere Parameter sind Koppelstärke κ und unbelastete Güte Q_U. Sowohl bei der Hüllkurve als auch bei der Bestimmung der Güte aus Amplitude und Phase sind Kenntnisse über den Koppelfaktor κ erforderlich. Anhand der komplexen S–Parameter eines Reflexionsschwingkreises wird die Koppelstärke aus den Amplitudeninformationen $|\underline{S}_{11,res}|$ an der Resonanzfrequenz f_0 nach Gleichung (3.34) berechnet [67].

$$\text{Reflexionsresonator}: \quad \kappa = \frac{1 \pm |\underline{S}_{11,res}|}{1 \mp |\underline{S}_{11,res}|} \quad \text{wenn} \quad \kappa \gtrless 1 \tag{3.34}$$

Informationen über starke ($\kappa > 1$) bzw. schwache ($\kappa < 1$) Kopplung sind in den Phaseninformationen des komplexen Signals enthalten. Das Smith–Diagramm in Widerstandsform bietet eine graphische Auswertung dieser Eigenschaft. Die Abbildung 3.7 zeigt drei

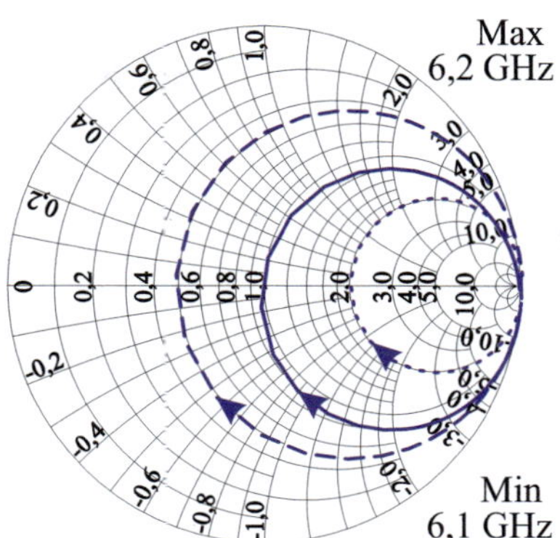

Abbildung 3.7.: Verlauf der simulierten S–Parameter von Reflexionsresonatoren im Smith–Diagramm bei Frequenzen zwischen $6,1$ und $6,2$ GHz. Das Diagramm ist in Widerstandsform und auf $50\,\Omega$ normiert. Die Kurven zeigen Simulationen von Resonatoren mit Koppelstärken $\kappa = 0,5$ $(\cdots)$ / 1 (---) / 2 $(---)$. Die beste Anpassung wird auf der reellen Achse im Punkt $1,0$ erreicht.

Simulationen von Resonatoren mit $f_0 = 6.15$ GHz und $\kappa = 0,5$ / 1 / 2. Der Frequenzverlauf des Resonators zeigt bei starker Kopplung einen Kreis, der den Mittelpunkt des Smith–Diagramms umschließt. Bei schwacher Kopplung wird dieser nicht erreicht. Für den Sonderfall der Kopplung $\kappa = 1$ tangiert der Resonanzkreis den Mittelpunkt des auf $50\,\Omega$ normierten Smith–Diagramms. Mit der Kenntnis über die Koppelstärke lassen sich anhand der Gleichungen (3.35) bis (3.37) die Amplituden berechnen, an denen die Frequenzpunkte der Bandbreiten von Q_U, Q_E und Q_L abgelesen werden [67, 68]. Die Gleichungen sind bereits für die FWHM–Bedingung $P = P_{in}/2$ vereinfacht.

$$|\underline{S}_{11,U}| = \sqrt{\frac{\kappa^2 - 2\kappa + 2}{\kappa^2 + 2\kappa + 2}} \quad \text{bzw.} \quad |\underline{S}_{11,U}| = \sqrt{\frac{(1 \pm |\underline{S}_{11,Res}|)^2 + 4|\underline{S}_{11,Res}|^2}{(1 \pm |\underline{S}_{11,Res}|)^2 + 4}} \tag{3.35}$$

$$|\underline{S}_{11,E}| = \sqrt{\frac{2\kappa^2 - 2\kappa + 1}{2\kappa^2 + 2\kappa + 1}} \quad \text{bzw.} \quad |\underline{S}_{11,E}| = \sqrt{\frac{(1 \mp |\underline{S}_{11,Res}|)^2 + 4|\underline{S}_{11,Res}|^2}{(1 \mp |\underline{S}_{11,Res}|)^2 + 4}} \tag{3.36}$$

$$|\underline{S}_{11,L}| = \sqrt{\frac{\kappa^2 + 1}{(\kappa + 1)^2}} \quad \text{bzw.} \quad |\underline{S}_{11,L}| = \sqrt{(0,5 + 0,5|\underline{S}_{11,Res}|^2)} \tag{3.37}$$

An den definierten Werten von $|\underline{S}_{11,U}|$, $|\underline{S}_{11,E}|$ und $|\underline{S}_{11,U}|$ werden die entsprechenden Bandbreiten Δf_U, Δf_E und Δf_L ermittelt. Unter Verwendung der Resonanzfrequenz f_0 lassen sich die Güten durch

$$Q_U = \frac{f_0}{\Delta f_U} \quad , \quad Q_E = \frac{f_0}{\Delta f_E} \quad \text{und} \quad Q_L = \frac{f_0}{\Delta f_L} \tag{3.38}$$

bestimmen [67]. Δf_L entspricht in diesem Fall der –3 dB–Bandbreite. Aus der Gleichung (3.37) ist zu erkennen, dass die belastete Güte für $\kappa = x$ und $\kappa = 1/x$ die gleichen Resultate liefert. Damit hängt Q_L alleine vom Wert der Koppelstärke ab und ist unabhängig von Über– bzw. Unterkoppeln. Die Amplitudeninformation genügt zur Bestimmung von Q_L. Für Q_U und Q_E werden zusätzliche Informationen aus der Phase des Signals benötigt.

Im Entwicklungsprozess von Resonatoren für Detektoranwendungen ist die Minimierung des Phasenrauschens sehr wichtig [32]. Ein Optimum wird erreicht, wenn der Koppelfaktor $\kappa = 1$ ist [69]. In diesem Fall zeigt der frequenzabhängige Reflexionsverlauf im Smith–Diagramm eine nahezu ideale Anpassung. Der Kurvenverlauf ist in Abbildung 3.7 mit $\kappa = 1$ dargestellt. Die unbelastete Güte Q_U und die Koppelgüte Q_E erreichen annähernd gleiche Beträge. In dieser Konfiguration sind Messungen direkt bei f_0 oder nahe an der Resonanz extrem empfindlich. Für die Optimierung der Koppelstärke im Reflexionsresonator wird an dieser Stelle der Gütefaktor Q_R eingeführt [70]. Je besser die Kopplung $\kappa = 1$ entspricht, desto höher ist der Wert von der Reflexionsgüte Q_R. Güten von 10^6 und darüber sind sowohl bei Simulationen als auch bei Messungen zu erreichen. Die Werte der Amplitude, an denen die Frequenzen der zugehörigen Bandbreite Δf_R abzulesen sind, werden anhand der Gleichung (3.39) berechnet [70].

$$|\underline{S}_{11,R}| = \sqrt{\frac{(\kappa - 1)^2}{\kappa^2 + 1}} \quad \text{bzw.} \quad |\underline{S}_{11,R}| = \sqrt{\frac{2|\underline{S}_{11,Res}|^2}{1 + |\underline{S}_{11,Res}|^2}} \tag{3.39}$$

Nach Ablesen der Frequenzen und Berechnung der Bandbreite lässt sich Q_R nach Gleichung (3.40) ermitteln.

$$Q_R = \frac{f_0}{\Delta f_R} \tag{3.40}$$

Die Abbildung 3.8 zeigt den simulierten Frequenzverlauf der Resonanz mit $\kappa = 1$ aus der Abbildung 3.7. Die abzulesenden Werte der Amplitude für die +3 dB–Bandbreite der Güte Q_R ist in der Vergrößerung als B_- bzw. B_+ gekennzeichnet.

48

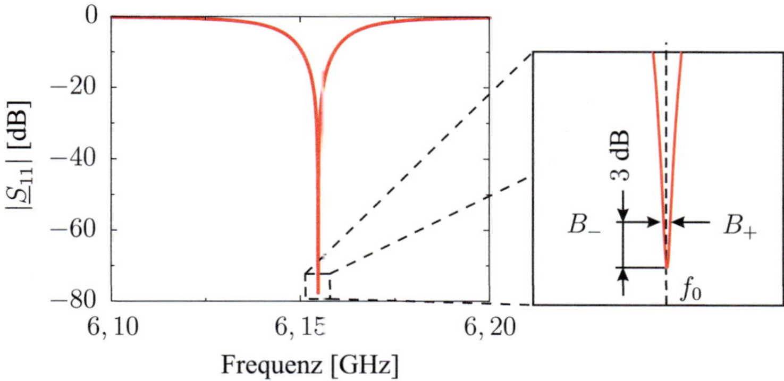

Abbildung 3.8.: Simulierter Amplitudenverlauf über der Frequenz des Reflexionsresonators aus Abbildung 3.7 mit $\kappa = 1$. Die Vergrößerung zeigt den Ablesebereich für die +3 dB–Bandbreite von Q_R mit $BW_{3dB} = B_+ - B_-$.

Für Resonatoren an einer Durchgangsleitung müssen die Amplituden der Halbwertsbreite vergleichbar zu den Reflexionsresonatoren bestimmt werden [68, 71]. Zwei Konfigurationen dieser Schwingkreise sind zu unterscheiden. Transmissionsresonatoren wie z.B. $\lambda/2$–Resonatoren zeigen im Resonanzfall eine Übertragung in der Transmission $|\underline{S}_{21}|$ mit Bandpassverhalten [67, 68, 71]. $\lambda/4$–Resonatoren an einer Durchgangsleitung arbeiten dagegen als Absorptionsresonatoren mit der Charakteristik einer Bandsperre und werden im weiteren Verlauf verwendet. Bei Ankopplung der Schwingkreise an eine Durchgangsleitung sind die Güten grundsätzlich kleiner als die Güten von Reflexionsresonatoren [70]. Im Resonator wird bestenfalls die Hälfte der Eingangsleistung eingekoppelt, da in Resonanz sowohl Durchgangsleitung als auch Resonator einen Wellenwiderstand von $Z_L = 50\ \Omega$ zeigen. Dies kann mit einer parallelen Verzweigung zweier Widerstände verglichen werden, die durch dieselbe Quelle versorgt werden. Der Koppelfaktor κ beschreibt die Beziehungen zwischen Q_U, Q_E und Q_L nach Gleichung (3.32). Die Koppelstärke ist durch

$$\text{Absorptionsresonator}: \quad \kappa = \frac{1 - |\underline{S}_{21,res}|}{|\underline{S}_{21,res}|} = \frac{|\underline{S}_{11,res}|}{1 - |\underline{S}_{11,res}|} = \frac{|\underline{S}_{11,res}|}{|\underline{S}_{21,res}|} \tag{3.41}$$

definiert [71]. Eine Umrechnung zwischen Reflexions– und Transmissionsparametern erfolgt durch die Leistungsbeziehung $\underline{S}_{11,res} + \underline{S}_{21,res} = 1$ bei verlustfreien passiven Netzwerken [29].

Anhand des Kopplungsfaktors lassen sich die Amplituden zum Ablesen der FWHM–Bandbreiten für Q_U, Q_E und Q_L berechnen. Diese sind in den Gleichungen (3.42) bis (3.44) gegeben [68, 71].

$$|\underline{S}_{21,U}| = \sqrt{\frac{2}{\kappa^2 + 2\kappa + 2}} \quad \text{bzw.} \quad |\underline{S}_{21,U}| = \sqrt{\frac{2|\underline{S}_{21,Res}|^2}{|\underline{S}_{21,Res}|^2 + 1}} \,, \tag{3.42}$$

$$|\underline{S}_{21,E}| = \sqrt{\frac{\kappa^2 + 1}{2\kappa^2 + 2\kappa + 1}} \quad \text{bzw.} \quad |\underline{S}_{21,E}| = \sqrt{\frac{2|\underline{S}_{21,Res}|^2 - 2|\underline{S}_{21,Res}| + 1}{|\underline{S}_{21,Res}|^2 - 2|\underline{S}_{21,Res}| + 2}} \tag{3.43}$$

$$|\underline{S}_{21,L}| = \sqrt{\frac{1}{2\kappa^2 + 4\kappa + 2} + \frac{1}{2}} \quad \text{bzw.} \quad |\underline{S}_{21,L}| = \sqrt{\frac{|\underline{S}_{21,Res}|^2}{2} + \frac{1}{2}} \tag{3.44}$$

Die Gleichungen sind bereits für die FWHM–Bedingung $P = P_{in}/2$ vereinfacht. Mit den daraus ermittelten Bandbreiten Δf_U, Δf_E und Δf_L lassen sich die Güten durch Gleichung (3.38) berechnen. Während sich S–Parameter aus Simulationen relativ gut extrahieren lassen, müssen bei den Messungen alle Umgebungsbedingungen bekannt sein, um Messfehler zu vermeiden.

3.4. Probenpräparation für HF–Messungen

Die Messung von Hochfrequenzschaltungen ist ein aufwändiger und komplizierter Prozess. Um systematische Fehler beim Messvorgang im Vorfeld zu erkennen und zu vermeiden, ist die Kenntnis über die Prozessparameter beginnend mit dem Aufbau der Proben, über die Kontaktierung in Gehäusen bis hin zur Messumgebung erforderlich. Die Herstellung der Proben beginnt mit der Deposition von Niobschichten auf den Mikrowellensubstraten Silizium bzw. Saphir. Nach Aufbringen eines belichtungsempfindlichen Lacks wird dieser durch Photo– bzw. Laserlithographie strukturiert und belichtet. Nach dem Entwickeln sind die belichteten Bereiche lackfrei bzw. ungeschützt und das Niob wird mittels reaktivem Ionenätzen entfernt. Anschließend erfolgen Zuschneiden und Reinigen der Proben. Danach sind diese bereit für den Einbau in ein Messgehäuse. Alle notwendigen Parameter von Deposition, Substraten, Maskendesign, Lithographieprozessen und Ätzen zur Strukturierung der Resonatoren sind im Anhang C beschrieben.

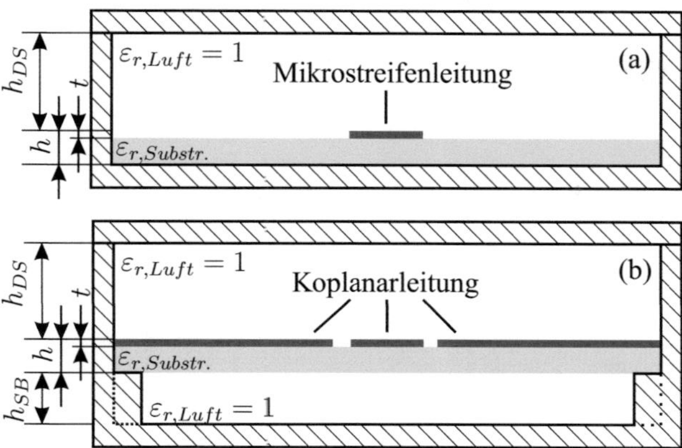

Abbildung 3.9.: (a) Querschnitt des schematischen Aufbaus eines Messgehäuses für eine MS–Leitung. Das Substrat mit der Dicke h ist direkt auf den Boden aufgelegt. Auf dem Substrat ist die Metallisierung mit der Schichtdicke t. Zum Deckel ist der Abstand h_{DS}. (b) Für CPS– und CPW–Leitungen, hier am Beispiel einer koplanaren Leitung, ist ein zusätzlicher Abstand der Höhe h_{SB} zwischen Gehäuseboden und Substrat vorhanden. Das Substrat wird am Rand durch einen schmalen Steg in Position gehalten.

Der Einbau der Proben erfolgt in vergoldete Messinggehäuse, die mit SMA–Steckern vom Typ Rosenberger 32K724-600S3 kontaktiert sind [72]. Die etwa 1 µm dicke Goldschicht ist galvanisch auf das Gehäuse aufgebracht. Unterschiedliche Wellenleitertopologien erfordern verschiedene Messgehäuse mit jeweils angepasstem Design. Bei Mikrostreifenleitungen werden die Proben zur thermischen und elektrischen Ankopplung direkt auf den Gehäuseboden gelegt und mit Leitsilber fixiert. Diese Methode reduziert den Aufwand bei der Realisierung einer flächigen Metallisierung auf der Rückseite der Probe für das Massepotenzial. Die Abbildung 3.9 (a) zeigt den Querschnitt des Probengehäuses für Mikrostreifenleitungen mit Deckel. Die relevanten Abmessungen sind Substratdicke h, Schichtdicke t und Höhe h_{DS} zwischen Deckel und Substrat. Über dem Substrat ist ein Abstand von $h_{DS} = 3\,\mathrm{mm}$ zum Gehäusedeckel realisiert, um die Beeinflussung durch die umgebende Metallisierung auszuschließen.

Sowohl für koplanare Wellenleiter (CPW) als auch Zweibandleitungen (CPS) ist ein zweites Gehäusedesign notwendig, da die Massefläche unterhalb des Substrats Einfluss auf die Leitungseigenschaften ausübt. Die Masseflächen bzw. die Masseleitung liegen, wie der Leiter selbst, auf der Oberseite des Substrats. Die Abbildung 3.9 (b) zeigt den Gehäuseaufbau im Querschnitt mit der Höhe h_{SB} zwischen Substrat und Gehäuseboden, Substratdicke h, Schichtdicke t und Höhe h_{DS} zwischen Deckel und Substrat. Unterhalb des Trägers beträgt $h_{SB} = 1$ mm während der Abstand zum vergoldeten Messingdeckel $h_{DS} = 3$ mm ist. Am Rand des Gehäuses dient ein schmaler Auflagesteg zur Positionierung der Probe.

Beim Einbau der Proben in das Messgehäuse wird Indium als Befestigungs– und Kontaktmaterial verwendet, da es eine gute Bearbeitbarkeit durch seine weiche Konsistenz und gute Leitfähigkeit aufweist. Zwischen der 500 µm breiten SMA–Anschlussfahne und dem Signalleiter auf der Probe wird ein Indiumkontakt realisiert.

In niederfrequenten Schaltungen reichen Punktkontakte mit Bonds für niederohmige Verbindungen aus. Für Hochfrequenzschaltungen mit nicht verschwindendem Wechselstromwiderstand sind flächige, hochwertige Massekontaktierungen erforderlich, um unerwünschte Reflexionen und damit Anomalien im Frequenzbereich mit störendem Einfluss auf die Schaltungen zu reduzieren [31]. Die Masseleitungen von CPW und CPS werden am gesamten angrenzenden Probenrand flächig mit dem Gehäuse kontaktiert. Leitsilber eignet sich nicht, da die Flüssigkeit bei der Verarbeitung zerfließt und zu Kurzschlüssen am Probenrand führen kann. Zusätzlich bewirken häufige Kühlzyklen und Vibrationen Materialspannungen mit Ablöseerscheinungen vom Untergrund, wodurch sich der elektrische Kontakt verschlechtert [27].

Bei CPW–Strukturen lassen sich vor und nach Leitungsdiskontinuitäten zusätzlich Massebrücken anbringen, wie in Abbildung 3.10 dargestellt. Unterschiedliche Massepotenziale zwischen den beiden Masseflächen des Leiters werden ausgeglichen und die Ausbreitung der in Kapitel 3.1.1 beschriebenen Schlitzleitungsmoden reduziert. Diese Maßnahmen sind z.B. bei Richtungsänderungen der Leitung und vor bzw. nach Koppelstellen notwendig. Die auf diese Weise vorbereiteten Proben werden elektrisch auf Kurzschlüsse geprüft, um anschließend die messtechnische Charakterisierung zu durchlaufen.

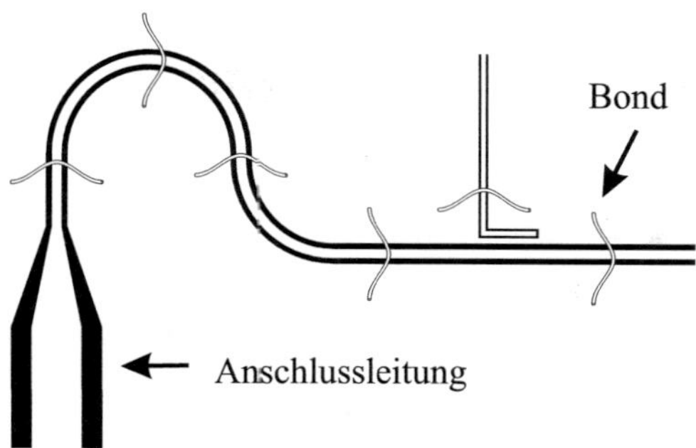

Abbildung 3.10.: Layout einer Durchgangsleitung mit den Leitungsdiskontinuitäten Taper, Kurven, Koppelbereich sowie eingezeichnete Bonds. Mit Ausnahme der Bonddrähte zeigen die weißen Bereiche die Metallisierung und die dunklen Bereiche das freigelegte Substrat.

3.5. Messaufbauten zur Charakterisierung von Resonatoren

Zur Charakterisierung der Proben und Messung von Detektoreigenschaften werden zwei unterschiedliche Messaufbauten verwendet. Während eine präzise Charakterisierung der Resonatoren im Frequenzbereich mit dem Messaufbau A durchgeführt wird, ist zum Nachweis der Funktionalität als KID ein zweiter Messaufbau B notwendig. Der schematische MW–Aufbau ist in der Abbildung 3.11 dargestellt. Als Bindeglied zwischen Raumtemperaturelektronik und Probe (Device Under Test – DUT) im Kryostat wird ein Probenhalter bzw. Probenstab mit innen liegenden HF–Leitungen verwendet. Dieser wurde bereits für die Messung anderer HF–Bauelemente erfolgreich eingesetzt [27]. Für die Detektormessungen kam neben dem NWA eine Ausleseelektronik mit IQ–Mischern zum Einsatz.

3.5.1. Charakterisierung im Mikrowellenbereich

Die Charakterisierung aller Proben im Frequenzbereich erfolgt mit einem PNA E8361A 2–Port Netzwerkanalysator (NWA) von Agilent [47]. Der Messaufbau besteht aus DUT, Probenhalter mit HF–Zuleitungen und Netzwerkanalysator, wie in Abbildung 3.11 (a) gezeigt. Bevor die Charakterisierung der Proben durchgeführt werden kann, ist am Netzwerkanalysa-

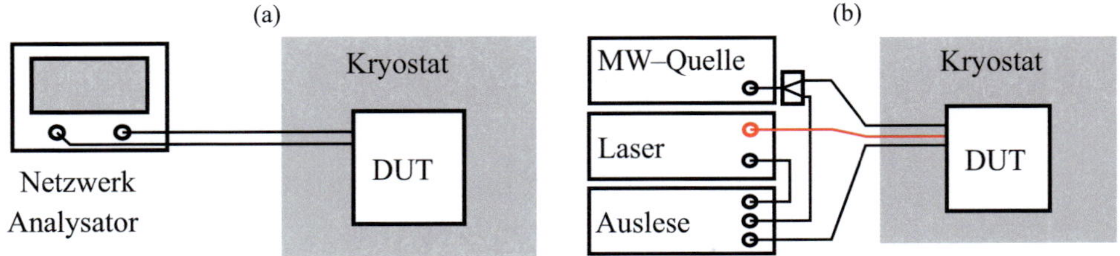

Abbildung 3.11.: (a) Messaufbau A: Schematischer MW–Messaufbau zur Charakterisierung eines DUT mit einem Agilent PNA E8361A Netzwerkanalysator. (b) Messaufbau B: Schematischer MW–Aufbau zur Messung von Detektoreigenschaften eines DUT mit MW–Quelle, Laseranregung und Ausleseelektronik.

tor eine Kalibrierung durchzuführen. Mit der Kalibrierung lassen sich die elektrischen Eigenschaften der Zuleitungen berücksichtigen und aus den Messungen heraus rechnen. Die Leitungen werden am Probenanschluss mit verschiedenen Kalibrierstandards (Kurzschluss bzw. Short, Leerlauf bzw. Open, 50 Ω–Anpassung bzw. Load und Durchgang bzw. Transmission) vermessen und als Korrekturfaktor bei den nachfolgenden Messungen berücksichtigt [47, 73]. Die Kalibrierung findet bei Raumtemperatur statt. Da die Messung im gekühlten Zustand durchgeführt wird, wirkt ein Temperaturgradient entlang der Zuleitungen. Dadurch verschiebt sich die gemessene Nulllinie um einige dB nach oben. Ein Einfluss auf die schmalbandige Charakteristik der Resonatoren wird um diesen Betrag korrigiert und ist ansonsten vernachlässigbar.

Nach Anschluss der Probe an den Probenhalter und Eintauchen in die Heliumkanne erfolgt beim Erreichen der gewünschten Messtemperatur die Charakterisierung der Probe. Alle Messungen werden bei einer Standard–Mikrowellenleistung von -15 dBm durchgeführt, soweit nicht anders angegeben. Ansonsten kann die MW–Leistung am Agilent PNA E8361A zwischen -27 dBm und $+5$ dBm variiert werden. In der 50 Ω–Messumgebung entspricht $P_{in} = -15$ dBm einer Leistung von $P_{in} = 30$ µW. Eine vollständige Charakterisierung enthält die S–Parameter aller Anschlüsse über einen eingestellten Frequenzbereich mit bis zu 16001 Messpunkten. Die Messdaten werden als Messtabellen im Touchstone–Format in S1P– (1–Tor) bzw. S2P–Dateien (2–Tor) zur Auswertung abgespeichert.

3.5.2. Messaufbau zum Nachweis der Detektorfunktion

Im Aufbau für die Detektormessungen sind neben den Mikrowellenmessgeräten zusätzliche Komponenten notwendig. Diese Komponenten dienen der Einkopplung einer Strahlungsleistung, die entweder über eine eingestrahlte thermische Anregung oder äquivalent über ein Heizelement erfolgt. Zur Bestimmung der NEPs wird die Einstrahlung einer optischen Leistung auf den Detektor (Device Under Test – DUT) im Messaufbau realisiert. Die Zuleitung von Quelle zu DUT wird mit einer Multimode–Glasfaser als Lichtwellenleiter im Probenhalter durchgeführt. Auf dem Weg von der Strahlungsquelle zum Detektor treten Verluste im Signal auf, die sich auf die Messergebnisse auswirken. Daher dienen die Kenntnisse über den verwendeten Messaufbau als Basis für eine Berücksichtigung der Verluste bei der Auswertung der Messwerte und zur Vermeidung von Messfehlern.

Für die Anregung der Probe wird eine rote Sanyo DL–6147–040 Laserdiode verwendet, die mit einer Wellenlänge von $\lambda = 658$ nm strahlt und eine maximale Ausgangsleistung von $P = 40$ mW bei einem Biasstrom von $I_{bias} = 64$ mA zeigt [74]. Der Kerndurchmesser der verwendeten Glasfaser beträgt 105 µm und der numerische Aperturfaktor ist mit $NA = 0,22$ gegeben. Die Abbildung 3.12 zeigt zwei Sensormessungen der ausgekoppelten optischen Leistung am Lichtwellenleiterende für verschiedene I_{Bias} [75]. Bei Werten $I_{Bias} > 30$ mA befindet sich die Diode im Laserbetrieb, bei kleineren Strömen wird nicht–kohärentes Licht emittiert. Die nutzbare optische Leistung am Ende der Glasfaser kann mit $P_{opt} = 3 \cdot 10^{-4}$ µW bis 12 µW in einem breiten Bereich variiert werden.

Eine Bestrahlung der Probe erfolgt senkrecht auf die Detektoroberfläche und ist in Abbildung 3.13 schematisch dargestellt. Beim Übergang vom Glasfaserende im Probendeckel zum DUT muss eine Distanz von 3 mm im Gasraum überbrückt werden. Da keine zusätzliche Fokussierung stattfindet, wird die Fläche des beleuchteten Bereichs über die geometrischen Abmessungen berechnet. Mit dem Objektabstand zur Glasfaser, dem Glasfaserdurchmesser

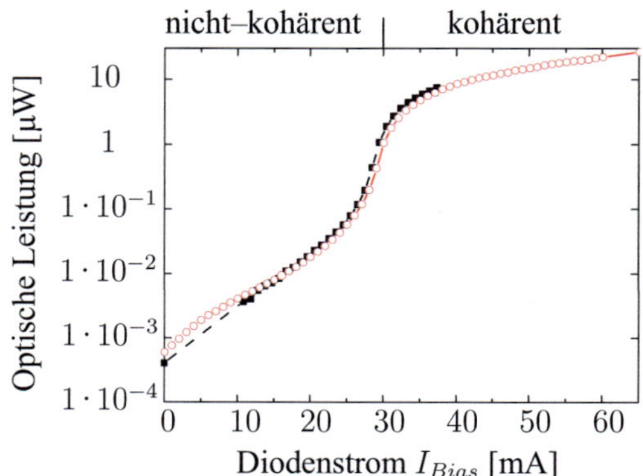

Abbildung 3.12.: Messung der optischen Ausgangsleistung der Sanyo DL–6147–040 Laserdiode am Ausgang der Glasfaser über dem Biasstrom der Diode [74]. Für die Charakterisierung im Bereich zwischen 0 mA $\leq I_{Bias} \leq 64$ mA wird eine SM05PD2A Silizium–Photodiode (——$\bigcirc$——) und ein Pyro–Detektor (– –■– –) mit NEP$= 0,4 \cdot 10^{-9}$ W/$\sqrt{\text{Hz}}$ verwendet [75, 76]. Für eine kohärente Emission der Laserdiode ist eine Schwellspannung von 30 mA erforderlich.

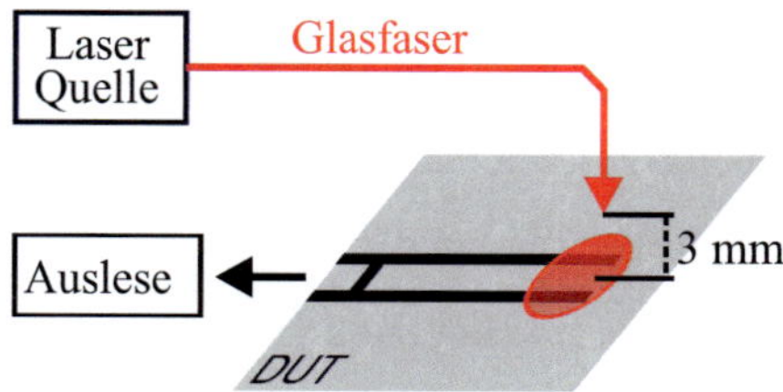

Abbildung 3.13.: Aufbau der Messung mit optischer Einstrahlung auf das Resonatorende der Probe. Das Glasfaserende ist 3 mm von der Oberfläche entfernt und in einem Winkel von $90°$ zur Oberfläche angebracht.

und dem Winkel der Glasfaser zur Oberfläche lässt sich der Akzeptanzwinkel, d.h. die Streu-
weite zum Lot, mit

$$\Theta_0 = \arcsin(NA) = \arcsin(0,22) = 12,71° \tag{3.45}$$

errechnen [29]. Unter Anwendung trigonometrischer Funktionen bestimmt sich der beleuch-
tete Radius x der Probenoberfläche aus $\tan\Theta_0 = x/3$ mm. Damit ist $x = 0,677$ mm mit dem
Durchmesser $d = 2x + 105$ µm $= 1,458$ mm. Bei homogener Bestrahlung beträgt die be-
leuchtete Fläche $A = \pi r^2 = \pi \left(\frac{d}{2}\right)^2 = 1,67$ mm^2. Die effektive Wirkfläche ist im Idealfall auf
den (Innen–) Leiter des Resonators beschränkt, kann aber durch Erwärmung im Substrat die
Größe des Strahlungskegels annehmen. Der Quotient von Wirkfläche zur beleuchteten Fläche
geht als Wirkungsgrad mit $\eta < 1$ in die Strahlungsleistung mit ein. Auf einem transparenten
Saphirsubstrat werden lediglich die geometrischen Flächen der Leitungsresonatoren betrachtet. Die Innenleiterbreite von $w = 500$ µm entspricht einem Wirkungsgrad von 37 % der
eingekoppelten optischen Leistung, bei einer Leiterbreite von $w = 50$ µm resultieren $3,7$ %
und bei einer Leiterbreite von $w = 20$ µm reduziert sich der Wert auf $1,5$ %. Für konzentrierte Resonatoren mit den Kantenlängen von 700×600 µm^2 und einem Füllfaktor von 50 %
liegt der resultierende geometrische Wirkungsgrad bei 11 % und skaliert nahezu linear mit
der Fläche.

Im Fall des senkrechten Strahlungseinfalls auf die metallische Oberfläche der Leiterschicht
treten Reflexionen auf, die mit den Fresnelschen Formeln abgeschätzt werden. Unter der Annahme einer reellen Brechzahl von Niob für dicke Schichten $t > \lambda_L$ und einer Wellenlänge
von $\lambda = 650$ nm nimmt die Brechzahl einen Wert von $n_{Nb} = 2,31$ an [77]. Wird der gesamte
nicht reflektierte Anteil im Material absorbiert, so berechnet sich die Reflexion ρ_{opt} mit Niob
am Übergang zum Gasraum durch Gleichung (3.46) [78].

$$\rho_{opt} = \left(\frac{n_{Nb} - n_{0,Luft}}{n_{Nb} + n_{0,Luft}}\right) = \left(\frac{(2,31) - 1}{(2,31) + 1}\right) = 0,156 \tag{3.46}$$

Die Absorption $\alpha_{opt} = 1 - \rho_{opt}$ beträgt damit $84,4$%.

Sowohl effektive Wirkfläche der Bestrahlung, als auch Absorption gehen in die Berechnung der Empfindlichkeit als Wirkungsgrad der optischen Einstrahlung mit ein. Unter Berücksichtigung von Fläche und Absorption erreicht z.B. ein 50 µm breiter Leitungsresonator

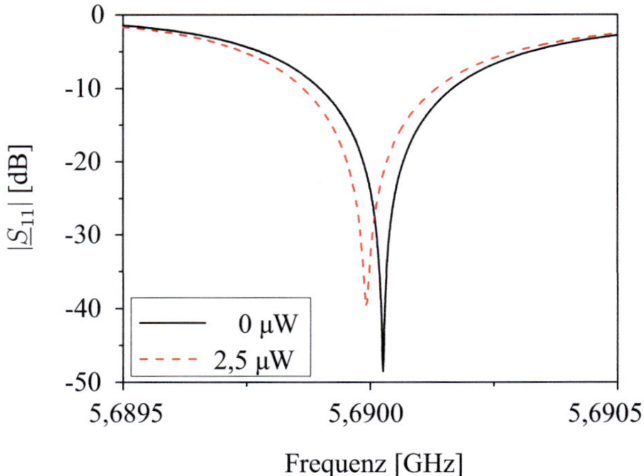

Abbildung 3.14.: Messkurve eines Resonators bei $f_0 = 5.6$ GHz ohne (—) und mit (– –) Einstrahlung.

einen Gesamtwirkungsgrad von $\approx 3\%$. Im Fall des konzentrierten Resonators ist der Gesamtwirkungsgrad mit $\approx 9\%$ ebenfalls sehr klein, obwohl die Angaben über bestrahlte Fläche, Resonatorwirkfläche und Reflexionsverluste grob angenähert sind. Werden diese Verluste im optischen Pfad berücksichtigt, so wird lediglich ein Bruchteil der Laserleistung im Detektor umgesetzt. Der durch die Einstrahlung verursachte Einfluss auf die Mikrowellenparameter ist in Abbildung 3.14 exemplarisch dargestellt. Die Messkurven zeigen eine Resonatormessung ohne bzw. mit Einstrahlung der optischen Leistung. Die optische Leistung von $2,5$ µW beziehen sich auf die Ausgangsleistung am LWL–Ende ohne Berücksichtigung der Einkoppeleffizienz.

Wenn bei der Berechnung der NEPs der Wirkungsgrad der Einkopplung in den Detektor unberücksichtigt bleibt und eine vollständige Umsetzung der eingestrahlten Leistung im Detektor angenommen wird, entsteht ein Fehler, der die Empfindlichkeit verkleinert und den NEP–Wert verschlechtert. Aufgrund der optischen Verhältnisse beträgt die tatsächlich umgesetzte optische Leistung weniger als 10 %, allerdings kann diese Abschätzung der zu erwartenden Detektorleistung für den schlechtesten Fall (Worst–Case–Annahme) betrachtet werden. Der auf diese Weise ermittelte NEP–Wert genügt den Anforderungen, um den prinzipiellen

Nachweis der KID–Funktion der Resonatoren zu führen. Bei vergleichbaren Messbedingungen lassen sich die Detektoreigenschaften verschiedener Resonatortypen relativ zueinander auswerten.

3.5.3. Ausleseelektronik für Kinetic–Inductance Detektoren

Das Auswerten der KID–Detektorsignale erfolgt im Unterschied zu manchen anderen Detektortypen erst durch die Raumtemperatur–Ausleseelektronik. Zusätzliche elektronische Bauteile im Kryostaten werden nicht benötigt. Der Aufbau einer Ausleseelektronik ermöglicht die Adaption von kostengünstigen, kommerziellen Systemen aus der Kommunikationstechnik, wodurch die Entwicklung von KIDs zusätzlich gestützt wird. In aktuellen Untersuchungen wurden analoge und digitale Ausleseelektroniken entwickelt, die teilweise in dieser Arbeit Verwendung finden [79, 80]. Die Ausleseelektronik basiert auf einem homodynen Mischprinzip, welches das Detektorsignal mit dem ursprünglichen Anregungssignal ins Basisband mischt [8]. Im weiteren Verlauf wird der elektronische Aufbau für Absorptions– und Reflexionsresonatoren unterschieden und getrennt voneinander beschrieben.

Der schematische Aufbau eines IQ–Mischer Auslesesystems für Absorptionsresonatoren bzw. Resonatoren an einer Durchgangsleitung ist in Abbildung 3.15 dargestellt. Die HF–Signalquelle, ein Agilent MXG Mikrowellengenerator, versorgt den LO–Eingang des IQ–Mischers und den Schwingkreis über einen HP 11667A Leistungsteiler mit einem MW–Signal [81, 82]. Bevor die Leitung zum Resonator in den Kryostaten geführt wird, findet eine Signalkonditionierung mit Dämpfungsglied und Phasenschieber statt. Das veränderte MW–Signal des Detektors wird aus dem Kryostaten geleitet und dem RF–Eingang des IQ–Mischers zugeführt. Aufgrund unterschiedlicher Leitungslängen beider Pfade detektiert der Hittite IQ–Mischer verschiedene Phasenlagen [83]. Diese Informationen werden phasenempfindlich ins Basisband gemischt und als I– bzw. Q–Signal zur Verfügung gestellt. Die Auswertung erfolgt entweder direkt am Oszilloskop oder nach der Digitalisierung mit rechnergestützten Methoden.

Das System mit MW–Signalquelle und IQ–Mischer kann sowohl für das Auslesen von einzelnen oder mehreren Resonatoren in einem Array verwendet werden. Idealerweise ist

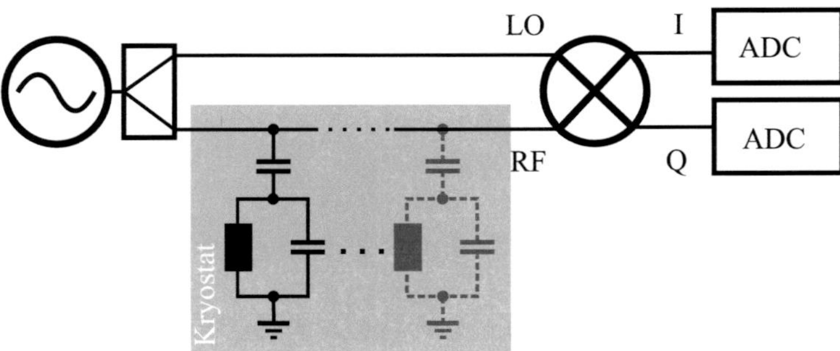

Abbildung 3.15.: Schematischer Aufbau einer IQ–Mischer Auslese für Resonatoren an einer Durchgangsleitung. Das System besteht aus HF–Signalquelle, Leistungsteiler, Resonatoren, IQ–Mischer und analoger Ausleseelektronik mit I– und Q–Ausgangssignalen. Optional kann eine A/D–Wandlung und digitale Verarbeitung der Ausgangssignale erfolgen. Zum parallelen Auslesen von n Resonatoren $= n$ Pixel werden n Signalquellen, n IQ–Mischer und $2n$ A/D– Wandler benötigt.

dazu ein paralleler Betrieb der verschiedenen Resonanzen eines Multipixel–Arrays mit der gleichen Anzahl von Quellen für die verschiedenen Frequenzen zu realisieren [8]. Werden die Signale dann mit der gleichen Anzahl von IQ–Mischern ausgewertet, ist das zeitgleiche Auslesen verschiedener Detektor–Pixel möglich. Für n Pixel werden n Frequenzquellen, n IQ–Mischer und $2n$ A/D–Wandler benötigt. Alternativ dazu kann eine Ausleseelektronik mit einer MW–Signalquelle und einem IQ–Mischer verwendet werden, die sich auf verschiedene Frequenzen einstellen lässt. Ein Durchstimmen der Frequenzen über die gesamte Bandbreite des Detektors ermöglicht eine komplette Frequenzcharakterisierung. Damit wird das FDM–System zeitlich gesehen seriell betrieben und es kann von einem Zeitbereichs– Multiplex (TDM)–Betrieb des FDM–Systems gesprochen werden. Das Auslesen mehrerer Resonatoren erfolgt durch Frequenzsprünge von einer Resonanz zur nächsten. Unter diesen Voraussetzungen ist eine kurze Auslesedauer unter 40 ms erwünscht, um große Detektorarrays mit Videodatenraten, d.h. 25 Bilder pro Sekunde, zu ermöglichen. Zur Optimierung der Mikrowelleneigenschaften genügt der Betrieb einer einzelnen Ausleseelektronik im TDM–

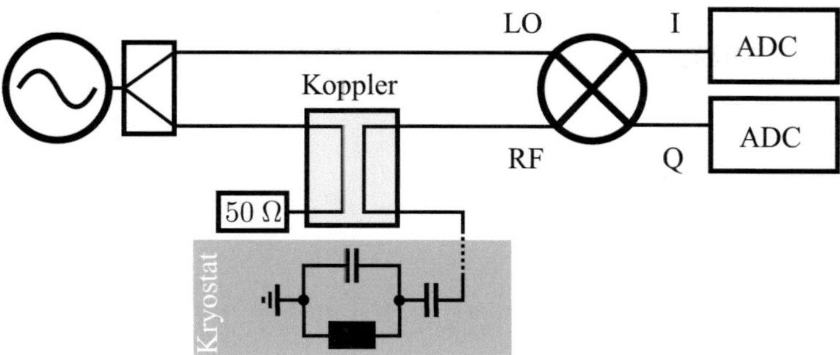

Abbildung 3.16.: Schematischer Aufbau eines IQ–Mischer Auslesesystems für Reflexionsresonatoren mit HF–Signalquelle, Leistungsteiler, gerichteter Koppler, Resonatoren, IQ–Mischer und analoger Auslese mit $I–$ und $Q–$ Ausgangssignalen.

Modus. Dabei hängt die Auslesedauer von der Frequenzumschaltzeit der Signalquelle und der Anzahl der zu messenden Punkte ab. Die Umschaltverzögerung des verwendeten Mikrowellensynthesizers Agilent MXA liegt unterhalb von 5 ms und ermöglicht das Auslesen von 8 Resonatoren bei Videorate [84]. Kommerziell verfügbare Fast Switching Time (FST)–Synthesizer von EMResearch erreichen Umschaltverzögerungen kleiner als 1 µs und erlauben theoretisch bis zu 40000 Detektoren [85].

Das Messen von Reflexionsresonatoren ist mit dem Aufbau für Absorptionsresonatoren nicht möglich, da die Zuleitung zum Resonator zugleich als Rückleitung für das reflektierte Messsignal dient. Die Abbildung 3.16 zeigt den schematischen Messaufbau für Reflexionsresonatoren mit einem Signalkoppler. Der Aufbau aus Abbildung 3.15 wird bis auf den Pfad zur Probe und zum RF–Eingang des IQ–Mischers beibehalten. Zum Anschluss des Schwingkreises wird ein gerichteter Koppler von HP verwendet [86]. Bei der Signalkonditionierung mit Dämpfungsglied bzw. Phasenschieber muss die 22 dB Kopplerdämpfung zum Resonator berücksichtigt werden. Zur Vermeidung von Reflexionen zurück zur Signalquelle wird die Zuleitung mit 50 Ω abgeschlossen. Das eingekoppelte Signal wird zum Resonator geführt und in Abhängigkeit von den Resonatoreigenschaften reflektiert. Die rücklaufende Welle passiert mit Verlusten von 4 dB erneut den Koppler und wird dem RF–Eingang des IQ–Mischers zuge-

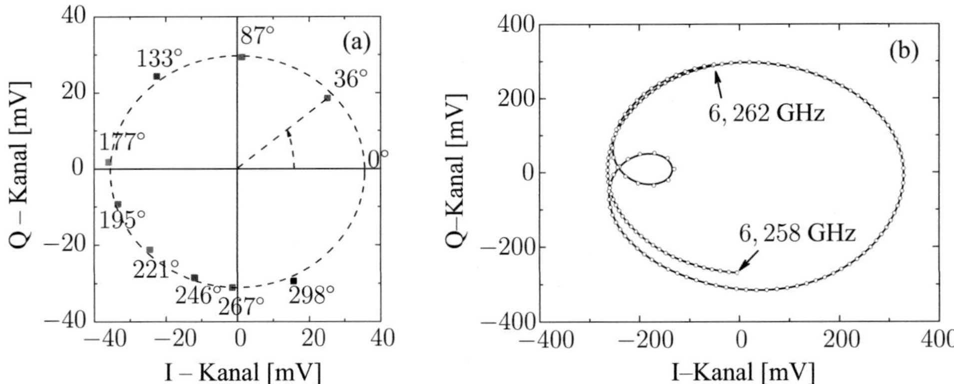

Abbildung 3.17.: (a) IQ–Messungen eines Phasenschiebers im analogen IQ–Messsystem bei 6 GHz mit verschiedenen Phasenwinkeln. (b) IQ–Messung eines verteilten Resonators mit einer Resonanzfrequenz von $6,261$ GHz. Der Frequenzsweep mit 1500 Punkten startet bei $6,258$ GHz und endet bei $6,262$ GHz.

führt. Eine Rückkopplung zur Signalquelle wird durch die 22 dB Koppeldämpfung verhindert. Da grundsätzlich Signaldämpfungen von 26 dB auftreten, ist ggfs. eine Verstärkung des RF–Signals zum IQ–Mischer notwendig. Die Isolation (Image Rejection) des IQ–Mischers verhindert das Übersprechen von den Eingängen zu den Ausgängen und ist mit 40 dB sehr groß. Dennoch muss darauf geachtet werden, dass bei einer Versorgungsleistung von $+20$ dBm am LO das RF–Signal nicht kleiner als -20 dBm sein darf [80].

Die Auswertung der gemessenen IQ–Signale erfolgt in Verbindung mit einem Oszilloskop im XY–Betrieb und eines Spektrumanalysators [84, 87]. Die Abbildung 3.17 (a) zeigt die Messung des Messaufbaus in Abbildung 3.15 bei einer festen Frequenz von 6 GHz mit verschiedenen Phaseneinstellungen eines Phasenschiebers anstelle des Resonators. Aufgrund des homodynen Mischprinzips sind die Ausgangssignale des I– und Q–Kanals DC–Spannungen. Da die Amplituden bei der Phasendrehung nicht gedämpft werden, bleibt der Radius des IQ–Kreises konstant und entspricht der maximal möglichen Ausgangsamplitude des IQ–Mischers.

Eine Verschiebung der Phase bewirkt eine Bewegung auf dem äußeren Kreis und ist in Abbildung 3.17 (a) gezeigt, um die korrekte Funktion des Aufbaus zu demonstrieren.

Für die Charakterisierung eines Leitungsresonators mit der Resonanzfrequenz von $f_0 = 6,261$ GHz wird ein Frequenzband zwischen $6,258$ und $6,262$ GHz mit 1500 Punkten abgetastet. In Abbildung 3.17 (b) ist die zugehörige Messkurve dargestellt. Eine Erhöhung der Frequenz verschiebt die Phase im Uhrzeigersinn mit konstantem Radius um den Ursprung. Die Ursache dafür liegt in der kürzeren Wellenlänge, die bei höherer Frequenz einen größeren Phasenwinkel zurücklegen muss. Beim Passieren der Resonatorfrequenzen wird aufgrund der Amplituden– und Phasenänderungen ein kleiner Kreis durchlaufen, der sich zum Mittelpunkt des Diagramms orientiert. Mit guter Anpassung des Resonators an die 50 Ω–Geometrie und bei kleinen Verlusten wird eine tiefe Resonanzsenke im Frequenzbereich erreicht. Dadurch rückt der Resonatorring näher an den Ursprung des Diagramms, wie in Kapitel 3.3 beschrieben. Zur präzisen Auswertung des Signals müssen die Frequenzinformationen zu den korrespondierenden IQ–Messpunkten bekannt sein. Im abgetasteten Frequenzbereich ist die Resonanz an der linken Diagrammseite erkennbar. Durch Einstellung mit einen Phasenschieber lässt sich die Position der Resonanz beliebig im Kreisdiagramm verschieben. Auf diese Weise ist es möglich die Auslenkung des Resonatorsignals bei Einstrahlung auf einen einzelnen Messkanal zu beschränken. Für die Bestimmung der NEPs wird die Laserdiode des Messaufbaus B mit einem Taktsignal gechoppt und das Ausgangssignal des Messkanals mit einem darauf synchronisierten Lock–In Verstärker gemessen. Auf diese Weise sind selbst minimale Signalauslenkungen bei kleinen eingestrahlten Leistungen zu messen.

4. Reflexions–Leitungsresonatoren

Die Kopplung eines Schwingkreises an das externe Netzwerk hat einen großen Einfluss auf die Resonatorgüten. Zur Maximierung der Güten wird der Entwurf und die Optimierung der Kopplung an $\lambda/4$–Leitungsresonatoren durchgeführt. Die Resonatoren werden über eine einzelne Leitung angeregt und anhand des reflektierten Signals ausgelesen. Der Reflexionsparameter $|\underline{S}_{11}|$ reagiert sehr sensitiv auf Veränderungen im Schwingkreis und wird bei der Charakterisierung der Resonatoren zur Bestimmung der Koppelparameter ausgewertet. Untersuchungen zu den $\lambda/4$–Reflexionsresonatoren wurden bereits in [31, 88] gezeigt. Diese Schwingkreis–Variante eignet sich vorzugsweise als Entwicklungsbasis für einen Einzel–Pixel Aufbau, da im Multipixel–Array die Vorteile des FDM–Prinzips wegen der aufwändigen Signalauskopplung von Reflexionen ungenutzt bleiben.

4.1. Entwurf von Reflexionsresonatoren

Für den Entwurf dieses Resonatortyps werden ausschließlich Resonatoren mit gerader Leitungsführung verwendet, um Schlitzleitungsmoden und andere parasitäre Effekte zu vermeiden [31]. Der Aufbau eines $\lambda/4$–Resonators besteht aus Zuleitung, Koppelkapazität und Resonatorleitung. Die Abbildung 4.1 zeigt das Layout der Probenrealisierung. Ein Ende der $\lambda/4$–Leitung ist zur Masse kurzgeschlossen. Das Leerlauf–Ende dient sowohl zur Anregung als auch zur Auslesung des Resonators über ein kapazitives Koppelelement. Die gesamte Resonatorstruktur wird einschließlich der Zuleitung auf einem $14 \times 7~\mathrm{mm}^2$ großen Substrat hergestellt. Die Messung der Proben erfolgt nach dem beschriebenen Einbau in ein vergoldetes Messinggehäuse.

Die Leitungsgeometrien von Resonator und Zuleitung sind für eine charakteristische Impedanz von $50~\Omega$ in CPW–Topologie entworfen. Um unerwünschte Reflexionen und Dämpfun-

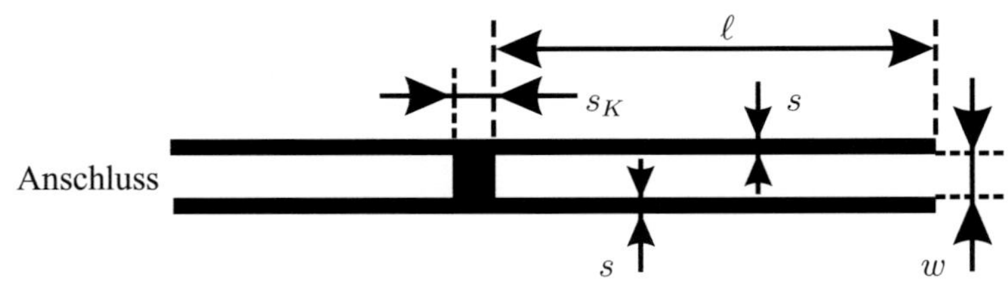

Abbildung 4.1.: Layout eines $\lambda/4$–Resonators in CPW–Topologie mit den Geometrieparametern der Probe X1 und einem Koppelspalt der Breite $s_K = 500$ µm. Die Metallisierung ist weiß und das Substrat ist schwarz dargestellt.

Tabelle 4.1.: Wichtige Probengeometrien der verwendeten Resonatoren.

	Probendesign X1	Probendesign X2
Probenfläche [mm^2]	14×7	14×7
Innenleiterbreite w [µm]	500	50
Spaltbreite s [µm]	180	20
Resonatorlänge ℓ [µm]	5300	5300
Spaltbreite s_K [µm]	variabel	variabel
Schichtdicke t [nm]	250	250

gen zu vermeiden, muss die Impedanz sehr präzise eingestellt werden. Die Tabelle 3.1 zeigt die erforderlichen Werte für verschiedene Leiterbreiten und Substrate. Bei der Resonanzfrequenz $f_0 = 6$ GHz beträgt die Länge des Resonators aufgrund unterschiedlicher Permittivitäten des Substrats $\ell = 5315$ µm auf Saphir und $\ell = 4922$ µm auf Silizium. Für Simulationen als auch Messungen wird die Resonatorlänge $\ell = 5300$ µm implementiert. Damit kann die jeweils zu erwartende Resonanzfrequenz mit der Gleichung (2.7) zu $f_{0,Saphir} = 6,017$ GHz und $f_{0,Silizium} = 5,571$ GHz berechnet werden. Für die nachfolgenden Untersuchungen sind die wichtigsten Probengeometrien der verwendeten Resonatoren in Tabelle 4.1 angegeben.

Mit dem kapazitiven Koppelelement wird die Koppelstärke eingestellt. Der Abstand des Resonators zur Anschlussleitung definiert einen Koppelspalt der Breite s_K und damit die

Koppelkapazität C_K bzw. die Koppelstärke κ. Im weiteren Verlauf werden Berechnungen und die Realisierung verschiedener Koppeldesigns durchgeführt, um die Koppelstärke für eine maximierte, unbelastete Güte zu optimieren.

4.2. Simulation und Berechnung von Kapazitäten

Für die Realisierung von Kapazitätswerten in planarer Bauweise eignen sich Koppelspalte. Eine Erweiterung dieser Technik zu höheren Kapazitätswerten wird durch eine Strukturierung der Spalte zu sogenannten Interdigitalkapazitäten (IDC) bzw. Fingerkapazitäten erreicht. Die Ankopplung der Leitungsresonatoren erfolgt hauptsächlich mit einfachen Koppelspalten, während die Kapazitäten der konzentrierten Resonatoren aus Kapitel 6 durchweg mit IDCs ausgeführt sind.

Die Abbildung 4.2 (a) zeigt den schematischen Aufbau einer Fingerkapazität mit drei Fingerpaaren. Dabei greifen im Innenleiter der CPW drei Finger vom linken Leiter in die drei Finger des rechten Leiters. Ein Spalt s_K trennt die Strukturen voneinander. Die effektive Koppelspaltlänge ℓ_K wird durch Gleichung (4.1) mit der Fingerlänge $\ell_{F,K}$, der Fingerbreite $b_{F,K}$ und der Anzahl der Finger n_F berechnet.

$$\ell_K = (n_F - 1) \cdot \ell_{F,K} + n_F \cdot b_{F,K} \tag{4.1}$$

Der Wert der Kapazität ist von der Koppelspaltbreite und der Koppelspaltlänge abhängig. Kleine Spaltbreiten s_K bzw. lange Finger $\ell_{F,K}$ ermöglichen eine große Kapazität und damit eine starke Kopplung. Ist der Spalt dagegen breit oder die Fingerlänge kurz, so sind die erzielbaren Koppelkapazitäten klein. Der einfache Koppelspalt ist eine Spezialform der IDC für $\ell_{F,K} = 0\ \mu\mathrm{m}$. Das Produkt $n_F \cdot (b_{F,K} + s_K)$ entspricht der Innenleiterbreite w. Dadurch vereinfachen sich die Koppelparameter für die Reflexionsresonatoren auf eine einzige Variable: die Koppelspaltbreite s_K.

Zwischen den Leitern baut sich ein elektrisches Feld auf, dessen Feldlinien teilweise durch das Substrat und den Luftraum verlaufen. Eine Parallelschaltung zweier Kapazitäten mit den Permittivitäten $\varepsilon_{r,Luft} = 1$ für den Luftraum und $\varepsilon_{r,Substrat}$ für den Substratraum wird zur Modellierung der Koppelkapazität verwendet. Für die Berechnung sind verschiedene analyti-

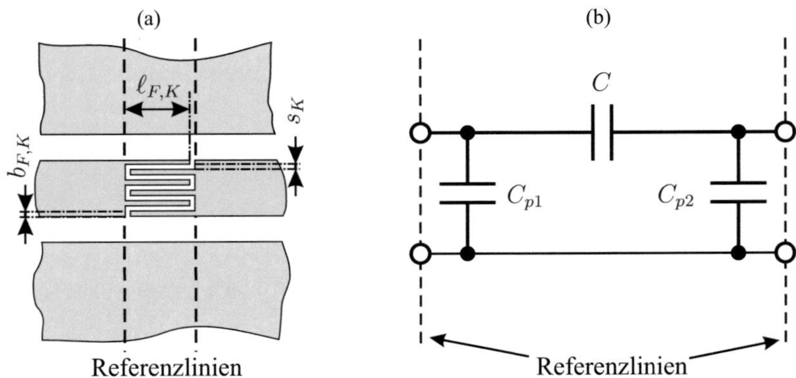

Abbildung 4.2.: (a) Schematischer Aufbau einer Koppelkapazität am Beispiel einer IDC in CPW–Topologie. Die geometrischen Parameter sind Fingerlänge $\ell_{F,K}$, Fingerbreite $b_{F,K}$ und Spaltbreite s_K. Bei einem einfachen Koppelspalt sind $\ell_{F,K} = b_{F,K} = 0$ µm. (b) Das Netzwerk zeigt das verlustlose π-Ersatzschaltbild für die IDC– bzw. Koppelspalt–Ausführung einer Kapazität C mit parasitären Kapazitäten C_{p1} und C_{p2} [89].

sche Verfahren beschrieben [89]. Da diese an bestimmte Geometrien gebunden sind und die Betriebsfrequenz vernachlässigt wird, ist eine Ermittlung der Kapazitätswerte sehr ungenau. Daher kommt in dieser Arbeit ein numerisches Verfahren mit der Simulationssoftware Sonnet zur Anwendung [55]. Auf diese Weise lassen sich neben der Probengeometrie und der Resonanzfrequenz $f_0 = 6$ GHz zusätzlich Substratparameter, Geometrien der Messumgebung mit Luftraum unterhalb bzw. oberhalb der Probe und metallisches Gehäuse berücksichtigen.

Das verlustlose π-Ersatzschaltbild einer Kapazität ist in Abbildung 4.2 (b) gezeigt. Die parasitären Kapazitäten C_{p1} und C_{p2} treten zu beiden Seiten der Kapazität C zwischen Innenleiter und den Masseflächen der CPW–Leitung auf. Induktive Anteile und resistive Verluste der Leiter sind vernachlässigbar klein, so dass für das weitere Vorgehen die reinen Kapazitäten beachtet werden. In der Sonnet–Simulation wird der Schichtaufbau der späteren Probe mit dem metallischen Boden, dem Luftraum unterhalb der Probe, dem Probensubstrat, der strukturierten Leitungsmetallisierung, dem Luftraum über der Probe und dem metallischen Probendeckel berücksichtigt (vgl. Abbildung 3.9). Mit Hilfe des Wellenwiderstandes $Z_L = 50\,\Omega$ berechnen sich die Leitwerte zu:

$$\underline{Y}_{11} = \frac{1}{Z_L} \frac{(1 - \underline{S}_{11}) \cdot (1 + \underline{S}_{22}) + (\underline{S}_{12} \cdot \underline{S}_{21})}{(1 + \underline{S}_{11}) \cdot (1 + \underline{S}_{22}) - (\underline{S}_{12} \cdot \underline{S}_{21})} \tag{4.2}$$

$$\underline{Y}_{12} = \frac{1}{Z_L} \frac{-2\underline{S}_{12}}{(1 + \underline{S}_{11}) \cdot (1 + \underline{S}_{22}) - (\underline{S}_{12} \cdot \underline{S}_{21})} \tag{4.3}$$

$$\underline{Y}_{21} = \frac{1}{Z_L} \frac{-2\underline{S}_{21}}{(1 + \underline{S}_{11}) \cdot (1 + \underline{S}_{22}) - (\underline{S}_{12} \cdot \underline{S}_{21})} \tag{4.4}$$

$$\underline{Y}_{22} = \frac{1}{Z_L} \frac{(1 + \underline{S}_{11}) \cdot (1 - \underline{S}_{22}) + (\underline{S}_{12} \cdot \underline{S}_{21})}{(1 + \underline{S}_{11}) \cdot (1 + \underline{S}_{22}) - (\underline{S}_{12} \cdot \underline{S}_{21})} \tag{4.5}$$

Durch Anwendung der Y–Parameter auf das π–Ersatzschaltbild lassen sich $\underline{Y}_1$, $\underline{Y}_2$ und $\underline{Y}_3$ anhand der Gleichung (4.6) ermitteln.

$$\underline{Y}_1 = \underline{Y}_{11} + \underline{Y}_{21} \,, \quad \underline{Y}_2 = -\underline{Y}_{21} \,, \quad \underline{Y}_3 = \underline{Y}_{21} + \underline{Y}_{22} \tag{4.6}$$

Die Kapazitätswerte C, C_{p1} bzw. C_{p2} bestimmen sich aus dem Imaginärteil der Leitwerte $\underline{Y}_1$, $\underline{Y}_2$ bzw. $\underline{Y}_3$ nach Gleichung (4.7).

$$C = \frac{1}{\omega}\Im(\underline{Y}_2) \,, \quad C_{p1} = \frac{1}{\omega}\Im(\underline{Y}_1) \quad \text{und} \quad C_{p2} = \frac{1}{\omega}\Im(\underline{Y}_3) \tag{4.7}$$

Eine Kontrolle der ermittelten Werte ist anhand der Überprüfung der Phasendrehung von $\underline{Y}_1$ bis $\underline{Y}_3$ mit der Umrechnung $\angle(\underline{Y}_x)/(2\pi) \cdot 360$ ins Gradmaß durchzuführen. Der zu erwartende Wert für eine ideale Kapazität sollte stets $+90°$ ergeben, da die Spannung dem Strom nacheilt. Ein abweichender Wert deutet auf Fehler in den Berechnungen oder zu kurze Zuleitungen der Simulation hin. Die Ursache dafür resultiert aus Streufeldern an den Enden der Zuleitungen, die Einfluss auf die Phasenverschiebung der Kapazität nehmen. Ein deutliches Anzeichen für zu kurze Zuleitungen sind Probleme bei der Bestimmung des Wellenwiderstandes Z_L und der effektiven Permittivität $\varepsilon_{r,eff}$ durch Sonnet [55].

Die Tabelle 4.2 zeigt die berechneten Kapazitätswerte für verschiedene realisierte Koppelspalte bei einer 500 μm breiten CPW–Leitung. Diese Kapazitäten mit einstelligen fF–Werten liegen in der benötigten Größenordnung für Koppelkapazitäten, um bei der Realisierung der Resonatoren eine schwache Ankopplung zu gewährleisten.

Tabelle 4.2.: Berechnete Werte der Kapazität C für die Simulationen verschiedener Koppelspaltbreiten s_K bei Verwendung einer 500 µm breiten CPW–Leitung.

Koppelspalt	f [GHz]	$\ell_{F,K}$ [µm]	C [fF]
$s_K = 900$ µm	6,0	-	3,3
$s_K = 950$ µm	6,0	-	2,9
$s_K = 1000$ µm	6,0	-	2,5

4.3. Berechnung der Leitungsbeläge

Die Beläge von Streifenleitungen lassen sich unter Verwendung der Metallisierungsparameter und in Abhängigkeit der Leitungsgeometrien berechnen. Daraus wird die maximal erreichbare unbelastete Güte bestimmt. Im Fall eines koplanaren Wellenleiters der Länge ℓ gelten die Geometriefaktoren d, k, k' und $\left(\frac{1}{L_a'} \frac{\partial L_a'}{\partial n} \right)$ aus den Gleichungen (3.9) bzw. (3.14). Bei Anwendung der Leitungsgleichungen auf Streifenleitungen lassen sich Widerstandsbelag R', Induktivitätsbelag L' und Kapazitätsbelag C' nach den Gleichungen (4.8) bis (4.10) ermitteln.

$$R' = 2Z_L \frac{R_S \sqrt{\varepsilon_{r,eff}}}{2Z_0} \left(\frac{1}{L_a'} \frac{\partial L_a'}{\partial n} \right) \tag{4.8}$$

$$L' = L_a' + L_i' = \frac{Z_L \sqrt{\varepsilon_{r,eff}}}{c_0} + \mu_0 \lambda_L \left(\frac{1}{L_a'} \frac{\partial L_a'}{\partial n} \right) \tag{4.9}$$

$$C' = \frac{\varepsilon_{r,eff}}{L' c_0^2} = \frac{L'}{Z_L^2} \, . \tag{4.10}$$

Bei kapazitiver Kopplung des Parallelschwingkreises an ein Netzwerk werden Widerstand, Induktivität und Kapazität durch

$$R_P = \frac{2Z_L^2}{R' \cdot \ell} \, , \quad L = \frac{8L' \cdot \ell}{\pi^2} \text{ und } C = C' \frac{\ell}{2} \tag{4.11}$$

berechnet [28]. Im Fall einer induktiven Kopplung können Widerstand, Induktivität und Kapazität nach

$$R = R' \frac{\ell}{2} \, , \quad L = L' \frac{\ell}{2} \text{ und } C = \frac{8C' \ell}{\pi^2} \tag{4.12}$$

bestimmt werden [28]. Die unbelastete Güte Q_U wird aus den Werten von Induktivitätsbelag L' und Widerstandsbelag R' nach Gleichung (4.13) abgeschätzt [30].

$$Q_U = \frac{\omega L'}{R'} \tag{4.13}$$

Unter Verwendung der Geometrieparameter von Probendesign X1 der Tabelle 4.1 und bei kapazitiver Kopplungsvariante nach Gleichung (4.11) lassen sich Zahlenwerte für die Beläge des Leitungsresonators ermitteln. Bei einer 250 nm dicken Niobschicht betragen die Werte $R' = 68,6$ mΩ/m, $L' = 394,6$ nH/m und $C' = 150,5$ pF/m. Unter Verwendung der Gleichung (4.13) lässt sich für einen Resonator mit der verlustfreien 500 µm breiten Koplanarleitung in 50 Ω–Geometrie bei einer Temperatur von $4,2$ K und $f_0 = 6$ GHz ein Wert von $Q_U = 220000$ berechnen. Die Elemente des Ersatzschaltbildes der Resonatorleitung werden für Modellbildung und Simulation benötigt und berechnen sich zu $R_P = 13,7$ MΩ, $L = 1,7$ nH und $C = 0,4$ pF.

4.4. Modellierung der Signaleinkopplung

Die theoretischen Zusammenhänge der einzelnen Elemente im Schwingkreis sollen einen Eindruck über das zu erwartende Verhalten des Resonators ermöglichen. Für das Modell wird eine Anregung des Schwingkreises über ein serielles, kapazitives Koppelelement angenommen. Diese Koppelkapazität beeinflusst die Gesamtimpedanz des $\lambda/4$–Resonators und lässt sich aus dem Ersatzschaltbild in Abbildung 3.6 (a) ableiten. Im Supraleiter sind die Verluste vernachlässigbar und es gilt die Gleichung (4.14).

$$\underline{Z} = \frac{1}{j\omega C_K} + \left(j\omega L \| \frac{1}{j\omega C}\right) \tag{4.14}$$

Durch Umformungen lässt sich die Impedanz durch die Gleichung (4.15) darstellen.

$$\underline{Z} = j\frac{\omega L + \left(\omega LC - \frac{1}{\omega}\right)\frac{1}{C_K}}{1 - \omega^2 LC} \tag{4.15}$$

Für den Fall einer starken Kopplung vereinfacht sich die Impedanz der Gleichung (4.15) zu einer induktiven Reaktanz mit $j\omega L/(1 - \omega^2 LC)$. Dieser Fall ist vergleichbar zum idealen

Parallelschwingkreis. Die Stärke der Kopplung ist umgekehrt proportional zur Güte Q_E und wird durch die Koppelkapazität C_K bzw. den Koppelspalt s_K bestimmt. Es gilt

$$Q_E \propto f(\frac{1}{C_K}) \propto f(s_K)\,. \tag{4.16}$$

Bei starker Kopplung ist $Q_E < Q_U$. Die belastete Güte Q_L wird damit nach Gleichung (2.16) alleine durch Q_E limitiert. Für den Fall einer schwachen Kopplung vereinfacht sich die Impedanz zu einer kapazitiven Reaktanz mit $1/(j\omega C_K)$. Kleine Werte der Koppelkapazität begünstigen große Koppelgüten, wodurch $Q_E > Q_U$ ist. Eine Limitierung von Q_L erfolgt alleine durch die Resonatorgüte Q_U.

Die Koppelkapazität hat Einfluss auf die messbare Impedanz und die belastete Güte des Resonanzkreises. Ein anregende Welle wird durch die Koppelkapazität um $90°$ gedreht. Der kapazitive Anteil im Resonator ist durch die Geometrie der Leitung festgelegt. Ohne Änderung an der Leitungsgeometrie bleibt als weiterer Einflussfaktor die Induktivität des Resonators. Nach der Resonanzbedingung $\omega = 1/\sqrt{LC}$ verstimmt sich die Resonanzfrequenz bei der Änderung von L. Da die kinetische Induktivität L_{kin} von der Dichte der supraleitenden Ladungsträger n_S und damit von der Temperatur T abhängig ist, gilt die Gleichung (4.17).

$$L \propto f(L_{kin}) \propto f(n_S) \propto f(T) \tag{4.17}$$

Die Resonanzbedingung des Resonatorsystems ist optimal, wenn durch das Zusammenspiel von C_K, C und L der Imaginärteil der Impedanz aus Gleichung (4.14) Null ist. In diesem Fall ist die gesamte Leistung der Anregung im Resonator gespeichert und Reflexionen $|\underline{S}_{11}|$ zurück zur Quelle sind nicht vorhanden.

Die Impedanz und damit das frequenzabhängige Dämpfungsverhalten des Leitungsresonators wird durch die beiden Parameter Temperatur und Koppelspalt beeinflusst. In Abbildung 4.3 ist diese Abhängigkeit anhand der Güte Q_R als Maß für die Anpassung des Resonators an die Messumgebung schematisch dargestellt. Unter der Annahme einer vorgegebenen Messtemperatur, z.B. $T = 4,2$ K, gibt es eine optimale Auslegung der Koppelstärke des Leitungsresonators an die Ausleseleitung mit maximierter Güte Q_R. Dieser Fall ist in der Abbildung 4.3 im Spitzenwert der Kurve mit der Koppelkapazität $C_{K,1}$ bzw. dem Koppel-

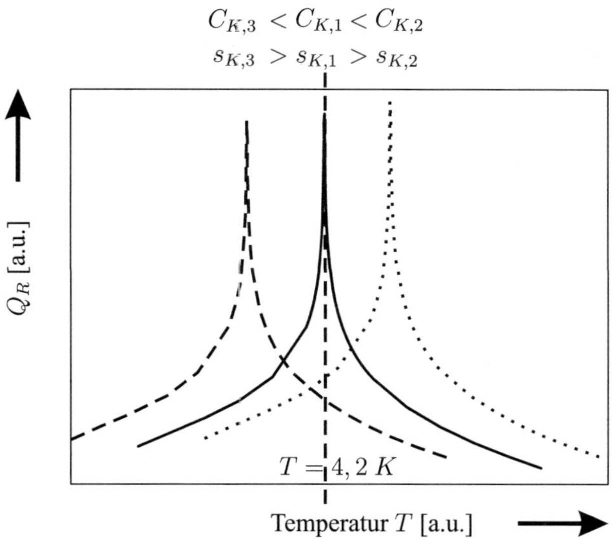

Abbildung 4.3.: Die Kurven zeigen das erwartete Verhalten der Güte Q_R von $\lambda/4$–Resonatoren für die Koppelkapazitäten $C_{K,1}$ (—), $C_{K,2}$ ($\cdots$), $C_{K,3}$ (- - -) bzw. –spaltbreiten $s_{K,1}$, $s_{K,2}$, $s_{K,3}$ über der Temperatur T. Bei konstanter Resonatorgeometrie kann für jede Koppelspaltbreite eine Induktivität gefunden werden, bei der Q_R maximiert ist. Wird die Temperatur bzw. die kinetische Induktivität verändert, so bricht das Maximum von Q_R zu beiden Seiten des Optimums ein. Mit steigenden Koppelabständen s_K verschiebt sich das Optimum von Q_R zu kleineren Temperaturen.

spalt $s_{K,1}$ dargestellt. Der Koppelfaktor erreicht nahezu kritische Kopplung mit $\kappa = 1$, was Güten von $Q_R > 10^6$ ermöglicht [69, 88].

Eine Änderung der Temperatur beeinflusst die Induktivität und verstimmt so die Impedanz $\underline{Z}$ des Resonators. Der Imaginärteil ist nicht mehr Null, wodurch Q_R bei sinkender oder steigender Induktivität drastisch abfällt. Um diesem Effekt entgegen zu wirken, muss bei kleinerer Temperatur bzw. Induktivität eine Reduktion der Koppelstärke durch Aufweitung des Koppelspaltes durchgeführt werden. Der Einfluss der Temperatur ist in Abbildung 4.3 beispielhaft für die Kapazität $C_{K,3}$ bzw. den Koppelspalt $s_{K,3}$ dargestellt. Im umgekehrten Fall muss die Koppelkapazität vergrößert werden, um eine Temperatur– bzw. Induktivitätserhöhung zu kompensieren. Die Gütekurve der Koppelkapazität $C_{K,2}$ bzw. des Koppelspalts $s_{K,2}$ stellt diesen Fall in Abbildung 4.3 dar. Eine physikalische Grenze dieses Vorgangs ist die Sprungtemperatur des Supraleiters, an der die Supraleitung zusammenbricht und die Verluste dominieren.

Bei definierter Leitergeometrie und Temperatur des Resonators kann für eine optimale Koppelstärke die maximale Güte Q_R erzielt werden. Ein Verändern der Temperatur wirkt sich auf die kinetische Induktivität aus, die den Schwingkreis beeinflusst. Der Abfall der Güte Q_R abseits der Arbeitstemperatur ist ein Nachweis der kinetischen Induktivität im Resonator. Gleichzeitig eröffnet dieser Parameter die Möglichkeit ein unangepasstes System mit gegebener Koppelstärke durch die Anpassung der Arbeitstemperatur zu optimieren.

Die Modellierung der $\lambda/4$–Leitungsresonatoren wird anhand von numerischen Simulationen mit der Simulationssoftware AWR–MWO zur Bestätigung des erwarteten Verhaltens durchgeführt [62]. Dazu wird das parallele LCR–Ersatzschaltbild aus Abbildung 2.4 (a) verwendet. Die Resonatoren basieren auf der Probengeometrie X1 der Tabelle 4.1. Als Substrat wird Saphir verwendet und die Resonanzfrequenz beträgt 6 GHz. Für die Metallisierung der koplanaren Leitung wird Niob mit einer Schichtdicke von 250 nm bei einer Betriebstemperatur von $4, 2$ K vorausgesetzt. Sowohl Koppelkapazität als auch Leitungsparameter werden mit den in Kapiteln 4.2 und 4.3 beschriebenen Methoden ermittelt. Damit sind die erforderlichen Parameter für die Simulationen definiert.

Mit dem Simulationswerkzeug AWR–MWO wird der Einfluss der Koppelkapazität auf den Schwingkreis durch Variation der Kapazitätswerte untersucht. Eine Maximierung des Q_R–Wertes wird bei der Koppelkapazität $C_K = 1,01$ fF erreicht. Die Resonanzfrequenz verschiebt sich für dieses C_K zu $f_0 = 5,989$ GHz. Dabei beträgt die Tiefe der Resonanzsenke $|\underline{S}_{11}| = -70$ dB. Dieser Wert zeigt eine exzellente Anpassung des Schwingkreises in Resonanz und wird durch die Güte $Q_R = 3 \cdot 10^9$ bestätigt.

In der Simulationssoftware besteht die Möglichkeit, die Koppelkapazität durch ein Koppelspaltmodell unter Berücksichtigung parasitärer Kapazitäten zu ersetzen. Da C_K mit niedrigen einstelligen fF–Werten sehr klein ist, genügt die Ausführung als einfacher Koppelspalt anstatt

Tabelle 4.3.: Simulation der Güte Q_R von verteilten Reflexionsresonatoren für verschiedene Koppelspaltbreiten s_K [31].

s_K [µm]	945	960	970	975
$Q_{R,sim}$ [$\cdot 10^3$]	185	514	24403	1010

der Verwendung eines IDCs. Ein Optimum der Spaltbreite wird bei $s_K = 988$ µm gefunden. Die zusätzlichen parasitären Kapazitäten liegen in der Größenordnung von $25,5$ fF und tragen zu einer stärkeren Resonanzverschiebung zu $f_0 = 5,814$ GHz bei. Unter Anwendung von integrierten Leitungsmodellen werden die Elemente L und C durch eine Leitung der Länge $\ell = \lambda/4$ ersetzt. Für dieses leitungsbasierte Modell wird die Güte Q_R für eine Variation verschiedener Koppelspaltbreiten berechnet. Die Ergebnisse sind in Tabelle 4.3 aufgeführt. Bei der Untersuchung mit den Leitungsmodellen wird das Optimum der Koppelspaltbreite von $s_K = 970$ µm ermittelt. Die Resonanzfrequenz beträgt $6,003$ GHz.

In Abbildung 4.4 sind die Simulationsergebnisse von Q_R für eine Variation der Koppelspaltbreite im Bereich von 930 µm $\leq s_K \leq 1000$ µm dargestellt. Dabei zeigt die Kurve beim optimalen Koppelspalt einen starken Anstieg der Güte um mehrere Größenordnungen und den Abfall von Q_R bei kleineren bzw. größeren Koppelwerten. Da die Güte in der Nähe des optimalen Koppelspalts mit einem exponentiellen Verlauf ansteigt, ist die Schrittweite der Koppelspalte als Eingabeparameter in der Simulation zu verfeinern. In grober Näherung gilt die Reduktion der Schrittweite bei Gütewerten von $Q_R \geq 1 \cdot 10^6$. Der Verlauf der Modellvorstellung wird durch die Simulationen bestätigt.

Der Vergleich zwischen Simulationen mit idealen LC–Gliedern und Simulationen mit Leitungselementen zeigt einen Unterschied der Resonanzfrequenzen bis zu $3,3$ %. Dieser Unterschied entspricht einer Frequenzabweichung von $\Delta f \approx 200$ MHz. Bei den Leitungsmodellen werden die parasitären Kapazitäten zur Masse berücksichtigt, die eine Reduktion der Güte von $Q_{R,LC} = 3 \cdot 10^9$ auf $Q_{R,\lambda} = 2 \cdot 10^7$ verursachen. Die elektrischen und geometrischen Parameter beeinflussen die Güten des Resonatorsystems bereits bei kleinsten Veränderungen unter 1 % sehr stark. Die unbelasteten Güten erreichen je nach verwendetem Ersatzschaltbild

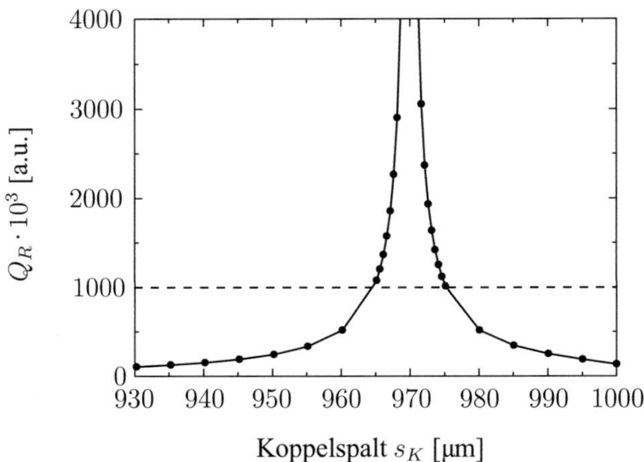

Abbildung 4.4.: Simulation der Güte Q_R eines $\lambda/4$–Resonators mit dem Probendesign X1. Der Schwingkreis wird mit verschiedenen Koppelspaltbreiten s_K im Bereich von 930 µm bis 1000 µm simuliert (•). Zwischen den berechneten Güten ist der Verlauf linear interpoliert (—). Zur Anwendung kommt die Simulationssoftware AWR–MWO [31]. Die Linie (- - -) zeigt den Wert $Q_R = 10^6$.

bzw. koplanarem Leitungsmodell Werte zwischen 220000 bzw. 230000 für die 500 µm breiten Strukturen. Diese sind jedoch für die Koppeleigenschaften nicht aussagekräftig. Um die Ergebnisse der Simulation zu verifizieren, sind Messungen der verschiedenen Proben erforderlich.

4.5. Messungen der Reflexionsresonatoren

Zur messtechnischen Charakterisierung werden verschiedene Leitungsresonatoren mit den Geometrieparametern der Probe X1 auf Saphirsubstrat entworfen und hergestellt. Die Variation der Koppelspaltbreite orientiert sich in einem engen Bereich um das durch Simulationen ermittelte Optimum. Alle notwendigen Prozessierungsparameter der Niobschicht, der Lithographieprozesse und des Ätzprozesses sind im Anhang C angegeben. Die hergestellten Proben werden in die CPW–Gehäuse des Kapitels 3.4 eingebaut. Zur Charakterisierung kommt der in

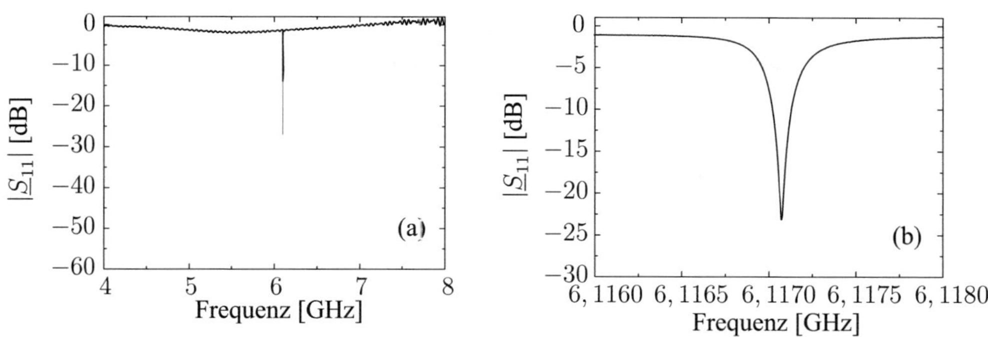

Abbildung 4.5.: Messung der Reflexionsparameter $|\underline{S}_{11}|$ eines 500 µm breiten $\lambda/4$–Resonators mit Koppelspalt $s_K = 910$ µm bei $T = 4,2$ K im breitbandigen (a) und schmalbandigen (b) Spektrum. Der Offset zur Nulllinie entsteht durch Kalibrierung des Messaufbaus bei Raumtemperatur und Messung der eingebauten Probe bei $4,2$ K mit unkalibrierten CPW–Zuleitungen zum Resonator.

Kapitel 3.5 beschriebene Messaufbau mit einem Agilent PNA E8361A Netzwerkanalysator zum Einsatz [47].

Die typische Messkurve eines Reflexionsresonators bei $4,2$ K ist in Abbildung 4.5 dargestellt. Der gemessene $\lambda/4$–Resonator ist nach den Vorgaben des Probendesigns X1 mit einer Koppelspaltbreite $s_K = 910$ µm entworfen. Die Messkurve in Abbildung 4.5 (a) zeigt die breitbandige Messung des Reflexionsparameters $|\underline{S}_{11}|$ im Frequenzbereich zwischen 4 und 8 GHz. Der Verlauf abseits der einzigen Resonanzsenke zeigt keine Nebenresonanzen oder durch Schlitzleitungsmoden verursachte Störungen. Die erste Oberwelle mit $\frac{3}{4}\lambda$ ist im Diagramm nicht gezeigt, wurde aber erwartungsgemäß bei 18 GHz gemessen. Ohne Messwertmittelung oder Mehrfachmessung liegt das Niveau des NWA–Rauschens mit dem Messaufbau bei -80 dB. In der breitbandigen Darstellung ist der exakte Verlauf der Amplitude über der Frequenz nicht erkennbar, da die Frequenzauflösung des Netzwerkanalysators mit einem Abstand von 250 kHz zwischen den Messpunkten sehr niedrig ist. Eine präzise Bestimmung der Resonanzfrequenz und der Güte ist lediglich bei schmalbandiger Aufnahme mit hoher Auflösung des Resonanzverlaufs möglich. Die Abbildung 4.5 (b) zeigt den Kurvenverlauf der

Tabelle 4.4.: Messung der Güte Q_R von verteilten Reflexionsresonatoren mit verschiedenen Koppelspaltbreiten s_K [31].

s_K [μm]	860	965	982	991
$Q_{R,mess}$ $[\cdot 10^3]$	41	190	880	3670

Resonanz bei einer Messbandbreite von 2 MHz bzw. einer Auflösung von 125 Hz. Im direkten Vergleich der beiden Graphen ist erkennbar, dass die Amplitude erst bei der kleinen Messbandbreite korrekt ermittelt werden kann. Die Resonatorgüten lassen sich entweder direkt aus den Messdaten oder aus den Kurvenparametern einer an die Resonanz angelegten Lorentz–Funktion berechnen.

Für die Reflexionsresonatoren wurde eine Probenreihe der $\lambda/4$–Leitungsresonatoren mit verschiedenen Koppelspaltbreiten s_K charakterisiert [31]. Die Messungen erfolgen bei $4,2$ K in flüssigem Helium, wodurch eine zuverlässige Kühlung mit gutem Kältekontakt ermöglicht wird. Die gemessenen Gütewerte Q_R sind in Tabelle 4.4 aufgelistet. Das Auftragen der ersten Werte und weiterer Proben in das Diagramm der Abbildung 4.6 (a) erlaubt einen übersichtlichen Vergleich zwischen den einzelnen Schwingkreisen [31]. Die Messergebnisse sind für Koppelspaltbreiten zwischen 930 μm und 1000 μm dargestellt. Unter Verwendung der Lorentz–Funktion wird eine Kurve an die Werte der Messpunkte berechnet. In diesem Verlauf ist ein Maximum der Güte für das Koppelspaltmaß $s_{K,opt} \approx 990$ μm zu erkennen. Bei kleineren oder größeren Koppelspalten ist ein starker Abfall der Güte zu beobachten. Auf der abfallenden Seite mit $s_K > s_{K,opt}$ liegt nur eine Probe der Probenreihe. Der genaue Verlauf der Lorentz–Funktion muss daher durch weitere Proben bestätigt werden.

Bei allen Koppelspalten abseits von $s_{K,opt} \approx 990$ μm liegt eine Fehlanpassung der Resonatorimpedanz an den Wellenwiderstand des Messsystems vor. Da die geometrischen Parameter von Koppelelement und Leitungsresonator im Nachhinein schwer verändert werden können, bleibt als einziger Parameter die Betriebstemperatur zur Verstimmung der Induktivität. Für Messpunkte auf der linken Flanke der Kurve in Abbildung 4.6 (a) liegt das Optimum der Anpassung nach dem Modell aus Kapitel 4.4 oberhalb von $4,2$ K. Die Betriebstemperatur wird

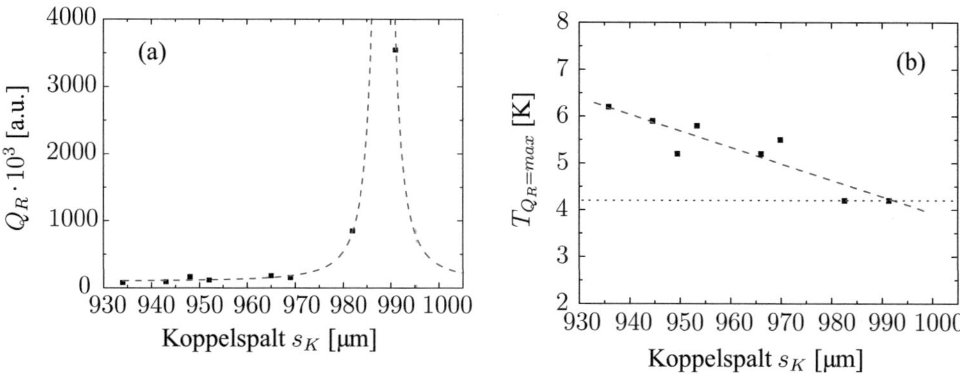

Abbildung 4.6.: (a) Messung der Güte Q_R von $\lambda/4$–Resonatoren in Abhängigkeit der Koppelspaltbreiten 935 µm $\leq s_K \leq$ 990 µm bei $4,2$ K [31]. Die Lorentz–Funktion zeigt den zu erwartenden Güteverlauf für die Messwerte ($---$). (b) Messung der Temperaturabhängigkeit maximaler Gütewerte Q_R von $\lambda/4$–Resonatoren über den Koppelspaltbreiten s_K [88]. Eine lineare Funktion ($---$) verdeutlicht das Sinken der optimalen Betriebstemperatur mit zunehmendem Koppelspalt. Die horizontale Linie ($\cdots$) stellt die $4,2$ K–Temperaturgrenze des Messsystems dar.

Tabelle 4.5.: Messung der maximalen Güte Q_R und Temperatur von verteilten Reflexionsresonatoren mit den Koppelspaltbreiten 943 µm $\leq s_K \leq$ 991 µm [88].

s_K [µm]	943	965	982	991
$Q_{R,mess}$ [$\cdot 10^3$]	12000	6000	880	3670
T [K]	$6,0$	$5,2$	$4,2$	$4,2$

daher zwischen $4,2$ K und der Sprungtemperatur variiert, um das jeweilige Maximum von Q_R zu ermitteln. Jede gemessene Probe zeigt eine individuelle, maximale Güte $Q_{R,mess}$ bei einem einzelnen Temperaturwert. Alle ermittelten Werte sind mit den korrespondierenden Temperaturangaben in Tabelle 4.5 aufgelistet. Die maximal messbaren Güten sind sowohl durch das Eigenrauschen von Netzwerkanalysator und Messstrecke als auch durch die Stabilität der eingestellten Temperatur auf Werte $Q_R < 3 \cdot 10^7$ begrenzt.

Für alle Proben der Abbildung 4.6 (a) wird eine optimale Betriebstemperatur ermittelt, bei der die Güte Q_R maximal ist. Die Abbildung 4.6 (b) zeigt die Messpunkte der Proben mit $Q_R > 10^6$. Zwischen Koppelspaltbreite und Betriebstemperatur ist eine lineare Abhängigkeit der Messpunkte erkennbar. Mit steigenden Werten der Koppelspaltbreite zeigen die Temperaturen $T_{Q_R=max}$ einen linearen Abfall, der durch die Trendgerade dargestellt wird. Die kleinstmögliche Temperatur des Messsystems liegt bei $4,2$ K. Alle $T_{Q_R=max}$ der Proben mit Koppelspalten ($s_K < 990$ µm) liegen zwischen $4,2$ und $6,5$ K. Da der Resonator mit $s_K = 990$ µm gerade ein Optimum für die Güte bei $4,2$ K zeigt, sind für den Nachweis für das zu erwartende Ergebnis bei Resonatoren mit $s_K > 990$ µm weiter Proben herzustellen und zu vermessen. Unter Anwendung eines erweiterten linearen Verlaufs für die Gerade liegt $T_{Q_R=max}$ für diese Proben entsprechend unterhalb von $4,2$ K. Da die Betriebstemperatur durch den Messaufbau begrenzt ist, wird ein Sinken der Güte bei $T_{konst} = 4,2$ K und Koppelspalten über 990 µm zu beobachten sein.

Zur Bestätigung der Untersuchungen wird der Probenumfang der rechten Kurvenflanke in Abbildung 4.6 (a) vergrößert. Ein neuer Resonatorsatz mit Koppelspalten zwischen 965 µm und 1025 µm wurde hergestellt und gemessen. Die Messungen der Resonatorgüten Q_R für die verschiedenen Koppelspaltbreiten sind in Abbildung 4.7 (a) dargestellt. Da die Messungen der Proben zwar bei $4,2$ K aber ohne direkten Kontakt zum flüssigen Helium durchgeführt wurden, ist die Streuung der Messergebnisse wegen Temperaturschwankungen erhöht. Die Messpunkte zeigen ein Optimum der Güte von $Q_R \approx 5 \cdot 10^6$ bei $s_K \approx 1005$ µm. Eine an die Messwerte angelegte Lorentz–Kurve bestätigt den Koppelspaltwert. Alle Resonatoren mit $s_K \geq 1010$ µm zeigen eindeutig abfallende Gütewerte. Das gleiche Verhalten ist bei $s_K \leq 1000$ µm zu beobachten. Im Vergleich zur Messung in der flüssigen Phase des Heliums ist die Resonanzfrequenz um etwa 18 MHz bzw. $0,4$ % abgesunken. Dieser Unterschied kann durch abweichende dielektrische Konstanten zwischen flüssigem und gasförmigem Helium erklärt werden. Einen Einfluss der Medien auf die als optimal ermittelte Koppelspaltbreite von 1005 µm ist nicht zu beobachten.

80

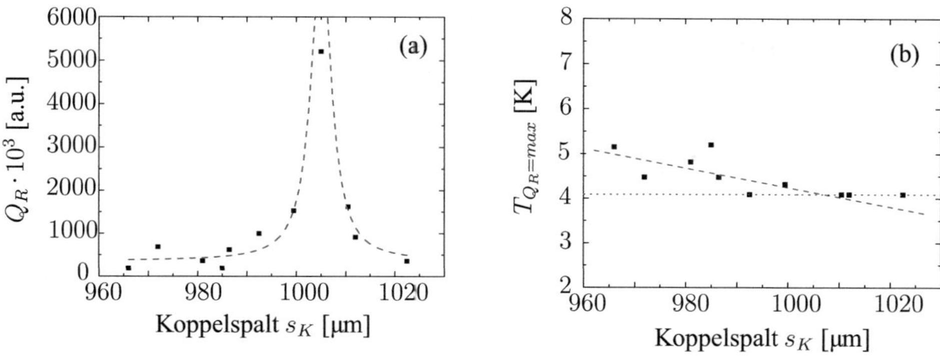

Abbildung 4.7.: (a) Messung der Güte Q_R von $\lambda/4$–Resonatoren mit erweitertem Probenumfang bei Koppelspaltbreiten zwischen 965 µm $\leq s_K \leq$ 1025 µm. Im Vergleich zu Abb. 4.6 findet die Messung bei 4, 2 K im Gasraum der Heliumkanne statt. Die Lorentz–Funktion zeigt den zu erwartenden Güteverlauf für die Messwerte (– – –). (b) Messung der Temperaturabhängigkeit maximaler Gütewerte Q_R von $\lambda/4$–Resonatoren über die Koppelspaltbreiten. Eine lineare Funktion (– – –) ist zur Demonstration des Werteverlaufs an die Messwerte angepasst. Die horizontale Linie ($\cdots$) zeigt die 4, 2 K–Temperaturgrenze des Messsystems.

Die Ermittlung von $T_{Q_R=max}$ wird für alle Proben der zweiten Messreihe durchgeführt und in Abbildung 4.7 (b) aufgetragen. Für die Messwerte kann eine Trendgerade mit negativer Steigung an die Punkte angelegt werden. Mit ansteigender Koppelspaltbreite verringert sich die erforderliche Temperatur, bei der die Güte maximal wird. Für die Proben mit den Koppelspaltbreiten $s_K \geq$ 1010 µm lassen sich die optimalen Temperaturwerte für maximiertes Q_R nicht erfassen, da diese unterhalb der Messtemperatur von 4, 2 K liegen. In diesem Fall wird eine Reduzierung der Gütewerte erwartet, die durch die Messwerte in Tabelle 4.6 bestätigt wird.

Zwischen dem simulierten Resonatorverhalten in AWR–MWO und den Lorentz–Funktionskurven der beiden Messreihen treten Unterschiede bei den ermittelten Koppelspaltbreiten für 4, 2 K auf. Ein Vergleich ist in Abbildung 4.8 dargestellt. Die optimale Koppelspaltbrei-

Tabelle 4.6.: Messung der maximalen Güte Q_R und Temperatur von verteilten Reflexionsresonatoren mit den Koppelspaltbreiten 986 μm $\leq s_K \leq$ 1022 μm [88]. Für die Proben mit $s_K = 1012$ μm bzw. $s_K = 1022$ μm konnte das Maximum von $Q_{R,mess}$ nicht ermittelt werden, da die Messtemperatur auf Werte $\geq 4,2$ K beschränkt ist. Daher sind als Ersatz die an dieser Temperatur abgelesen Güten in der Tabelle eingetragen.

s_K [μm]	986	999	1010	1012	1022
$Q_{R,mess}$ [$\cdot 10^3$]	651	1606	1705	958	370
T [K]	4, 6	4, 4	4, 2	4, 2	4, 2

te der Simulationskurve ist $s_K = 970$ μm. Mit $s_K = 990$ μm bzw. $s_K = 1005$ μm zeigen die beiden Messreihen eine Abweichung von 1 % bzw. 3, 6 %. Der Unterschied zwischen Simulation und Messung entsteht durch die verschiedenen Längen $\ell_{Sim} = 5315$ μm bzw. $\ell_{Mess} = 5300$ μm der Resonatoren. Bei einer Differenz von 15 μm verschiebt sich die Resonanzfrequenz um ≈ 17 MHz. Der Längenunterschied erfordert abweichende Koppelabstände bzw. –stärken für die unterschiedlichen Resonatoren. In der Simulation wurde bereits gezeigt, dass kleinste Änderungen der Koppelstärke große Auswirkungen auf die Güte Q_R haben. Da jede Messreihe auf einem eigenen Wafer prozessiert ist, verhindern die Herstellungstoleranzen eine deckungsgleiche Messkurve beider Probenreihen. Kleinste Unterschiede in Länge oder Breite der Resonatoren bzw. Koppelspalte sind in den Messkurven als Abweichung von der Lorentz–Funktion erkennbar. Eine präzise Herstellung ist daher notwendig.

Als Vorbereitung zur Miniaturisierung der Resonatoren werden Messungen mit 50 μm breiten Leitungen durchgeführt. Die Proben werden auf Siliziumsubstrat mit den Geometrieparametern des Probendesigns X2 und der Koppelspaltbreite $s_K = 11$ μm hergestellt. Durch die Verkleinerung des Leitungsvolumens erhöht sich der Anteil der kinetischen Induktivität und damit die Empfindlichkeit. Die erhöhte Induktivität reduziert die Resonanzfrequenz von 6 GHz auf 5, 68 GHz. In Abbildung 4.9 ist die Messung des Schwingkreises für Mikrowellenleistungen zwischen -27 dBm $\leq P_{in} \leq 5$ dBm dargestellt. Die Stärke des elektroma-

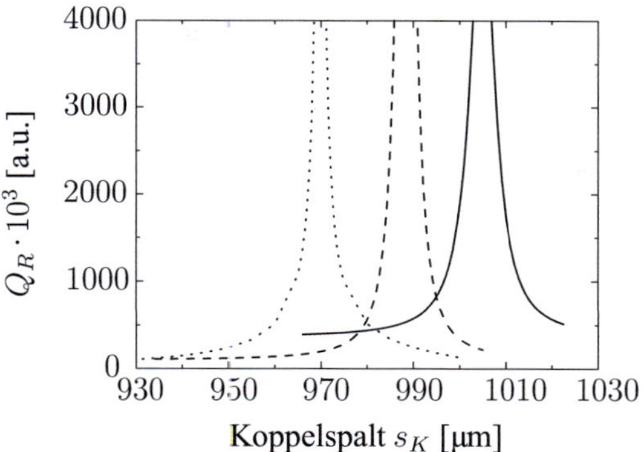

Abbildung 4.8.: Vergleich des Verlaufs der Güte Q_R über der Koppelspaltbreite s_K von Simulation und Messungen beider Probenreihen bei $4{,}2$ K. Die Koppelspalte für maximale Q_R liegen bei $s_K = 970$ µm, 990 µm bzw. 1005 µm für Simulation ($\cdots$), Messreihe 1 ($---$) bzw. Messreihe 2 (—).

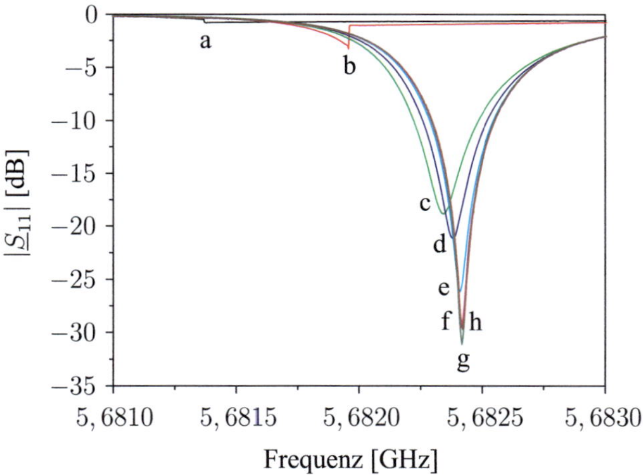

Abbildung 4.9.: Messung der Resonanzverschiebung eines 50 µm breiten $\lambda/4$–Resonators mit Koppelspalt $s_K = 11$ µm in Niobtechnologie auf einem Siliziumsubstrat. Die Messkurven zeigen den Frequenzverlauf für eingespeiste Leistung zwischen 5 dBm (a) $\leq P_{in} \leq -27$ dBm (h) bei Badkühlung @ $4{,}2$ K.

Tabelle 4.7.: Güteberechnungen Q_R aus den Messwerten des $\lambda/4$–Leitungsresonators aus Abbildung 4.9 für Quellenleistungen zwischen 5 dBm (a) $\leq P_{in} \leq -27$ dBm (h).

Messkurve	a	b	c	d	e	f	g	h
	—	—	—	—	—	—	—	—
Quellenleistung [dBm]	5	0	$-2,5$	-5	-10	-15	-20	-27
$Q_{R,mess}$ [$\cdot 10^3$]	—	—	59	75	139	202	227	202

gnetischen Feldes und die gespeicherte Ladung im Resonator sind von der Mikrowellenleistung abhängig. Bei Vergrößerung des Mikrowellenstroms erhöht sich die Ladungsträgerzahl und der kinetische Anteil der Induktivität. Damit nimmt die eingespeiste Mikrowellenleistung P_{in} Einfluss auf das Resonatorverhalten. Bei $P_{in} \geq 0$ dBm erreichen die Kantenströme der Leitungen Werte nahe der kritischen Stromdichte oder darüber. In diesem Fall verschlechtert sich die Resonanz schlagartig und bricht zusammen. Mit abnehmender Eingangsleistung und konstanter Betriebstemperatur verschiebt sich die Resonanz aufgrund von sinkenden Werten der kinetischen Induktivität zu größeren Frequenzen. Die Güte wird vergleichbar zur Temperaturveränderung beeinflusst.

In Tabelle 4.7 sind die Gütewerte der Messkurven a bis h aufgelistet. Eine maximale Güte des Resonators wird für $P_{in} = -20$ dBm mit $Q_R = 227000$ gefunden. Bei weiterer Reduktion von P_{in} bis -27 dBm steigt die Fehlanpassung und führt zu reduzierten Güten. Die unbelastete Güte zeigt einen stabilen Wert von $Q_U = 14000$ für Mikrowellenleistungen $P_{in} < -10$ dBm. Bei größeren Leistungen sinkt Q_U bis auf 11800 @ $-2,5$ dBm. Oberhalb dieser Leistung bricht die Resonanz sprungartig zusammen. Die Koppelstärke skaliert mit der Tiefe der Senke und variiert zwischen $0,79 \leq \kappa \leq 0,95$ mit $\kappa = 0,95$ bei $P_{in} = -20$ dBm.

Die Herausforderung beim Entwurf von Resonatoren besteht in der Dimensionierung des Koppelelements zur Definition der Koppelstärke. Sowohl Betriebstemperatur als auch Mikrowellenleistung nehmen Einfluss auf den Schwingkreis und sind für ein zuverlässiges Design der Resonatoren zu berücksichtigen. Eine auf diese Vorgaben abgestimmte Koppelkapazität C_K ermöglicht hochgütige Resonatoren.

4.6. Test der Detektorfunktion unter optischer Bestrahlung

Die Funktion des Schwingkreises als Detektor wird anhand eines Resonators mit Design X2 auf einem 300 µm dicken Siliziumsubstrat nachgewiesen. Gegenüber dem Design X1 ist die Leiterbreite um den Faktor 10 kleiner und beträgt 50 µm. Dadurch wird ein erhöhter Anteil der kinetischen Induktivität bzw. eine höhere Empfindlichkeit des Detektors ermöglicht. Bevor die Probe in den Messaufbau integriert wird, findet eine Charakterisierung der Schwingkreiseigenschaften mit dem Netzwerkanalysator statt. Die Tabelle 4.8 zeigt alle gemessenen und berechneten Werte. Die kritische Kopplung wird bei der Messtemperatur von $4,2$ K mit einer eingespeisten Signalleistung von $P_{in} = -8,1$ dBm ermittelt.

Für die Detektormessung wird der Leitungsresonator mit einer 650 nm Laserquelle bestrahlt. In Abbildung 3.13 ist die verwendete Anordnung gezeigt. Als Ausleseschaltung kommt der in Abbildung 3.16 beschriebene Messaufbau zum Einsatz. Die Quellenleistung der Ausleseelektronik wird auf die ermittelte Mikrowellenleistung des Resonators für kritische Kopplung eingestellt. Unter Berücksichtigung aller Koppler und Zuleitungen zum Resonator ist die Signalquelle auf eine Leistung von 22 dBm einzustellen. Nach der Verteilung mit einem Leistungsteiler beträgt die Signalstärke am LO des IQ–Mischers noch 16 dBm. Zur Probe hin findet durch Dämpfungsglieder und Koppler eine Abschwächung um insgesamt 26 dB statt. Nach Abzug der Leitungsverluste bis zum Anschluss der Probe liegt am Resonator die benötigte MW–Leistung von $P_{in} = -8$ dBm an. Das vom Schwingkreis reflektierte Signal der Probe wird in der Rückleitung und im Koppler bis zu einem Pegel von -17 dBm gedämpft. Zur Auswertung wird dieses Signal am RF–Eingang des IQ–Mischers eingespeist.

Um die Auswertung zu erleichtern, lässt sich die Resonatorkurve im komplexen IQ–Diagramm mit einem Phasenschieber um den Diagrammmittelpunkt drehen. Jede Messkurve kann vergleichbar zur Abbildung 3.17 an den X– bzw. Y–Kanal orientiert werden. Die Einkopplung der Laserstrahlung auf den Resonator verursacht Auslenkungen des I– bzw. Q–Signals. Zur Bestimmung der NEPs wird das Ausgangssignal des IQ–Mischers mit einem

Tabelle 4.8.: Geometrieparameter und Charakterisierung der Resonatorprobe zur Detektormessung.

Probendesign	X2
Koppelspaltbreite s_K	$10,5$ µm
Betriebstemperatur T [K]	$4,2$
Resonanzfrequenz f_0 [GHz]	$5,729$
Amplitude [dB]	-60
Koppelfaktor κ	$1,1$ @ -15 dBm
Koppelfaktor κ	$0,99$ @ $-8,1$ dBm
Güte Q_L	6250
Güte Q_U	12400
Güte Q_E	12400
Güte Q_R	$1,2 \cdot 10^6$

Lock–In Verstärker gemessen, der auf die Modulationsfrequenz der Laserdiode synchronisiert ist. Zur Berechnung der äquivalenten Rauschleistungsdichte werden nun Signalspannung, eingekoppelte Leistung und die Rauschspannungsdichte gemessen.

Die Rauschspannungsdichte des Messsystems wird bei ausgeschalteter Laserdiode zu 16 nV/$\sqrt{\text{Hz}}$ ermittelt. Bei Aktivierung der Laserdiode und Einstrahlung auf den KID wird der X–Kanal des IQ–Mischers ausgelenkt. Vergleichbar zu Abbildung 3.12 lassen sich die Intensitäten der Laserdiode messen und zeigen eine große Amplitudenänderung am Übergang zwischen kohärentem und nicht–kohärentem Betrieb der Laserdiode. Zur Berechnung der NEPs wird die gemessene Spannung von 5 mV und die optische Leistung von 10 µW am Ende des Lichtwellenleiters verwendet. Für den Resonator ergibt sich eine äquivalente Rauschleistungsdichte von $3,2 \cdot 10^{-11}$ W/$\sqrt{\text{Hz}}$.

Die Abbildung 4.10 zeigt den Vergleich des Messwertes zu den berechneten Werten aus Abbildung 2.8. Der NEP–Wert ist größer als die berechnete äquivalente Rauschleistungsdichte von Niobresonatoren mit $\approx 1 \cdot 10^{-12}$ W/$\sqrt{\text{Hz}}$ bei $4,2$ K. Unter Berücksichtigung der

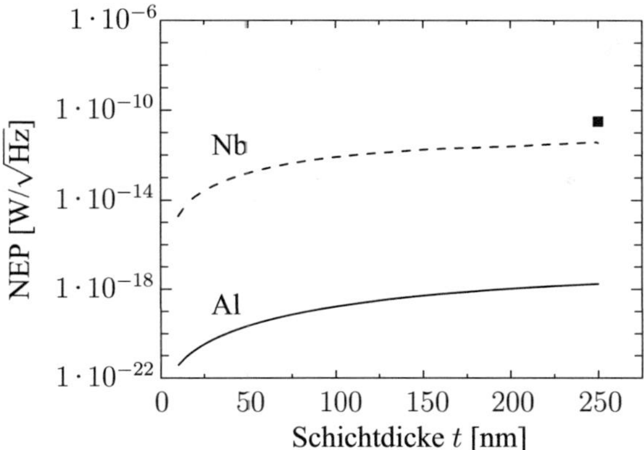

Abbildung 4.10.: Vergleich des berechneten NEP–Wertes aus Messungen eines Reflexions–Leitungsresonators bei $4,2$ K (■) mit den Berechnungen von Niob– ($---$) bzw. Aluminium–Leitungsresonatoren (——) bei $T_C/2$ aus Abbildung 2.8.

groben Näherung für die Einkopplung von Strahlungsleistung im Messaufbau mit einem Wirkungsgrad von etwa 3 % bei einem 50 µm breiten Resonator ergibt sich ein NEP–Wert von $\approx 1 \cdot 10^{-12}$ W/$\sqrt{\text{Hz}}$. Dieser Wert stimmt mit der berechneten äquivalenten Rauschleistungsdichte überein und demonstriert den Einfluss der optischen Verluste zwischen Laserquelle und Detektor. Mit der Messung ist nicht nur der Nachweis der Detektorfunktion gelungen, es konnte ebenfalls gezeigt werden, dass der optimierte Resonator eine gute Übereinstimmung mit den berechneten NEP–Werten von Niobresonatoren erreicht.

4.7. Diskussion und Zusammenfassung

In diesem Kapitel werden die Einflüsse des Koppeldesigns von $\lambda/4$–Leitungsresonatoren auf die Güten der Schwingkreise untersucht. Zur Auswertung der Resonatoreigenschaften werden die reflektierten Signale verwendet, da diese sehr sensitiv auf Veränderungen im Schwingkreis reagieren. Der Nachteil dieses Resonatortyps liegt darin, dass ein Auslesen von mehr als einem Pixel sehr aufwändig realisiert werden muss. Anhand der Optimierung der Koppelparameter erfolgt die Maximierung der Gütewerte im Resonator. Das erstellte Modell erlaubt die Simulation des Resonatorverhaltens in Abhängigkeit des Koppelspalts und die Berechnung der zu erwartenden Güten. Anhand der Simulationsergebnisse wird gezeigt, dass in der Theorie sehr hohe Güten bis zu $Q_R = 3 \cdot 10^9$ erzielbar und realisierbar sind. Die Messungen an den hergestellten Proben bestätigen das vorhergesagte Resonatorverhalten. Dabei werden trotz der relativ hohen Betriebstemperaturen von $4,2\ K \leq T < T_C$ sehr große Güten von bis zu $Q_R = 12 \cdot 10^6$ gemessen. Der Einfluss der kinetischen Induktivität auf den Resonator wird anhand der Temperaturabhängigkeit des kinetischen Anteils der Induktivität im Temperaturbereich von $4,2\ K \leq T < T_C$ demonstriert.

Durch die Einkopplung einer Leistung in den Resonator lassen sich die Detektoreigenschaften erfolgreich demonstrieren. Unter Berücksichtigung der Strahlungseinkopplung erreicht die Messung den errechneten NEP–Wert des Berechnungsmodells aus Anhang B.3. Für Resonatoren deren Koppelgüten bei der Herstellung nicht optimal eingestellt wurden, kann die kinetische Induktivität gezielt durch eine Anpassung der Betriebstemperatur verändert werden. Diese Methode zum nachträglichen Einstellen der Impedanz wird aufgezeigt und anhand der Messungen demonstriert. Damit lässt sich der vorgestellte Resonatortyp zu einem hochsensitiven Detektorelement optimieren.

5. Absorptions–Leitungsresonatoren an einer Durchgangsleitung

Für die Entwicklung von Multipixel–Systemen ist die Ankopplung der Resonatoren an eine gemeinsame Ausleseleitung erforderlich. Da sich die geometrische Ausführung des Koppelbereichs im Vergleich zum Reflexionsresonator unterscheidet, wird die Kopplung von Resonatoren an eine Durchgangsleitung untersucht. Sowohl induktive als auch kapazitive Koppelvarianten werden verglichen. Die Schwingkreise nehmen in Resonanz Leistung aus der Durchgangsleitung auf und werden daher als Absorptionsresonatoren bezeichnet [68]. In dieser Konfiguration ist ebenfalls eine Maximierung der Güten angestrebt. Auf Basis der optimierten Schwingkreise lassen sich theoretische und experimentelle Untersuchungen zum Übersprechen zwischen benachbarten Resonatoren durchführen. Mit den ermittelten Ergebnissen werden Arrays aus Leitungsresonatoren entworfen und ihre Eigenschaften vermessen.

5.1. Kopplung an eine Durchgangsleitung

Für das Resonatordesign in Kinetic–Inductance Detektoren sind sowohl induktive als auch kapazitive Kopplungsmethoden realisierbar [90]. In beiden Fällen lässt sich eine große Anzahl von Resonatoren an eine Durchgangsleitung reihen, um ein Multi–Resonator Array zu realisieren. Bei der Realisierung mit kapazitiver Kopplung zur Durchgangsleitung wird das Leerlauf–Ende des Resonators zum Auslesen verwendet, während das andere Ende mit der Masse kurzgeschlossen wird. In Abbildung 2.4 sind beide Varianten gezeigt. Im Fall der induktiven Kopplung dient die Induktivität gleichzeitig als Verbindung zur Durchgangsleitung und als Kurzschluss–Ende der Resonatorleitung. Das entgegengesetzte Ende muss als elektrischer Leerlauf ausgeführt werden, damit die Leitung das Verhalten eines $\lambda/4$–Resonators zeigt. Andernfalls bildet sich auf der Leitung eine $\lambda/2$–Welle aus.

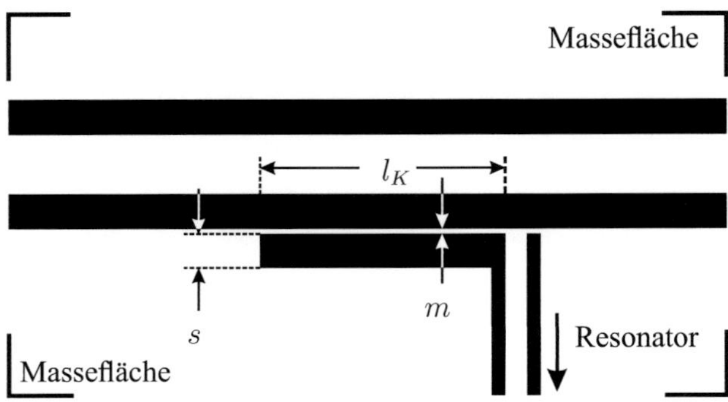

Abbildung 5.1.: Layout des Kopplungsbereichs eines induktiv angekoppelten $\lambda/4$–Resonators an einer Durchgangsleitung mit linksseitiger Steglänge l_K, Stegbreite m und Massespalt s. Weiße Bereiche zeigen die Metallisierung und dunkle Bereiche kennzeichnen die Substratoberfläche.

5.1.1. Induktive Kopplung

Die induktive Kopplung an die koplanare Durchgangsleitung wird mit einem Steg zur Masse realisiert. Das Layout ist in Abbildung 5.1 gezeigt. In diesem Entwurf kommt ein Steg als Verbindungselement zwischen Resonator und Massefläche der Durchgangsleitung zum Einsatz. Dieser Steg ist als Leitung mit der Breite m und der Länge l_K realisiert. Da im CPW–Design die Masse auf beiden Seiten der Leitung ausgeführt ist, wird der Steg am Kurzschlussende zu beiden Flächen verbunden. Damit die Leitungen induktiv wirken, müssen diese sehr schmal und lang sein. Jede parasitäre Kapazität zur Masse verringert die wirksame Induktivität. Daher ist die Spaltbreite s zu maximieren, ohne dass der Wellenwiderstand des Resonators zu sehr beeinflusst wird. Die Induktivität nimmt mit zunehmender stromumflossener Fläche $A = l_K \cdot s$ zu, wie bereits experimentell nachgewiesen wurde [90]. Die Stege zur linken bzw. rechten Masseseite des Resonators bilden zwei parallele Teilinduktivitäten, die sich zu einer Gesamtinduktivität addieren lassen. Im weiteren Verlauf ist lediglich die in Abbildung 5.1 bemaßte Seite der Masseverbindung mit einem schmalen und langen Leiterstück ausgeführt, da die benötigten Induktivitätswerte klein sind und damit die Komplexität der Koppelgeometrie in Grenzen gehalten werden kann. Am Leerlauf–Ende des Resonators

Tabelle 5.1.: Geometrie der Resonatoren mit induktiver Kopplung und Auswertung der Sonnet–Simulationsergebnisse.

	Design 'I1'	Design 'I2'
Durchgangsleitung w_{DL} [µm]	150	150
Resonator w_{Res} [µm]	20	20
Resonator ℓ [µm]	5010	5010
l_K [µm]	200	400
m [µm]	10	10
s [µm]	30	30
f_0 [GHz]	5,6	5,7
$\lvert \underline{S}_{21} \rvert$ [dB]	-14	-9
Q_0	≈ 10400	
Q_L	≈ 3700	≈ 2200
Q_C	≈ 5700	≈ 2800
κ	1,8	3,7

wird der Abstand zwischen der Massefläche und dem Ende des Innenleiters mit der fünffach bemessenen Innenleiterbreite dimensioniert, um parasitäre Kapazitäten zu minimieren.

Die Simulation der Induktivität ist mit dem Mikrowellen–Simulationsprogramm MWO–AWR nicht möglich, da die Geometrien der Koppelstruktur nicht mit den Leitungsmodellen nachgebildet werden können [62]. Deswegen muss das EM–Simulationswerkzeug Sonnet verwendet werden, das einen erheblich höheren Zeit– und Rechenaufwand erfordert [55]. Die Streuparameter und Stromdichten eines induktiv gekoppelten Resonators lassen sich für einfache Entwürfe der Kopplung und einzelne Frequenzen simulieren. Die Simulationen geben Aufschluss über die erzielbaren Güten der Resonatoren und über die Verteilung der Stromdichten. Dazu wurden Leitungsresonatoren mit den in Tabelle 5.1 beschriebenen Parametern entworfen. Die Abmessungen für die 50 Ω–Geometrie sind der Tabelle 3.1 entnommen. Mit

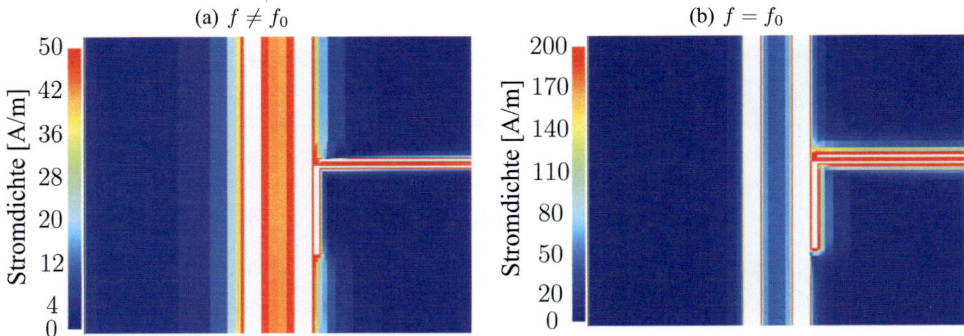

Abbildung 5.2.: Simulation des Stromdichteverlaufs im Koppelbereich eines $\lambda/4$–Resonators, der induktiv an eine Durchgangsleitung gekoppelt ist. (a) Außerhalb der Resonanz sind die Stromdichten gering mit Werten bis zu 50 A/m. (b) In Resonanz steigen die Kantenstromdichten um das 4–fache auf 200 A/m an mit der höchsten Konzentration im Resonator.

dem Design 'I1' wird eine schwache Kopplung realisiert, während das Design 'I2' mit einer starken Kopplung entworfen ist.

Die Güte eines 20 µm breiten Resonators mit induktiver Kopplung lässt sich nach der in Kapitel 4.3 beschriebenen Methode zu $Q_U = 16500$ berechnen. Es gilt die Annahme einer Niobmetallisierung mit $R_S = 10.2$ µΩ bei $4,2$ K und 6 GHz. Die Resonatoren zeigen mit abnehmender Koppellänge einen Anstieg der Koppelstärke. Dabei sinkt die Güte Q_L während Q_0 für beide Simulationen gleich ist. Die Signalamplitude der Probe verschlechtert sich von -14 dB beim Design 'I1' auf -9 dB beim Design 'I2'.

Außerhalb der Resonanz koppelt keine Mikrowellenleistung in den Resonator, wodurch die gesamte eingespeiste Leistung an den zweiten Anschluss der Durchgangsleitung geleitet wird. Die Stromdichten in der Durchgangsleitung zeigen eine Kantenüberhöhung, wie es von einer Koplanarleitung zu erwarten ist [27]. In Abbildung 5.2 (a) ist der Stromdichteverlauf mit Werten bis zu 50 A/m gezeigt. Es gilt die Annahme von 1 W Eingangsleistung an den Simulationsports [55]. Durch das Ankoppeln des Resonators entsteht für die Durchgangsleitung ein Impedanzsprung mit unterschiedlichen Impedanzverhältnissen zu beiden Seiten des Innenleiters. Dieser Unterschied wirkt sich auf die Anpassung des Wellenwiderstands der koplanaren

Tabelle 5.2.: Geometrien und Messung von 20 µm breiten Resonatoren der Länge $\ell = 5010$ µm mit induktiver Kopplung bei $4,2$ K.

Resonator	l_K [µm]	s [µm]	m [µm]	f_0 [GHz]	$|\underline{S}_{21}|$ [dB]	Q_U	Q_L	Q_K	κ
P_{I1}	400	100	10	$5,7835$	$-22,8$	14050	1020	1100	$12,7$
P_{I2}	400	20	10	$5,7184$	$-21,0$	16320	1460	1600	$10,3$
P_{I3}	400	15	2	$5,8895$	$-24,1$	8180	510	545	15
P_{I4}	200	45	10	$6,0847$	$-12,8$	15780	3630	4720	$3,3$

Durchgangsleitung aus. In der Simulation ist der Einfluss sehr gering, da die Stromverteilung in der Durchgangsleitung symmetrisch verteilt ist.

Bei der Resonanzfrequenz wird die Leistung im Resonator aufgenommen. Es bildet sich eine stehende Welle mit Strombauch am Kurzschluss–Ende. In Abbildung 5.2 (b) ist der Koppelbereich für diesen Fall gezeigt. Die Stromdichten im Innenleiter des Resonators, im Koppelbereich und an den beiden Kanten der Resonatormasse zeigen Werte bis zu 200 A/m. Die Verteilung der Stromdichte in der Durchgangsleitung ist symmetrisch und lässt eine Beeinträchtigung des Übertragungsverhaltens durch den Resonator ausschließen.

Zur Verifizierung der Simulation werden 20 µm breite Resonatorproben an einer 150 µm breiten Durchgangsleitung mit verschiedenen geometrischen Parametern des Koppelbereichs hergestellt und gemessen. Die Ergebnisse der Charakterisierung der Proben 'P_{I1}' bis 'P_{I4}' sind in Tabelle 5.2 aufgelistet [90]. Für die Einstellung der Koppelstärke werden die Koppelparameter mit 200 µm $\leq l_K \leq$ 400 µm, 15 µm $\leq s \leq$ 100 µm und 2 µm $\leq m \leq$ 10 µm variiert. Die erreichten Werte variieren zwischen $3 \leq \kappa \leq 15$. Bei Koppelstärken kleiner als 15 werden sehr gute Werte für Q_U nahe des berechneten Maximalwertes von $Q_U = 16500$ erreicht. Mit der Annäherung an die kritische Kopplung zeigt Q_L steigende Werte. Die Amplituden wachsen auf Werte von $|\underline{S}_{21}| > -12$ dB an. Um viele Resonatoren in einer begrenzten Bandbreite zu integrieren, sind hohe Werte von Q_U und Q_L anzustreben bei gleichzeitig tiefer Resonanzsenke bzw. großer Amplitude.

Die Komplexität der induktiven Kopplung ist sehr hoch, da mit l_K, s und m viele Parameter im Design zur Einstellung der Koppelstärke angepasst werden müssen. Der Ankoppelbereich stellt für den Schwingkreis gleichzeitig das Kurzschluss–Ende mit dem Strombauch dar. Die Stromdichten sind sehr hoch und wirken sich bei ungünstiger Dimensionierung der Geometrien negativ auf die Güte aus, wie das bei Probe 'P_{I3}' mit $m = 2$ µm gezeigt ist. Ein zusätzliches Problem stellt das Ankoppeln von Antennen oder Absorbern am Kurzschluss–Ende dar. Aufgrund der kompakten Bauweise ist eine Realisierung sehr aufwändig. Es ist zu erwarten, dass die Güten durch zusätzliche Verluste und Kopplungen deutlich kleiner ausfallen.

5.1.2. Kapazitive Kopplung

Die kapazitive Kopplung eines Resonators an eine Durchgangsleitung (DL) ist in verschiedenen Varianten denkbar. In ähnlicher Weise zum Reflexionsresonator kann das Leerlauf–Ende der Resonatorleitung orthogonal zur Durchgangsleitung positioniert werden. Die Innenleiterbreite des Resonators entspricht in diesem Fall der Länge des Koppelspalts, während die Distanz zum Innenleiter den Koppelabstand definiert. Es wird lediglich ein kleiner Kapazitätsbereich abgedeckt, da einzig der Abstand zur Durchgangsleitung variiert werden kann. Wird der Resonator entlang der Durchgangsleitung geführt, so kann von einem 'Ellbow'–Koppler gesprochen werden [90]. Diese Art der kapazitiven Kopplung ist in Abbildung 5.3 (a) gezeigt. Dabei ist auf der Koppelseite des Resonators die Masse der Durchgangsleitung unterbrochen. Die Unterbrechung kann zu unerwünschten Reflexionen des Signals führen, die sich über den gesamten Frequenzbereich erstrecken. Das Einstellen der Koppelstärke im Design erfolgt über die Koppellänge l_K und den Koppelabstand s_K. Mit der Annäherung der Resonatorleitung an die Durchgangsleitung vergrößert sich die Koppelstärke, da die elektromagnetische Feldstärke mit abnehmender Distanz wächst. Eine Verlängerung von l_K erhöht κ ebenfalls. Die Koppellänge muss dabei deutlich kürzer als die Wellenlänge der Betriebsfrequenz bleiben, da die Induktivität sonst nicht mehr als konzentriertes Element der Kopplung betrachtet werden kann. Auf diese Weise können sehr starke Kopplungen mit $\kappa > 100$ erreicht werden.

Anhand der Probe 'P_{K2}' mit der Kopplungsvariante aus Abbildung 5.3 (a) werden Simulationen durchgeführt. Die verwendeten Geometrien sind mit $w_{Res} = 50$ µm, $l_K = 350$ µm

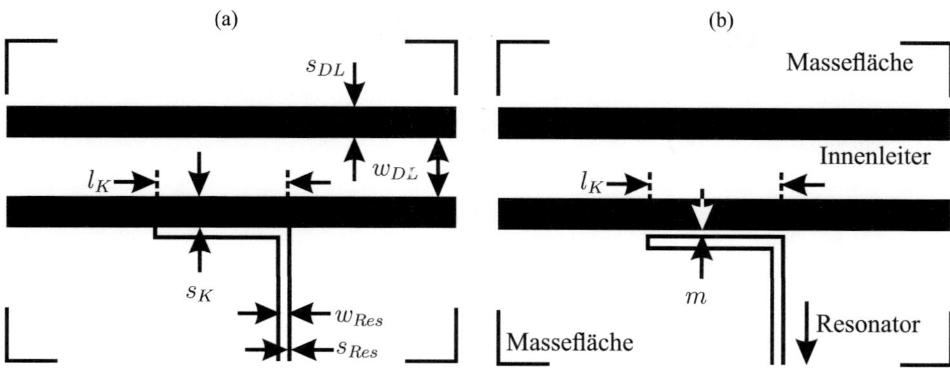

Abbildung 5.3.: (a) Layout des Koppelbereichs zwischen Resonator und Durchgangsleitung mit kapazitiver Kopplung ohne Massesteg zwischen den Innenleitern und den Koppelparametern Längen l_K und Abstand s_K. (b) Durch Einfügen eines Massestegs der Breite m zwischen Resonator und Durchgangsleitung entlang der Koppellängen l_K wird eine ununterbrochene Massefläche auf der Koppelseite des Resonators ermöglicht. Für Durchgangsleitung bzw. Resonator sind die Innenleiterbreiten w_{DL} bzw. w_{Res} und Spaltbreiten s_{DL} bzw. s_{Res}. Weiße Bereiche zeigen die Metallisierung der koplanaren Leitungen und dunkle Bereiche kennzeichnen die freigelegte Substratoberfläche.

und $s_K = 83\ \mu\text{m}$ bemessen. Der Koppelabstand entspricht der Koppelspaltbreite der 150 μm breiten Durchgangsleitung, die aus der 50 Ω–Geometrie der DL resultiert und sich aus Tabelle 3.1 ablesen lässt. Die Simulationen der Stromdichteverteilung des Koppelbereichs sind in den Abbildungen 5.4 (a) bzw. (b) für die Fälle $f \neq f_0$ bzw. $f = f_0$ gezeigt. In beiden Fällen, sowohl außerhalb der Resonanz als auch bei Resonanz, ist die Verteilung der Stromdichten in der Durchgangsleitung asymmetrisch. Der Einfluss des angekoppelten Resonators wirkt sich auf die elektrischen Eigenschaften der Durchgangsleitung und damit auf deren Transmissionseigenschaften aus. Durch Verluste und Reflexionen an der Stoßstelle wird das zu übertragende Signal im gesamten Frequenzbereich beeinflusst. In komplexen Systemen mit einer großen Anzahl von Resonatoren verursachen Reflexionen Interferenzen und uner-

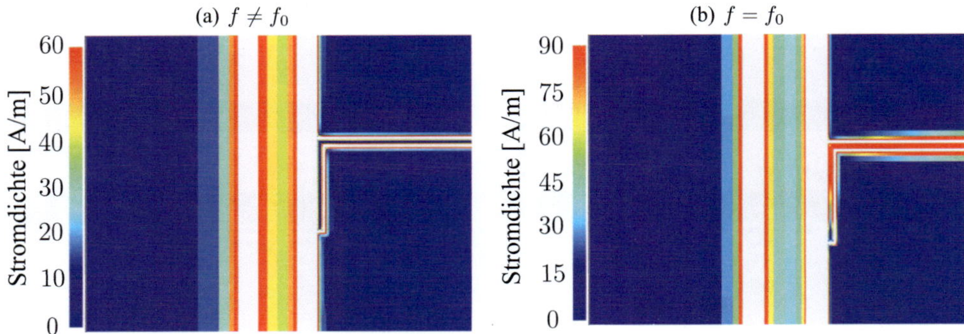

Abbildung 5.4.: Simulation der Stromdichte des Koppelbereichs eines $\lambda/4$–Resonators, der kapazitiv ohne Massesteg an eine Durchgangsleitung gekoppelt ist. (a) Außerhalb der Resonanz sind die Stromdichten gering mit Werten bis zu 50 A/m. (b) In Resonanz erreichen die Kantenstromdichten doppelt so hohe Werte bis zu 90 A/m.

wünschte Resonanzen. Die reflektierte Leistung dieser Störungen ist für den Resonator nicht nutzbar. Nebenresonanzen verschlechtern die Signalqualität und erschweren das Auslesen.

Eine zweite Variante der 'Ellbow'–Kopplung ist in Abbildung 5.3 (b) gezeigt. Zwischen 'Ellbow' des Resonators und Durchgangsleitung ist ein Massesteg mit einer Breite m und einer Länge l_K entworfen. Dieser Steg stellt für die elektromagnetische Kopplung eine Barriere dar und führt zu deutlich schwächeren Koppelwerten. Zugleich ermöglicht der Steg eine ununterbrochene Masseführung zu beiden Seiten der koplanaren Durchgangsleitung. Die Kopplungsstärke ist um den Faktor 10 kleiner als beim Design ohne Massesteg. In den Abbildungen 5.5 (a) bzw. (b) sind die Simulationen der Stromdichteverteilung für die Fälle $f \neq f_0$ bzw. $f = f_0$ dargestellt. Beide Simulationen zeigen eine symmetrische Verteilung der Stromdichten in der Durchgangsleitung. An der Stoßstelle des Resonators sind, sowohl außerhalb als auch in der Resonanz, örtlich kleine Stromüberhöhungen zu erkennen, die lediglich Einfluss auf die Stromdichteverteilung an der betreffenden Massekante haben. Die Diskontinuität der Durchgangsleitung an der Koppelstelle ist minimiert. Damit lassen sich diese Schwingkreise ebenfalls in großen Arrays verwenden, ohne mit unerwünschten parasitären Effekten rechnen zu müssen.

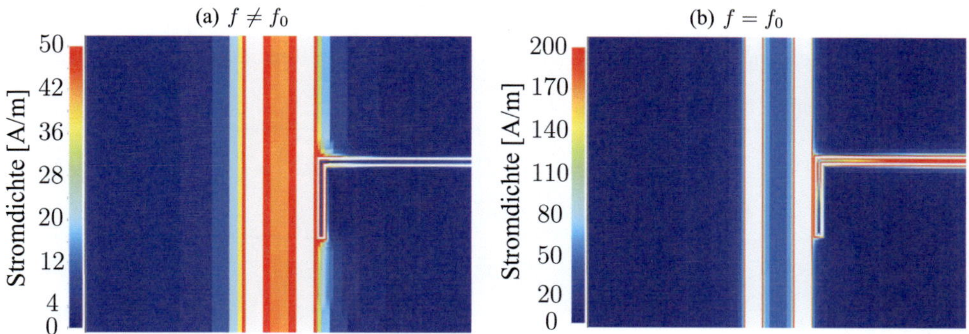

Abbildung 5.5.: Simulation der Stromdichte des Koppelbereichs eines $\lambda/4$–Resonators, der kapazitiv mit Massesteg an eine Durchgangsleitung gekoppelt ist. (a) Außerhalb der Resonanz sind die Stromdichten gering mit Werten bis zu 50 A/m. (b) In Resonanz erreichen die Kantenstromdichten bis zu 200 A/m.

Die Berechnung der unbelasteten Güten aus den Materialeigenschaften von Niob bei $4,2$ K und einer Frequenz von 6 GHz unterscheidet sich bei den beiden Koppelvarianten der kapazitiv gekoppelten Resonatoren nicht. Q_U ist alleine für den Resonator und ohne Kopplung an das Netzwerk definiert. Dabei wird die Berechnungsvorschrift aus Kapitel 4.3 verwendet. Bei Leiterbreiten von $w = 10\ /\ 20\ /\ 50$ µm beträgt die unbelastete Güte $Q_U = 9030\ /\ 17200\ /\ 39000$. Zur Untersuchung der Kopplung wurden verschiedene Leitungsresonatoren an der 150 µm breiten Durchgangsleitung mit unterschiedlichen geometrischen Parametern des Koppelbereichs entworfen. In der Simulation mit Sonnet lassen sich für die Resonatoren mit 'Ellbow'–Kopplern lediglich einzelne Frequenzpunkte unter hohem Zeit– und Rechenaufwand ermitteln. Mit den Leitungselementen in MWO–AWR können die Koppelbereiche zwar implementiert werden, zeigen aber im Vergleich mit den Sonnet–Simulationen oder den Messungen teils starke Abweichungen. Als Richtwert für einen 20 µm breiten Leitungsresonator der Länge 5410 µm und den Koppelparametern $l_K = 350$ µm bzw. $m = 5$ µm konnte im EM–Simulationsprogramm Sonnet eine Güten von $Q_U \approx 11000$ bzw. $Q_L \approx 5500$ ermittelt werden. Anstelle weiterer Simulationswerte sind in Tabelle 5.3 die Resultate der hergestellten und charakterisierten Proben aufgetragen und ausgewertet [91]. Die Koppelstärke wird anhand der gemessenen Güten nach der in Kapitel 3.3 vorgestellten Methode bestimmt.

Tabelle 5.3.: Messung von 50 µm, 20 µm und 10 µm breiten Resonatoren mit kapazitiver Kopplung bei 4, 2 K.

Ohne Massesteg $\ell = 5410$ µm	l_K [µm]	w_{Res} [µm]	s_K [µm]	f_0 [GHz]	$|\underline{S}_{21}|$ [dB]	Q_U	Q_L	Q_K	κ
P_{K1}	350	50	10	5, 3313	$-43, 4$	28860	195	196	147
P_{K2}	350	50	83	5, 3989	$-28, 7$	25600	944	980	26

Mit Massesteg $\ell = 5410$ µm	l_K [µm]	w_{Res} [µm]	m [µm]	f_0 [GHz]	$|\underline{S}_{21}|$ [dB]	Q_U	Q_L	Q_K	κ
P_{K3}	350	50	10	5, 2382	$-20, 1$	34200	3400	3775	9
P_{K4}	350	50	5	5, 2726	$-21, 7$	36650	3020	3290	11
P_{K5}	200	50	5	5, 4142	$-16, 8$	34450	4980	5820	6
P_{K6}	350	20	5	5, 3918	$-9, 0$	13570	4790	7400	1, 8

Mit Massesteg $\ell = 5000$ µm	l_K [µm]	w_{Res} [µm]	m [µm]	f_0 [GHz]	$|\underline{S}_{21}|$ [dB]	Q_U	Q_L	Q_K	κ
P_{K7}	400	10	5	5, 9022	$-7, 7$	8900	4600	8500	1, 04

Die Resonatormessungen mit kapazitiver Kopplung ohne Massesteg zeigen aufgrund der großen Koppelstärken mit Werten bis zu 147 sehr kleine Koppelgüten und kleine belastete Güten. Unbelastete Güten von kapazitiv gekoppelten Resonatoren mit 50 bzw. 20 µm Innenleiterbreite lassen sich unter Verwendung von vorgegebenen Materialparametern aus der Literatur zu $Q_U = 39000$ bzw. 17200 berechnen. Im Vergleich dazu betragen die gemessenen Q_U-Werte lediglich $65 - 70$ % der berechneten unbelasteten Güten und sind damit ebenfalls sehr klein. Die Resonanzsenke ist in diesem Fall sehr tief und zeigt Amplitudendifferenzen von 30 dB und mehr. Diese Koppelvariante verursacht eine asymmetrische Stromdichteverteilung. Dadurch ist in Arrays mit Interferenzen zu rechnen, die durch Reflexionen an den Impedanzsprüngen der Durchgangsleitung verursacht werden.

Bei der Verwendung eines Massestegs im Koppeldesign nimmt die Stromdichte eine symmetrische Verteilung an. Die Koppelstärken sind um den Faktor 10 kleiner und erlauben Werte nahe der kritischen Kopplung. Die breiten Resonatoren mit 50 bzw. 20 µm Innenleiterbreite erreichen sehr gute $80 - 90$ % der berechneten unbelasteten Güten. Mit abnehmender Koppelstärke von $\kappa = 11$ auf $1, 8$ erreicht die belastete Güte hohe Werte bis zu $Q_L \approx 5000$. Die Amplituden bewegen sich bei den meisten Proben deutlich unter -10 dB. Trotz Koppelstärken nahe der kritischen Kopplung erreichen die Senken der Resonatoren 'P_{K6}' bzw. 'P_{K7}' gute Amplitudenwerte ≈ -9 dB @ $w = 20$ µm bzw. ≈ -8 dB @ $w = 10$ µm. Mit einem Koppelfaktor von $\kappa = 1, 04$ zeigt der 10 µm breite Resonator eine optimale Kopplung. Die belastete Güte erreicht einen sehr guten Wert von 4600.

Mit jeweils zwei veränderlichen Parametern sind beide Varianten der kapazitiven Kopplung im Vergleich zur induktiven Kopplung einfach einstellbar. Ein weiterer Vorteil liegt in der Trennung von Kurzschluss–Ende des Resonators und Koppelende zur Durchgangsleitung. Die Trennung der Bereiche erleichtert das Ankoppeln und Platzieren von Antennen oder Absorbern zur Optimierung der Strahlungseinkopplung.

5.1.3. Vergleich von induktiver und kapazitiver Kopplung

Alle Vor- und Nachteile der verschiedenen Kopplungen sind in Tabelle 5.4 zusammengefasst.

Die großen Koppelwerte der kapazitiven Kopplung ohne Massesteg verursachen eine asymmetrische Stromdichteverteilung in der Durchgangsleitung und eine Reduktion der unbelasteten Güte um bis zu 20 % gegenüber dem berechneten Wert. Belastete Güte und Koppelgüte sind mit Werten < 1000 sehr klein. Trotz der großen Amplitude der Resonanz eignet sich diese Koppelart der Resonatoren daher nicht besonders gut zur Integration von vielen Resonatoren in einem Array. Eine hohe Packungsdichte wird durch die niederen Gütewerte stark eingeschränkt.

Die induktive Kopplung liegt ähnlich der kapazitiven Kopplung mit Massesteg bei unbelasteten Güten im Bereich von $80 - 90$ % des berechneten Q_U. Die belasteten Güten sind allerdings klein. Bei Annäherung der Koppelstärke an die optimale Kopplung steigt die belastete Güte zwar an, die Amplitude der Resonanz sinkt drastisch. Bei $\kappa = 3, 3$ liegt die Signalampli-

Tabelle 5.4.: Vergleich der verschiedenen Koppelvarianten zur Ankopplung eines $\lambda/4$–Leitungsresonators an eine Durchgangsleitung.

	Induktiv	Kapazitiv ohne Massesteg	Kapazitiv mit Massesteg
Optimale Kopplung	schlecht	sehr schlecht	gut
Unbelastete Güte	groß	mittel	groß
Belastete Güte	klein	sehr klein	mittel
Betrag der Amplitude in Resonanz	mittel	sehr groß	groß
Komplexität	hoch	mittel	mittel
Eignung im Array	gut	schlecht	gut
Eignung zur Ankopplung von Antennen	schlecht	gut	gut

tude lediglich bei -12 dB. Neben diesem Problem ist das Kurzschluss–Ende des Resonators zugleich das Koppelende an die Durchgangsleitung. Die Platzierung einer Antenne oder eines Absorbers wird dadurch erschwert. Der Aufbau ist aufgrund der zwei Ausführungen und mit drei Koppelparametern selbst in der einfachsten Form sehr aufwändig.

Im Fall des kapazitiven Koppeldesigns mit Massesteg lassen sich neben den hohen unbelasteten Güten nahezu optimale Koppelstärken mit $\kappa \approx 1$ realisieren. Die Amplituden der Resonanz steigen nicht wesentlich über -9 dB @ $w = 20$ µm bzw. -8 dB @ $w = 10$ µm. Im Vergleich zur induktiven Kopplung sind die Werte der belasteten Güten um etwa $1000 - 2000$ größer. Der Kurzschlussbereich für eine Signaleinkopplung mittels Antennen oder Absorbern ist getrennt vom Koppelbereich. Die Empfangseigenschaften sind somit unabhängig vom Koppelbereich optimierbar. Der Designaufwand ist mit zwei Koppelparametern überschaubar. Damit stellt die kapazitive Kopplung mit Massesteg die optimale Wahl für alle weiteren Entwürfe mit Leitungsresonatoren dar. Im Array wird der 10 µm breite Leitungsresonator mit den Koppelparametern der Probe 'P_{K7}' verwendet, da dieser eine optimale Kopplung zeigt.

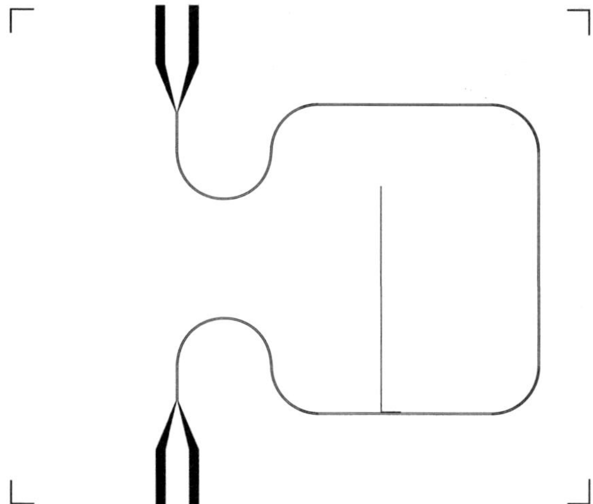

Abbildung 5.6.: Layout eines $\lambda/4$–Resonators an einer Durchgangsleitung mit SMA–Anschlussflächen und Taper zur Reduktion der Leitungsbreite. Die Resonatoren werden innerhalb der von der Durchgangsleitung umrandeten Fläche platziert. Weiße Bereiche zeigen die Metallisierung und dunkle Bereiche stellen das freigelegte Substrat dar.

5.2. Entwurf von Absorptionsresonatorarrays in Leitungstechnik

Das Ziel der Ankopplung vieler einzelner Leitungsresonatoren an einer gemeinsamen Durchgangsleitung erfordert die Berücksichtigung der verfügbaren Probenfläche und ein flächenoptimiertes Design. Es werden ausschließlich gerade Leitungsresonatoren verwendet. Diese Maßnahme vereinfacht die nachfolgenden Simulationen zur Ermittlung der Koppelparameter zwischen benachbarten Resonatoren. Als Basis wird das Messgehäuse verwendet, das in Kapitel 3.9 beschrieben ist. Die für die Resonatoren zur Verfügung stehende Probenfläche beträgt 12×10 mm^2 und soll optimal genutzt werden. In Abbildung 5.6 ist das verwendete Probendesign gezeigt. Als Metallisierung für die Strukturen wird eine 250 nm dicke Niobschicht auf einem 300 μm dicken Siliziumsubstrat verwendet. Die Messgeräte werden mit SMA–Steckern auf die 500 μm breiten Anschlusskontakte der koplanaren Durchgangsleitung kontaktiert. Anhand eines Tapers bzw. einer Verjüngung erfolgt die Reduzierung der Innenleiterbreite von 500 µm auf die Innenleiterbreite der Durchgangsleitung unter Beibehaltung des Wellenwiderstands. Um die nutzbare Fläche im Zentrum der Probe auf eine maximierte Anzahl von Resonatoren vorzubereiten, wird der Verlauf der Durchgangsleitung entlang der Probenränder geführt. Auf diese Weise wird die Fläche für die Resonatoren von der Durchgangsleitung umrandet. Auf der Innenseite der Probe lassen sich die $\lambda/4$–Resonatoren ankoppeln. Durch den Verlauf am Probenrand kann eine deutlich größere Anzahl von Schwingkreisen an der verlängerten Durchgangsleitung verwendet werden, als bei einer geraden Verbindung zwischen den beiden Anschlusskontakten der SMA-Stecker. Eine Erweiterung des Designs ist mit größeren Probenflächen möglich. Entweder können an der Außenseite des Entwurfs zusätzliche Resonatoren angebracht werden, oder die Durchgangsleitung wird in eine oder mehrere Richtungen verlängert.

In dieser Anordnung werden Resonatoren mit einer Innenleiterbreite von 10 µm verwendet, die für eine 50 Ω–Impedanz ausgelegt sind. Für die Untersuchungen eines einzelnen Resonators an der Durchgangsleitung wird die Resonatorlänge auf 5000 µm festgelegt. Unter diesen Vorgaben lässt sich eine theoretische Resonanzfrequenz von $5,90216$ GHz berechnen. Zur Ankopplung des Resonators an die Durchgangsleitung wird die bereits optimierte Kopplung verwendet. Die kapazitive Kopplungsvariante der Probe 'P_{K7}' eignet sich optimal für diesen Einsatz. Neben einem Koppelwert $\kappa = 1$ beträgt die Innenleiterbreite der verwendeten Durchgangsleitung $w = 20$ µm. Sowohl kompakte Resonatorleitung als auch schmale Durchgangsleitung sind gute Voraussetzungen, um eine hohe Packungsdichte in Multi–Resonator Arrays zu erzielen.

In Simulationen eines einzelnen Resonators im vorgestellten Design wird die Resonanzfrequenz bei $6,05$ GHz ermittelt. Die tatsächliche Messung einer hergestellten Resonatorprobe zeigt eine Verschiebung zu $6,27$ GHz. In Untersuchungen konnte gezeigt werden, dass bei den schmalen Resonatorstrukturen bereits kleine Änderungen der effektiven Dielektrizitätszahl des Substrats diesen Unterschied erklären [91]. Die Simulationen berücksichtigen nicht die dünne Oxidschicht des Siliziumsubstrats, die sich auf der Oberfläche befindet und deren Dicke etwa 1/20 der Leiterbreite entspricht. Aus der Messung konnten sehr hohe Gütewerte von $Q_U = 11000$ und $Q_L = 4300$ bei einer Koppelstärke von $\kappa \approx 1,5$ ermittelt werden.

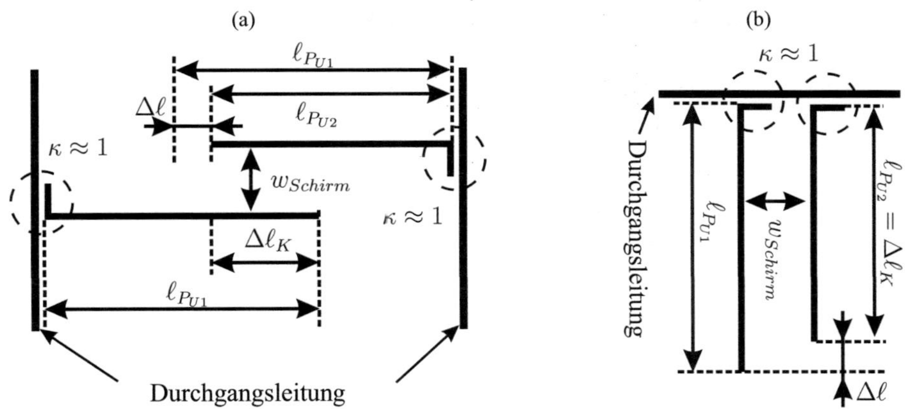

Abbildung 5.7.: Schematische Darstellung zweier benachbarten Resonatoren der Längen $\ell_{P_{U1}}$ und $\ell_{P_{U2}}$, die an eine Durchgangsleitung mit $\kappa \approx 1$ gekoppelt sind. Die Koppelparameter w_{Schirm} und $\Delta\ell_K$ sind für den Fall von gegenüberliegenden (a) bzw. nebeneinander liegenden (b) Resonatoren eingezeichnet.

5.3. Simulation des Übersprechens benachbarter Resonatoren

Für das Ziel einer hohen Packungsdichte ist die Minimierung des Platzbedarfs sehr wichtig. Dazu finden Untersuchungen der Kopplungen zwischen zwei benachbarten Resonatoren an einer Durchgangsleitung (DL) statt [90, 91]. Die Abbildung 5.7 zeigt zwei schematische Darstellungen von benachbarten Leitungsresonatoren. In der Abbildung 5.7 (a) liegen die beiden Resonatoren an gegenüberliegenden Teilen der Durchgangsleitung aus Abbildung 5.6. Ein Übersprechen kann in den Bereichen der Leitungen stattfinden, die nahe nebeneinander liegen. Die Parameter der Zwischenresonator–Kopplung werden durch den Abstand w_{Schirm} zwischen den Resonatoren und die Länge $\Delta\ell_K$ der parallel verlaufenden Leitungen bestimmt. Das Layout in Abbildung 5.7 (b) zeigt den Fall, dass sich beide Leitungsresonatoren an der gleichen Seite der DL befinden. Die effektive Koppellänge $\Delta\ell_K$ entspricht der Resonatorlänge des kürzeren Resonators. Eine Annäherung der Leitungen bzw. eine Verkleinerung des Resonatorabstands w_{Schirm} ist durch die Länge des 'Ellbow'–Kopplers begrenzt. Koppeleffekte zwischen den beiden 'Ellbow'–Kopplern können nicht berücksichtigt werden, da die Funk-

Tabelle 5.5.: Geometrien der Resonatoren P_{U1} und P_{U2} für die Untersuchung der Zwischenresonator–Kopplung.

Resonator	P_{U1}	P_{U2}
Resonatorlänge [µm]	5100	5000
Resonanzfrequenz [GHz] (berechnet)	5, 78643	5, 90216
Innenleiterbreite [µm]	10	10
Koppeldesign	P_{K7}	P_{K7}

tionalität der Simulationssoftware AWR–MWO dies nicht zulässt. Um diese Problematik zu vermeiden und die Nutzung der verfügbaren Fläche zu optimieren, wird das alternierende Layout untersucht.

Die beiden Leitungsresonatoren werden für unterschiedliche Resonanzen entworfen. In Tabelle 5.5 sind die wichtigsten Größen aufgeführt. Der Längenunterschied der beiden Leitungen beträgt $\Delta \ell = \ell_{P_{U1}} - \ell_{P_{U2}} = 100$ µm und entspricht einem Frequenzabstand von $\Delta f \approx$ 115 MHz bei einer Betriebsfrequenz von 6 GHz. Damit ist sichergestellt, dass sich die einzelnen Resonanzkurven im Frequenzbereich selbst bei einer belasteten Güte von 500 bzw. einer -3 dB–Bandbreite von 12 MHz nicht gegenseitig beeinflussen. Zur Kopplung an die Durchgangsleitung wird das Koppeldesign 'P_{K7}' aus Tabelle 5.3 verwendet. Die Koppelstärke liegt mit $\kappa = 1, 04$ sehr nahe an der optimalen Kopplung und genügt damit den in Kapitel 4 ermittelten Anforderungen. Die zu optimierenden Entwurfsgrößen zur Untersuchung des Übersprechens sind w_{Schirm}, $\Delta \ell_K$ und Δf.

Eine Kopplung zwischen benachbarten Resonatoren wirkt sich auf die Resonanzeigenschaften beider Resonatoren aus. Solange das Übersprechen vernachlässigt werden kann, sind die Resonanzen stabil und werden alleine durch die Resonatorlängen bestimmt. Mit zunehmender Verringerung des Abstandes w_{Schirm} nimmt die elektromagnetische Kopplung zwischen benachbarten Resonatoren zu. Es treten zusätzliche parasitäre Kapazitäten und Induktivitäten auf, die den Schwingkreis verstimmen und sich auf den Koppelfaktor zur Durch-

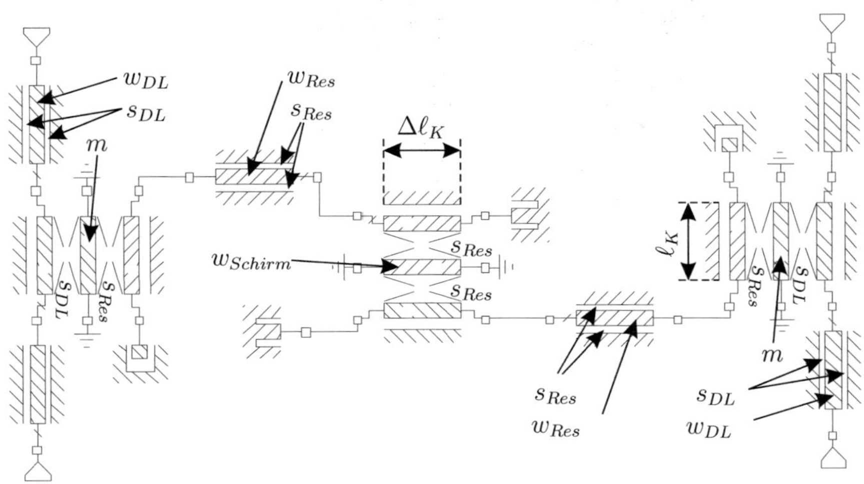

Abbildung 5.8.: Ersatzschaltbild der Kopplung von zwei gekoppelten Resonatoren im Simulationsprogramm AWR–MWO [62]. Die effektive Koppellänge $\Delta\ell_K$ und Schirmbreite w_{Schirm} wird im mittleren Koppelelement eingestellt. Das Koppelelement wird ebenfalls zur Modellierung des Koppelbereichs mit Massesteg zwischen Resonator und Durchgangsleitung verwendet (links bzw. rechts).

gangsleitung auswirken. Da die Koppelstärke nahe der kritischen Kopplung liegt, reagiert diese sehr sensitiv auf Veränderungen im Resonator. Bei sehr kleinem Frequenzabstand Δf bzw. Längenunterschied $\Delta\ell$ zwischen benachbarten Resonatoren wird bei der Anregung einer einzelnen Resonanz nicht mehr nur einer der Resonatoren angeregt, sondern die Leistung koppelt zwischen den beiden Resonatoren und muss sich auf beide Strukturen verteilen. Das anzuregende Resonatorvolumen ist größer, wodurch die Güte des angeregten Resonators absinkt.

Die Kopplungen zwischen benachbarten Leitungsresonatoren wird in AWR–MWO implementiert und simuliert [62]. Das Layout aus Abbildung 5.7 (a) wird als Ersatzschaltbild mit CPW–Leitungselementen realisiert und ist in Abbildung 5.8 gezeigt. Der 'Ellbow'–Koppelbereich des Resonators an die Durchgangsleitung wird mit dem dazwischen liegenden Massestreifen aus dem MWO–Element dreier gekoppelter Leitungen erstellt. Der mittlere

Streifen des Koppelelements dient bei der Zwischenresonatorkopplung als Masseleitung der Breite w_{Schirm} bzw. im Ankoppelbereich als Massesteg der Breite m. Beide Seiten werden durch einen Kurzschluss mit der Masse verbunden. Die Geometrien von Durchgangsleitung, Koppelbereich mit Massesteg und Resonator lassen sich in diesem Ersatzschaltbild frei wählen und an das vorangegangene Design anpassen. Das Übersprechen zwischen den Resonatoren wird anhand der Koppellänge der parallel verlaufenden Resonatorleitungen und der Massestreifenbreite zwischen den Leitungen eingestellt. Um die Gesamtlänge von 5000 µm bzw. 5100 µm zu erreichen, ist ein entsprechendes koplanares Leitungsstück in jeden der Resonatoren zwischen Koppelelement an die Durchgangsleitung und Koppelelement zur Resonatorkopplung eingefügt.

Die Simulationsergebnisse zur Ermittlung des kleinstmöglichen Abstandes w_{Schirm} zwischen den Resonatoren und des minimalen Frequenzabstandes Δf bzw. Längendifferenz $\Delta \ell$ der Resonatoren sind in den Abbildungen 5.9 (a) und (b) aufgetragen. Der Schirmabstand w_{Schirm} beträgt bei den Simulationen mit veränderlicher Länge $\Delta \ell$ immer 250 µm. Dieser Wert genügt, um Koppeleffekte zwischen den Leitungen zu unterbinden. Die Koppelstärken liegen ohne Übersprechen konstant bei $\kappa \approx 0,95$. Sobald eine Kopplung zwischen den Leitungen auftritt, sinken die Koppelstärken auf $0,90 \leq \kappa \leq 0,4$.

Für die Bewertung des Übersprechens wird der Einfluss auf die Gütewerte untersucht, indem die Koppelstärke κ ausgewertet wird. Bei Schirmabständen von $w_{Schirm} \geq 125$ µm ist der Koppelfaktor konstant und ein Übersprechen von einem Resonator zum anderen ausgeschlossen. Unterhalb dieser Grenze verkleinern sich die Werte von κ der beiden Resonatoren mit abnehmendem Abstand. Die Koppelgüte steigt an während die unbelastete Güte sinkt. Einzig die Güte Q_L bleibt bei allen Proben mit den verschiedenen Abständen w_{Schirm} konstant [91]. Die Untersuchung des Frequenzabstands bzw. des Längenunterschieds zeigt bei $\Delta \ell \geq 20$ µm eine nahezu konstante Koppelstärke mit $\kappa \approx 0,95$. Die Neigung der unteren Simulationskurve in Abbildung 5.9 (b) ist auf den Einfluss der Längenänderung des Resonators auf dessen Koppelstärke zurückzuführen. Mit steigender Länge $\ell + \Delta \ell$ sinkt κ, da sich die Leitungsbeläge geringfügig ändern. Mit abnehmender Länge $\Delta \ell$ von 20 µm bis 0 µm bricht der Koppelfaktor ein und erreicht bei $\Delta \ell < 10$ µm sehr kleine Koppelstärken mit Werten von $\kappa \approx 0,4$ @ 0 µm.

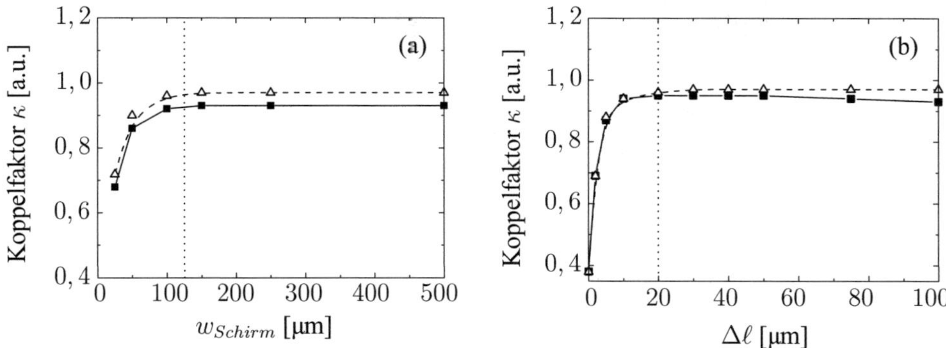

Abbildung 5.9.: Simulation des Koppelfaktors zweier 10 µm breiten Resonatoren der Länge $\ell = 5000$ µm ($-\!-\triangle-\!-$) und $\ell = 5100$ µm ($-\!\blacksquare\!-$) an einer Durchgangsleitung in Abhängigkeit der Schirmbreite (a) und der Differenz der Koppellänge $\Delta\ell$ (b) nach dem Layout in Abbildung 5.7 (a). Bei der Simulation in Diagramm (b) wird der Resonator mit $\ell_{P_{U2}} = 5000$ µm$+\Delta\ell$ ($-\!\blacksquare\!-$) in seiner Länge variiert. Diese Änderung der Länge nimmt Einfluss auf dessen Koppelstärke und führt zu einer Reduktion von κ mit zunehmender Längendifferenz. Auf der rechten Seite der Linien ($\cdots$) sind die Koppelstärken beider Resonatoren unbeeinflusst von der Zwischenresonator–Kopplung.

Aus den Simulationen zur Erhöhung der Packungsdichte der Leitungsresonatoren resultieren kleinstmögliche Schirmbreiten von $w_{Schirm} \approx 125$ µm und minimale Frequenzabstände bzw. korrespondierende Längenunterschiede von $\Delta\ell \approx 20$ µm bei den gegebenen Resonatorgeometrien. Dieses Verhalten zwischen benachbarten Schwingkreisen ist anhand von Messungen nachzuweisen und zu bestätigen.

5.4. Messung des Übersprechens benachbarter Resonatoren

Das Übersprechen zwischen Resonatoren wird am Beispiel von zwei Resonatoren an einer gemeinsamen Durchgangsleitung gemessen. Die Charakterisierung der Proben im CPW–Gehäuse wird mit einem PNA E8361A Netzwerkanalysator von Agilent durchgeführt [47].

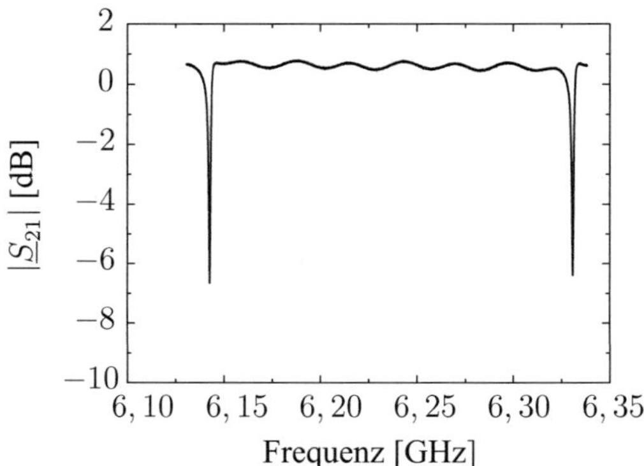

Abbildung 5.10.: Messung der Amplituden $|\underline{S}_{21}|$ einer Probe mit zwei $\lambda/4$–Leitungsresonatoren an einer gemeinsamen Durchgangsleitung. Die Konfiguration der verwendeten Resonatoren ist der Tabelle 5.5 mit P_{U1} und P_{U2} zu entnehmen. Die Schirmbreite zwischen den beiden Resonatoren beträgt 250 µm. Der Offset zur Nulllinie entsteht durch Kalibrierung des Messaufbaus bei Raumtemperatur und Messung der eingebauten Probe bei 4, 2 K mit unkalibrierten CPW–Zuleitungen zu den Resonatoren.

In Abbildung 5.10 ist die beispielhafte Messung eines solchen Arrays mit zwei Resonatoren gezeigt. Für jede Resonanz werden die S–Parameter gemessen und hinsichtlich Güten und Koppelstärke ausgewertet. Dieser Vorgang wird für alle entworfenen und hergestellten Probenvarianten aus den Simulationen mit den verschiedenen Schirmbreiten und den unterschiedlichen Frequenzabständen immer paarweise durchgeführt.

In der Abbildung 5.11 (a) sind die Simulations– und Messergebnisse bei Verkleinerung des Schirmabstandes w_{Schirm} von 500 µm auf 50 µm gezeigt. Die Längen der benachbarten Resonatoren betragen $P_{U1} = 5100$ µm und $P_{U2} = 5000$ µm. Im Bereich der Schirmbreiten von 500 µm $\leq w_{Schirm} \leq 150$ µm schwanken die Koppelstärken der Resonatoren um die optimale Kopplung mit einer Abweichung von $\pm 0, 1$. Bei den Schirmbreiten $w_{Schirm} \leq 100$ µm sinkt die Koppelstärke der Probe P_{U2} auf $\kappa = 0, 55$. Gleichzeitig steigt die Koppelstärke der Probe P_{U1} auf $\kappa = 1, 7$ an. Das Übersprechen zwischen den Resonatoren verstärkt die Kopplung von P_{U1} und schwächt den Koppelwert von P_{U2}. Die parasitären Kapazitä-

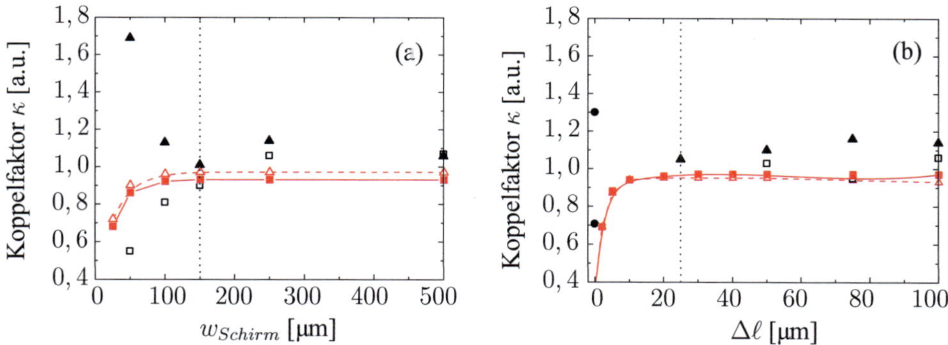

Abbildung 5.11.: Messung des Koppelfaktors κ zweier 10 µm breiten Resonatoren der Länge $\ell_{P_{U2}} = 5000$ µm (▲) und $\ell_{P_{U1}} = 5100$ µm (□) in Abhängigkeit der Schirmbreite w_{Schirm} (a) bzw. der Koppellängendifferenz $\Delta\ell$ (b). Zum Vergleich sind die entsprechenden Simulationen (– –△– –) bzw. (—■—) eingezeichnet. (b) Die Messungen der Resonatoren bei $\Delta\ell = 0$ µm können aufgrund der gleichen Geometrien nicht unterschieden werden und sind daher mit (●) markiert.

ten und Induktivitäten wirken bei den beiden Resonanzfrequenzen unterschiedlich auf die Koppelstärke des jeweiligen Resonators zur Durchgangsleitung. Für die Minimierung des Flächenbedarfs interessieren im weiteren Verlauf diejenigen Abstandswerte, die kein Übersprechen zwischen den Resonatoren zeigen. Eine maximale Packungsdichte auf der Fläche wird mit $w_{Schirm} \geq 150$ µm erreicht. Der reale Schirmabstand ist damit 25 µm größer als der in der Simulation ermittelte theoretische Wert.

Die Messergebnisse der Untersuchungen des Frequenzunterschieds bzw. des Längenunterschieds der beiden Resonatoren sind in Abbildung 5.11 (b) zusammen mit den entsprechenden Werten der Simulation dargestellt. Die Schirmbreite ist wie in der Simulation mit $w_{Schirm} = 250$ µm für alle Proben gleich. Im Diagramm sind verschiedene Proben mit Längenunterschieden zwischen $100 \geq \Delta\ell \geq 0$ µm in Schritten von 25 µm gezeigt. Die Koppelstärken sind über einen weiten Bereich von 100 µm bis 25 µm konstant mit $\kappa \approx 1,05$ und einer Abweichung von $\pm 0,1$. Bei den beiden Resonatoren mit gleicher Länge $\ell_{P_{U1}} = \ell_{P_{U2}}$ dürfte theoretisch ohne eine Kopplung lediglich eine einzige Resonanz auftreten. Dennoch werden zwei Resonanzen mit einem Frequenzabstand von 8 MHz zueinander gemessen. Die Koppelstärke divergiert bei einem der Resonatoren zu einer schwachen Kopplung und beim anderen Resonator zu einer starken Kopplung. Aufgrund der gleichen Resonatorlänge kann nicht unterschieden werden, welcher Messpunkt zur Probe P_{U1} bzw. P_{U2} zuzuordnen ist. Daher sind die beiden Messungen von κ für den Fall $\Delta\ell = 0$ µm gesondert gekennzeichnet. Der Verlauf der Messwerte von den Proben mit $\Delta\ell > 25$ µm zwischen den beiden Resonatoren folgt dem in der Simulation ermittelten Verhalten. Wie erwartet findet kein Übersprechen statt. Für die Minimierung der Frequenzabstände zwischen benachbarten Resonanzen ist für die weitere Vorgehensweise eine minimal notwendige Länge $\Delta\ell$ von Interesse. Die maximale Packungsdichte im Frequenzband wird mit $\Delta\ell = 25$ µm erreicht. Diese Länge fällt in der Praxis um etwa 5 µm größer aus als bei den theoretisch ermittelten Werten aus der Simulation.

Auf dieser Basis lässt sich eine Maximierung der Packungsdichte, bezogen auf die Fläche und die Frequenzbandbreite, für weitere Resonatorgeometrien durchführen. Die Ankopplung von zusätzlichen Resonatoren an die Durchgangsleitung wird theoretisch mit den gleichen Parametern durchgeführt. Damit ist eine wichtige Voraussetzung für kompakte Multi–Resonator Systeme erfüllt. Der nächste Schritt besteht in der Skalierung der Resonatoren zu größeren Arrays.

5.5. Entwurf und Simulation von Arrays mit Leitungsresonatoren

Für den Aufbau eines Multi–Resonator Arrays werden 10 $\lambda/4$–Resonatoren an eine Durchgangsleitung angekoppelt. Diese Zahl resultiert aus der zur Verfügung stehenden Probenfläche von 12×10 mm^2 und den ermittelten Mindestabständen zwischen benachbarten Resonatoren. Das Resonatorarray besteht aus 10 µm breiten Leitungsresonatoren, deren Kopplung an die Durchgangsleitung im Design 'P_{K7}' der Tabelle 5.3 ausgeführt ist. Als Basis wird die in Abbildung 5.6 gezeigte Durchgangsleitung verwendet. Die Resonanzen werden im Frequenzband zwischen 5.7 GHz und 6.1 GHz verteilt, indem die Resonatorlängen variiert werden. Alle Längen der Leitungsresonatoren sind mit den berechneten Resonanzfrequenzen in Tabelle 5.6 aufgeführt. Aufgrund der Ergebnisse der Kopplungsuntersuchung zwischen benachbar-

Tabelle 5.6.: Zuordnung der Resonatorlänge zur Resonanzfrequenz zwischen $\ell_{Res} = 4875$ µm und 5100 µm bei schrittweiser Vergrößerung um $\Delta l = 25$ µm. Jedem Resonator wird eine eindeutige Nummerierung zugewiesen. Die Frequenzen f_0 und die Frequenzabstände Δf sind aus den angegebenen Leitungslängen berechnet. Aufgrund der konstanten Längendifferenz variieren die Frequenzabstände zwischen benachbarten Resonatoren im Bereich von $28,5$ MHz $\leq \Delta f\,(R_n - R_{n+1}) \leq$ 31 MHz.

Resonatornr.	ℓ [µm]	f_0 [GHz]	$\Delta f\,(R_n - R_{n+1})$ [MHz]
R_1	4875	6,05350	30,89
R_2	4900	6,02261	30,57
R_3	4925	5,99204	30,26
R_4	4950	5,96178	29,96
R_5	4975	5,93182	29,66
R_6	5000	5,90216	29,37
R_7	5025	5,87279	29,07
R_8	5050	5,84372	28,79
R_9	5075	5,81493	28,50
R_{10}	5100	5,78643	–

ten Resonatoren sind die Längendifferenzen der Resonatorleitungen mit $\Delta \ell = 25$ µm festgelegt. Bei diesen Geometrieparametern entspricht der Frequenzunterschied zwischen den beiden längsten Resonatoren 28 MHz und zwischen den beiden kürzesten Resonatoren 31 MHz. Die Koppelstärke des Designs 'P_{K7}' ist für einen Leitungsresonator der Länge 5000 µm für die Frequenz $5,90$ GHz optimiert und beträgt $\kappa \approx 1$. Die größte Längendifferenz dieses Resonators zu den anderen Resonatoren im Array beträgt 125 µm. In den Simulationen und Messungen der Abbildung 5.11 (b) wird gezeigt, dass der Wert der Koppelstärke lediglich innerhalb von $\pm 0,1$ schwankt, solange die Resonatorlängen nahe beieinander liegen und kein

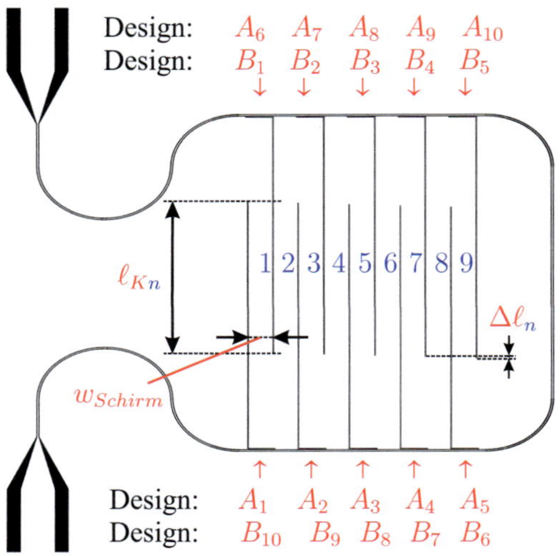

Abbildung 5.12.: Layout eines Resonatorarrays mit 10 Resonatoren an einer Durchgangsleitung. Design A und B zeigen zwei mögliche Anordnungen der Resonatoren R_1 bis R_{10}. Weiße Bereiche zeigen die Metallisierung und dunkle Bereiche zeigen die Oberfläche des Substrats.

Übersprechen stattfindet. Daher kann für alle Schwingkreise eine nahezu optimale Kopplung angenommen werden. Des weiteren wird für das Arraydesign ein Schirmabstand von $w_{Schirm} = 360$ µm zwischen allen nebeneinander positionierten Resonatoren festgelegt. Der Abstand liegt weit über dem ermittelten Mindestmaß von 150 µm, um Kopplungen zwischen den Resonatoren zu vermeiden.

Unter diesen Bedingungen wird das in Abbildung 5.12 dargestellte Layout entworfen. Die 10 Leitungsresonatoren werden an die Durchgangsleitung in alternierender Anordnung angekoppelt. Für die Reihenfolge entlang der Durchgangsleitung sind verschiedene Permutationen denkbar. Die Abbildung 5.12 zeigt mit Design A und B zwei einfache Anordnungen der Resonatoren R_1 bis R_{10} an die Durchgangsleitung. Die Zählreihenfolge orientiert sich entlang der Durchgangsleitung beginnend am oberen SMA–Anschluss der Abbildung 5.12. Im weiteren Verlauf werden die Bezeichnungen der Resonatoren (R_1, R_2,...) an das verwendete Design angepasst (z.B. A_1, A_2,...).

Tabelle 5.7.: Frequenzdifferenz und Koppellängen von benachbarten bzw. nebeneinander liegender Resonatoren in verschiedenen Arrayentwürfen.

Koppelbereich $n =$	1	2	3	4	5	6	7	8	9
Design A									
$\Delta\ell_K$ [µm]	2775	2800	2825	2850	2875	2900	2925	2950	2975
$\Delta\ell$ [µm]	125	100	125	100	125	100	125	100	125
Δf [MHz]	151	120	149	119	148	118	146	116	145
Design B									
$\Delta\ell_K$ [µm]	2875	2850	2875	2850	2875	2850	2875	2850	2875
$\Delta\ell$ [µm]	225	200	175	150	125	100	75	50	25
Δf [MHz]	267	238	207	178	148	119	89	59	29

In der Anordnung Design A ist der Frequenzabstand der Resonanzen von nebeneinander liegenden Resonatoren möglichst gleichmäßig verteilt. Die Frequenzabstände liegen im Bereich von $115\,\text{MHz} \leq \Delta f_n \leq 151\,\text{MHz}$ und die Koppellängen ℓ_{Kn} nehmen von Zwischenresonatorkopplung $n = 1$ bis Zwischenresonatorkopplung $n = 9$ zu. In Tabelle 5.7 sind die Zahlenwerte der beiden Designs aufgetragen. Die Resonatorpaare $A_1 - A_6$, $A_6 - A_2$, $A_2 - A_7$, $A_7 - A_3$, usw. stehen sich gegenüber, wie es in Abbildung 5.12 dargestellt ist. Im Design B sind es die Paare $B_{10} - B_1$, $B_1 - B_9$, $B_9 - B_2$, $B_2 - B_8$, usw., die sich gegenüber stehen. Für das zweite Design wird auf eine möglichst gleichmäßige Koppellänge zu den benachbarten Resonatoren geachtet. Die Koppellänge ist mit Werten von $2850\,\text{µm} \leq \ell_{Kn} \leq 2875\,\text{µm}$ realisiert. Der Unterschied der Resonanzfrequenz Δf_n im Design B ist für die Zwischenresonatorkopplung $n = 1$ mit $\Delta f_1 = 267\,\text{MHz}$ am größten und nimmt in Schritten von $30\,\text{MHz}$ bis zur Zwischenresonatorkopplung $n = 9$ mit $\Delta f_9 = 30\,\text{MHz}$ ab. In Tabelle 5.8 sind weitere Varianten aufgelistet, die verschiedene Permutationen für ℓ_{Kn} und Δf_n zeigen.

Mit der Software AWR–MWO werden lediglich, wie im Ersatzschaltbild der Abbildung 5.8 dargestellt, einfache Koppelelemente zur Kopplung einzelner, direkt benachbarter Leitungen unterstützt [62]. Ein Problem tritt auf, wenn Arrays mit 3 Resonatoren oder mehr zu berech-

Tabelle 5.8.: Anordnungsvarianten der Resonatoren R_1 bis R_{10} an der Durchgangsleitung. Die Reihenfolge orientiert sich am oberen SMA–Anschluss in Abbildung 5.12 als Anfang der Zählung und chronologisch entlang der Durchgangsleitung.

Design	Resonatorreihenfolge									
	1	2	3	4	5	6	7	8	9	10
A	R_6	R_7	R_8	R_9	R_{10}	R_5	R_4	R_3	R_2	R_1
B	R_1	R_2	R_3	R_4	R_5	R_6	R_7	R_8	R_9	R_{10}
C	R_1	R_3	R_5	R_7	R_9	R_2	R_4	R_{10}	R_8	R_6
D	R_1	R_5	R_9	R_3	R_7	R_{10}	R_6	R_2	R_8	R_4
E	R_7	R_4	R_3	R_5	R_1	R_8	R_{10}	R_6	R_9	R_2
F	R_4	R_7	R_8	R_6	R_{10}	R_3	R_1	R_5	R_2	R_9
G	R_1	R_2	R_3	R_4	R_{10}	R_5	R_6	R_7	R_8	R_9

nen sind. Dazu werden Koppelelemente mit 3 oder mehr verkoppelten Leitungen notwendig. Dieses Verhältnis skaliert linear mit der Arraygröße. Eine praktikable Lösung des Problems ist mittels zweier serieller Kopplungen für jeden Resonator durchzuführen. Ein Element koppelt zum linken, das zweite Element zum rechten Nachbarresonator. Solange die addierten Koppellängen eines Resonators zu den beiden benachbarten Resonatoren nicht die eigene Resonatorlänge überschreiten, können beide Kopplungen vollständig berücksichtigt werden. Mit dieser Methode wird das Array aus Abbildung 5.12 mit dessen geometrischen Gegebenheiten als AWR–MWO Ersatzschaltbild mit 10 Leitungsresonatoren nachgebildet. Die Abbildung 5.13 zeigt das implementierte Erschatzschaltbild mit der Durchgangsleitung, den Resonatoren und den Koppelelementen. An einer umlaufenden Durchgangsleitung werden alle 10 Resonatoren nacheinander folgend angekoppelt. Für die Kopplung zwischen den verzahnten Resonatoren werden jeweils die seriellen Kopplungen zu beiden benachbarten Schwingkreisen modelliert. Die addierten Koppellängen von z.B. ℓ_{K1} und ℓ_{K2} sind länger als die Resonatorleitung von R_1 oder R_2. Daher kann in den nachfolgenden Simulationen nicht die volle Koppellänge ℓ_{Kn} bzw. die volle Koppelstärke bei Übersprechen zwischen den Resonatoren berücksichtigt werden.

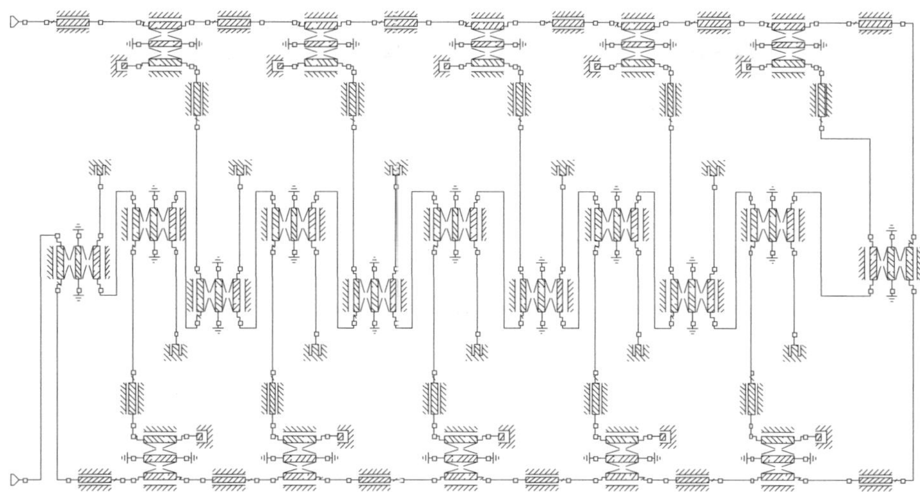

Abbildung 5.13.: Ersatzschaltbild eines Arrays mit 10 Leitungsresonatoren unter Berücksichtigung der EM–Kopplung benachbarter Resonatoren in AWR–MWO [62] nach dem Schema in Abbildung 5.12.

Eine asymmetrische Gewichtung zum linken oder rechten Nachbarresonator ist nicht ohne Vorkenntnisse über die Koppeleffekte durchführbar. Daher müssen die Zwischenresonatorkoppellängen um 20% gekürzt werden. Die Koppeleffekte zwischen den Resonatoren werden mit einer kleineren Koppelstärke und damit einem geringeren Übersprechen simuliert. Eine Tendenz der beobachtbaren Kopplungen zwischen den Resonatoren sollten sich trotzdem auf die Messungen übertragen lassen.

Die Transmissionsparameter $|\underline{S}_{21}|$ der Simulation von Arraydesign A bzw. B sind für den Frequenzbereich zwischen $6,1$ GHz und $6,5$ GHz in der Abbildung 5.14 dargestellt. In den Simulationen mit AWR–MWO liegen die Resonanzen der 10 Resonatoren um etwa 400 MHz über den berechneten Resonanzen aus Tabelle 5.6. Der Unterschied resultiert aus der Art der Berechnung von f_0 mit den Gleichungen (2.6) bzw. (2.7), die ein effektives ε_r nach Gleichung (3.7) zugrunde legen. In AWR–MWO wird die effektive Permittivität aus eingegebenem Substratmaterial, -dicke und dem umgebenden Aufbau berechnet. Das berechnete effektive ε_r ist daher etwas kleiner als die Abschätzung mit den Literaturwerten und führt zu

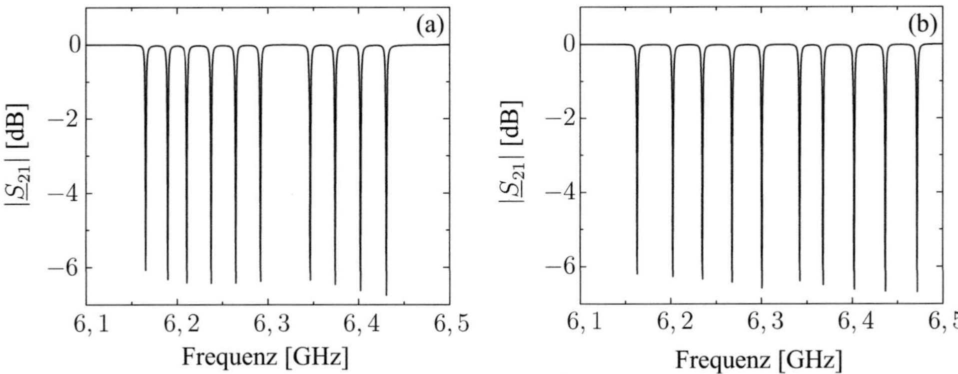

Abbildung 5.14.: Simulationsergebnisse der Amplituden $|\underline{S}_{21}|$ eines Arrays mit $\lambda/4$–Leitungsresonatoren für das Design A (a) und das Design B (b). Die 10 Resonatoren wurden jeweils im Frequenzbereich zwischen $6,1$ GHz und $6,5$ GHz simuliert.

höheren Resonanzfrequenzen. Die Resultate der Simulationen von Design A und B unterscheiden sich trotz des ähnlichen Aufbaus voneinander. Bei der Probe A zeigen unterste und oberste Resonanz eine Änderung der Senkentiefe um $\pm 0,3$ dB im Vergleich zu den restlichen Resonanzen. Zwischen den sechs linken und den vier rechten äquidistanten Resonanzen klafft eine etwa doppelt so breite Lücke. Das Design B bietet ein insgesamt sehr homogenes Bild mit äquidistanten Abständen zwischen allen Resonanzen und einheitlicher Senkentiefe. Die Bandbreite aller Resonanzen liegt in beiden Simulationen mit 280 MHz bzw. 310 MHz nahe an der berechneten Bandbreite aller Resonatoren R_1 bis R_{10} aus der Tabelle 5.6. Durch die Einschränkungen der Simulationssoftware und die Berücksichtigung einer kleineren Koppelstärke bei der Kopplung zwischen benachbarten Resonatoren ist eine Verifizierung der Ergebnisse anhand von Messungen der entworfenen Resonatorarrays sinnvoll.

5.6. Messung von Arrays mit Leitungsresonatoren

Die Resonatorarrays aus Tabelle 5.8 wurden mit den Prozessierungsparametern der Niobschicht, der Lithographieprozesse und des Ätzprozesses aus Anhang C hergestellt und mit

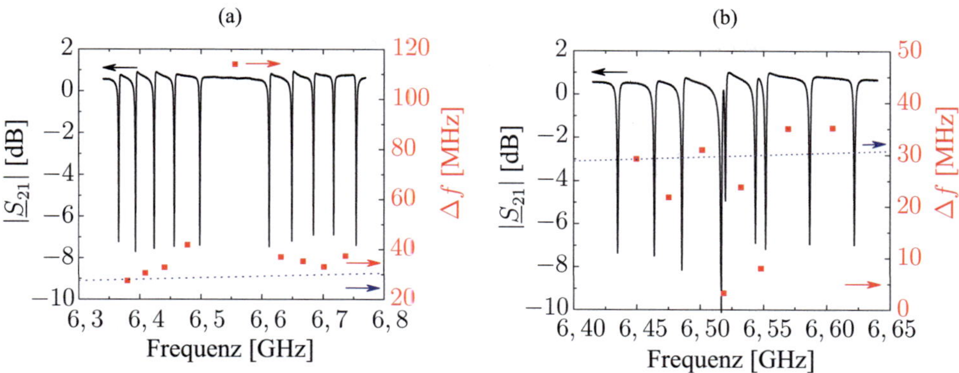

Abbildung 5.15.: Messkurven der Resonanzen eines Resonatorarrays mit 10 $\lambda/4$–Leitungsresonatoren an einer Durchgangsleitung für Design A (a) und Design B (b). Die Tendenzgerade ($\cdots$) der berechneten Frequenzabstände zwischen den Resonanzen zeigen eine Zunahme von 28 auf 31 MHz im Bereich von $6,3-6,8$ GHz. Zwischen den Resonanzen sind die berechneten Abstände Δf eingezeichnet (■). Der Offset zur Nulllinie entsteht durch Kalibrierung des Messaufbaus bei Raumtemperatur und Messung der eingebauten Probe bei $4,2$ K mit unkalibrierten CPW–Zuleitungen zu den Resonatoren.

einem Agilent–Netzwerkanalysator charakterisiert. In Abbildung 5.15 sind die Messkurven der Resonatoranordnungen Design A und B gezeigt [91]. Der Offset der Messkurven zur Nulllinie beträgt ca. 1 dB und resultiert aus der Kalibrierung der Zuleitung bei Raumtemperatur, während die Messung der Proben im gekühlten Zustand stattfindet. Der Vergleich zur Berechnung zeigt eine Verschiebung der Resonanzen um 450 MHz zu höheren Frequenzen. Der Messwert liegt etwa 150 MHz über den Werten der Simulation.

Die Messung von Design A in Abbildung 5.15 (a) zeigt 10 Resonanzen mit Senkentiefen um -7 bzw. -8 dB. Zwischen der fünften und sechsten Resonanz von links ist eine Lücke der Breite 110 MHz auffällig. Dieser Sprung korrespondiert in der Anordnung des Array–Layouts von Abbildung 5.12 mit der Trennung der Resonatoren $R_1 - R_5$ auf der unteren und $R_6 - R_{10}$ auf der oberen Hälfte der Durchgangsleitung. Alle weiteren Abstände benachbarter Resonanzen sind mit 30 bis 40 MHz sehr äquidistant. Ein Vergleich der berechneten

Bandbreite des Gesamtarrays mit 367 MHz zeigt gute Übereinstimmung mit dem gemessenen Wert 390 MHz. Die Güten bewegen sich alle im Bereich von $10600 \leq Q_U \leq 11200$, $4600 \leq Q_L \leq 5200$ und $7200 \leq Q_K \leq 9100$. Simulation und Messung zeigen Ähnlichkeiten zueinander, sind aber aufgrund der Lücke zwischen sechster und siebter Resonanz in Abbildung 5.14 (a) bzw. fünfter und sechster Resonanz in Abbildung 5.15 (a) nicht identisch. Die Frequenzen von Simulation und Messung weichen lediglich um $3 - 5\,\%$ von einander ab.

Die Abbildung 5.15 (b) zeigt, dass für die Proben mit dem Design B lediglich neun der zehn entworfenen Resonanzen gemessen werden konnten. Zwischen der dritten und siebten Resonanzsenke von links, sind die Resonanzen asymmetrisch verschoben. Die Verschiebung ist auf ein Übersprechen zwischen den Leitungen zurückzuführen, da die Frequenzabstände zwischen den einzelnen Resonatoren mit 3 MHz und 8 MHz teilweise sehr klein sind. In diesem Fall variiert die Tiefe der Resonanzen stark zwischen -5 und -10 dB. In den Randbereichen bei erster bis dritter und siebter bis neunter Resonanz sind die Frequenzabstände zwischen Resonanzen im erwarteten Bereich von $30 - 40$ MHz. Die Tiefe der Resonanzen liegen zwischen -7 und -8 dB. Das Array erstreckt sich mit einer fehlenden Resonanz über eine Bandbreite von 187 MHz und ist damit halb so breit wie die berechnete Bandbreite. Die Güten liegen bei vergleichbaren Werten wie beim Design A mit Ausnahme der vierten und fünften Resonanz. Sowohl Resonanzfrequenz als auch Amplitude sind in diesem Fall durch das Übersprechen stark verschoben.

Aus den Messungen geht hervor, dass Resonatoren mit kleinen Frequenzabständen im Array möglichst fern voneinander zu platzieren sind. Daneben spielt die Positionierung an der Durchgangsleitung eine wichtige Rolle. An den Rändern des Arrays gibt es immer zwei Resonatoren, die abweichend zu den mittleren Resonatoren, lediglich zu einem Nachbarresonator koppeln. Um den Einfluss dieses Parameters zu identifizieren, wurden weitere Permutationen des Array–Designs hergestellt und gemessen. In Abbildung 5.16 sind die Simulations– und Messergebnisse des optimierten Arraydesigns G aufgetragen. Die Anordnung ist anhand der Simulation für neun äquidistante Resonanzen optimiert, während die zehnte Resonanz in der Frequenz stark verschoben ist. Im Vergleich dazu zeigen die Messwerte eine minimale Verschiebung der untersten Resonanz. Abgesehen von diesem Unterschied betragen die

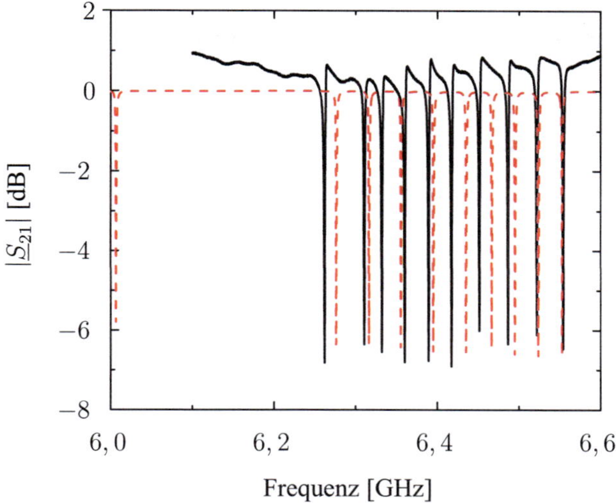

Abbildung 5.16.: Simulation (– – –) und Messung (—) eines Resonatorarrays mit 10 Leitungsresonatoren an einer Durchgangsleitung im Design G. Der Offset zur
Nulllinie entsteht durch Kalibrierung des Messaufbaus bei Raumtemperatur
und Messung der eingebauten Probe bei $4,2$ K mit unkalibrierten CPW–
Zuleitungen zu den Resonatoren.

Abweichungen zu den simulierten Frequenzen lediglich 6 ‰. Die Bandbreite des Arrays
ist 300 MHz, die Güten $Q_U \approx 8100$ und die Tiefe der Senken liegen zwischen -6 und -7 dB.
Damit ist eine Anordnung für 10 Resonatoren gefunden, die eine äußerst vorteilhafte Charakteristik zeigt und den benötigten Anforderungen der Ausleseelektronik mit tiefen und äquidistanten Resonanzen genügt. Durch das aufwändige Messverfahren mit kryogener Kühlung
lassen sich einzelne Resonanzen nicht während der Messung manipulieren. Ansonsten könnten einzelne Resonanzen deaktiviert oder wieder aktiviert werden, um das Übersprechen auf
die einzelnen Resonatoren einzugrenzen. Aus diesem Grund kann lediglich bei einem Design ohne Übersprechen zwischen den Resonatoren eine zuverlässige Zuordnung zwischen
Resonanzfrequenz und Resonator durchgeführt werden. Unter Berücksichtigung der Maximierung des Frequenzabstandes benachbarter Resonatoren und der optimierten Anordnung

der Resonatoren entlang der Durchgangsleitung ist ein vergleichbares Verhalten bei größeren Resonatorarrays zu erwarten.

5.7. Test der Detektorfunktion unter optischer Bestrahlung

Um die Funktion eines Absorptionsresonators als Detektor nachzuweisen, werden Messungen an einem einzelnen 10 μm breiten $\lambda/4$–Leitungsresonator der Länge 5700 μm unter Einstrahlung einer optischen Leistung durchgeführt. Die im Detektor eingekoppelte optische Leistung verursacht einen vergleichbaren Einfluss auf die kinetische Induktivität, wie eine äquivalente thermische Anregung [25]. Bei der Messung wird der in Kapitel 3.5.2 beschriebene Messaufbau verwendet. Das Kurzschluss–Ende des $\lambda/4$–Resonators wird vergleichbar zu Abbildung 3.13 mit einer Laserquelle bestrahlt.

Für das Koppeldesign des Resonators an die 20 μm breite Durchgangsleitung sind die Geometrien des Koppelbereichs von Resonator 'P_{K7}' aus Tabelle 5.3 zu entnehmen. Die Metallisierung besteht aus einer 250 nm dicken Niobschicht auf einem 300 μm dicken Siliziumsubstrat. Die Charakterisierung der Probe ergibt eine Resonanzfrequenz von $5,60845$ GHz, eine Amplitude von $|\underline{S}_{21}| = -6$ dB und Güten von $Q_L = 3800$ bzw. $Q_U = 7500$ mit dem Koppelfaktor $\kappa = 0,996$. Für den Mikrowellenbetrieb des Schwingkreises und der Ausleseelektronik ist die Signalquelle auf eine MW–Leistung von 25 dBm einzustellen. Diese Leistung ist für die Versorgung des IQ–Mischers in der Ausleseelektronik notwendig. Die Konditionierung des Resonatorsignals wird mit zusätzlichen Dämpfungsgliedern für den benötigten Signalpegel von -15 dBm erreicht. Das veränderte MW–Signal am Ausgang der Probe wird ohne Verstärkung direkt an den IQ–Mischer weitergereicht. Mit Hilfe eines Phasenschiebers zwischen Quelle und Probe kann eine Korrektur der Phasenlage oder ein beliebiges Ausrichten des Signals im komplexen IQ–Diagramm erreicht werden. Da bei der Einstrahlung von Leistung lediglich kleine Auslenkungen um die Resonanz stattfinden, sind die Informationen über das eingekoppelte Signal überwiegend in der Phasenauslenkung zu finden. Durch geeignete Drehung des IQ–Diagramms lässt sich die Phase am Q–Kanal als Spannung ablesen und auswerten.

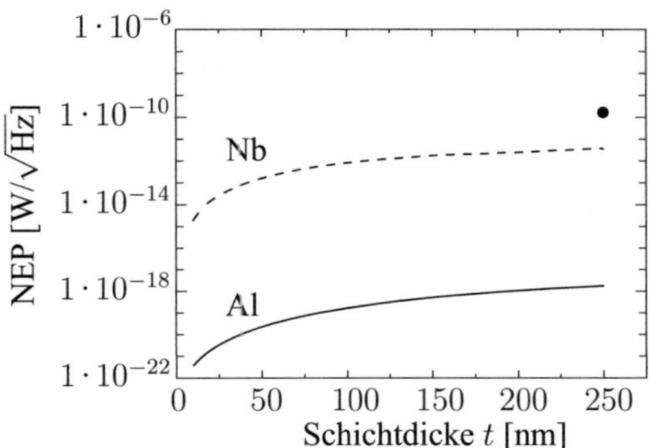

Abbildung 5.17.: Vergleich des berechneten NEP–Wertes aus der Messung eines Absorptions–Leitungsresonators bei $4,2$ K ($\bullet$) mit den Berechnungen von Niob– ($---$) bzw. Aluminium–Leitungsresonatoren @ $T_C/2$ (—).

Die Rauschspannungsdichte des Systems wird ohne Anlegen einer optischen Anregung am Resonator mit 100 nV/$\sqrt{\text{Hz}}$ ermittelt. Bei der Einstrahlung einer optischen Leistung von $P_{opt} = 10$ µW am Ende des Lichtwellenleiters beträgt die Messspannung $8,7$ mV. Anhand der Messwerte lässt sich die äquivalente Rauschleistungsdichte des KIDs zu $1,1 \cdot 10^{-10}$ W/$\sqrt{\text{Hz}}$ berechnen. Die Abbildung 5.17 zeigt die Einordnung des Ergebnisses zu den berechneten NEP–Werten von Niob– und Aluminium–Leitungsresonatoren. Bei der Abschätzung der eingekoppelten Strahlungsleistung zeigt das Siliziumsubstrat gegenüber Saphirsubstrat eine höhere Absorption der optischen Strahlung. Daher wird trotz der kleineren Leiterbreiten ein vergleichbarer Wirkungsgrad zum Reflexionsresonator von etwa 3 % angesetzt. Unter Berücksichtigung der groben Näherung für die Einkopplung einer Strahlungsleistung im Messaufbau ergibt sich eine äquivalente Rauschleistungsdichte von $\approx 3,5 \cdot 10^{-12}$ W/$\sqrt{\text{Hz}}$. Der NEP–Wert ist geringfügig höher als der mit dem Berechnungsmodell ermittelte Wert von Niobresonatoren. Mit diesen Ergebnissen ist die Funktion des Absorptionsresonators an der Durchgangsleitung als Detektor bestätigt. Im Vergleich zur Detektormessung des Reflexionsresonators in Kapitel 4.6 ist der gemessene NEP–Wert höher. Die Ursache für diesen Unterschied liegt neben dem geänderten Koppeldesign mit Ankopplung an eine Durchgangsleitung in der geringeren Güte, die aufgrund der kleineren Geometrien etwa halb so groß ist.

5.8. Diskussion und Zusammenfassung

Zur Erstellung von Resonatorarrays ist mit der Ankopplung der $\lambda/4$–Resonatoren an eine Durchgangsleitung eine unterschiedliche Koppelgeometrie gegenüber den Reflexionsresonatoren erforderlich. Daher wird eine Optimierung des Koppelbereichs an die Durchgangsleitung zur Maximierung der Resonatorgüten durchgeführt. Es werden sowohl induktive als auch kapazitive Koppelvarianten untersucht und hinsichtlich der Realisierbarkeit der optimalen Koppelstärke von $\kappa = 1$ ausgewertet. Der Vergleich zeigt, dass die kapazitive Kopplung mit Massesteg diese Vorgabe erfüllt. Die induktive Kopplung scheidet wegen aufwändigen Entwurfsparametern und ungünstigen Verhältnissen für eine Leistungseinkopplung aus, während die kapazitive Kopplung ohne Massesteg vorwiegend für große Koppelstärken zu verwenden ist. Anhand von Simulationen und Messungen wird mit der ausgewählten Koppelvariante eine Geometrie mit nahezu optimaler Kopplung für die Absorptionsresonatoren ermittelt. Die belastete Güte erreicht für die miniaturisierten 10 µm breiten Resonatoren hohe Werte mit $Q_L \approx 5000$ bei Koppelstärken mit $\kappa \approx 1$. Durch die Messung eines Absorptionsresonators unter Einkopplung einer optischen Leistung wird die Detektorfunktion des Leitungsresonators nachgewiesen.

Auf der Basis des Einzelresonators wird das Übersprechen zwischen zwei benachbarten Resonatoren untersucht. Dieser Koppeleffekt begrenzt die Packungsdichte bei der Erstellung eines Resonatorarrays. Daher wird ein Simulationsmodell der Koppelparameter zwischen den beiden Resonatoren aufgestellt. Einerseits definiert der minimale Frequenzabstand der Resonanzen das kleinste notwendige Frequenzband für einen Resonator und andererseits begrenzt der Abstand der beiden Resonatorstrukturen den kleinstmöglichen Flächenbedarf. Die Messungen der hergestellten Proben bestätigen das simulierte Koppelverhalten. Die Differenz der Resonanzen ist mit etwa 30 MHz bei den 6 GHz–Resonatoren zu berücksichtigen. Als Distanz zwischen den benachbarten Resonatorstrukturen ist mindestens 125 µm einzuhalten. Unter Berücksichtigung dieser Werte wird die Probenfläche von 10×12 mm^2 mit einem Array aus 10 Resonatoren an der Durchgangsleitung erstellt. Die Erweiterung des Koppelmodells zu Multi–Resonator Systemen zeigt in der Simulation weitere Koppeleffekte durch Übersprechen zwischen mehreren benachbarten Resonatoren. Die Messungen bestätigen das

Übersprechen im Array. Durch die Optimierung mit dem Simulationsmodell wurde ein Arraydesign 'G' gefunden, das bei den Messungen der hergestellten Proben nahezu äquidistante und gleichmäßig tiefe Resonanzen zeigt. Damit ist die Grundlage für ein zuverlässiges Auswerten der Resonatorarrays mit einer Ausleseelektronik gelegt. Anhand der gezeigten Methoden lassen sich kompakte Arrays aus Leitungsresonatoren entwickeln, die sich sehr gut für Multipixel–Systeme eignen.

6. Konzentrierte Absorptionsresonatoren für Lumped–Element KIDs

Die Entwicklung von kompakten Resonatorarrays für großformatige Multipixel–Detektoren erfordert eine Miniaturisierung der Resonatoren, um den Flächenbedarf jedes Resonators zu minimieren. $\lambda/4$–Leitungsresonatoren ermöglichen die Realisierung von hochgütigen Resonatoren, die lediglich anhand der Resonatorbreite miniaturisiert werden können. Eine Verkürzung der Resonatorlänge ist durch die Wellenlänge der Resonanzfrequenz begrenzt. Resonatoren aus diskreten Komponenten, die auch als Lumped–Element(LE)–Resonatoren bezeichnet werden, sind in dieser Hinsicht deutlich flexibler und besitzen wesentlich kleinere Abmessungen als Leitungsresonatoren. Diskrete bzw. konzentrierte Komponenten erfordern, dass deren äußere Abmessungen kleiner als die Wellenlängen der verwendeten Frequenzen sind [89]. Dadurch wird sichergestellt, dass die Komponenten nicht als verteilte Leitungen im Design wirken. Bei den in diesem Kapitel beschriebenen Resonatoren sind die Geometrien der konzentrierten Elemente mit Abmessungen kleiner als $\lambda/20$ der Resonanzfrequenz entworfen [11, 89]. Damit lässt sich die Packungsdichte deutlich erhöhen.

Das Design wird, vergleichbar zu den Kapiteln 4 und 5, in planarer Leitungstechnik entworfen. Dabei ist zu untersuchen, ob die hohen Güten der Leitungsresonatoren mit den kompakten LE–Resonatoren erreicht werden können. Für die Realisierung der Schwingkreise werden Induktivitäten und Kapazitäten benötigt, die an eine Durchgangsleitung angekoppelt werden. Sowohl für die Induktivität als auch die Kapazität sind verschiedene technische Ausführungsformen denkbar, wodurch deren elektrische Eigenschaften bestimmt werden.

6.1. Ausführungen und Realisierung von konzentrierten Kapazitäten

Passive Leitungskomponenten mit kapazitiven Eigenschaften sind in verschiedenen Varianten realisierbar. In der Overlaytechnik können, ähnlich einem makroskopischen Plattenkondensator, Leitungen hergestellt werden, die übereinander liegen und durch ein dielektrisches Medium getrennt sind [59]. Die Kondensatorfläche wird dann von der überlappenden Leitungsfläche und der Oxidschichtdicke bestimmt. Es können dabei sehr hohe Kapazitätswerte erreicht werden, die durch einen großen Technologieaufwand mit zwei übereinander liegenden Leitern erkauft werden müssen. In hybriden Ausführungen werden z.B. SMD–Kondensatoren anstelle planarer Strukturen verwendet, die allerdings nicht kleiner als einige 100 µm erhältlich sind. Die Kapazitätswerte sind sehr groß. Aufgrund von ohmschen Verlusten lassen sich Schwingkreise lediglich mit kleinen Güten realisieren.

Für die diskreten Resonatoren werden daher Kapazitäten in planarer Bauweise verwendet, wie sie bereits in Kapitel 4.2 vorgestellt wurden. Bei den Interdigitalkapazitäten (IDC) handelt es sich um eine spezielle Bauform von gekoppelten Streifenleitungen. Diese Technik bietet sich sowohl für Koppelkapazitäten im Innenleiter von Leitungsstrukturen als auch für alleinstehende kapazitive Elemente an, die in miniaturisierter Bauweise ausgeführt sind. Im Vergleich zu einem Plattenkondensator ist die Kapazität einer solchen IDC sehr gering. Für die Resonanzen bei 6 GHz sind lediglich kleine Kapazitätswerte notwendig, weshalb diese Art der Realisierung zu bevorzugen ist.

Simulationen und Berechnungen zu den Kapazitäten sind im Kapitel 4.2 beschrieben. Für die Koppelkapazitäten der Leitungsresonatoren konnte die Ausführung der Finger zugunsten einer einfachen Realisierung mit kleinen Kapazitätswerten vernachlässigt werden. Im diskreten Resonator ist die Vereinfachung nicht möglich, da die erforderlichen Werte der Kapazitäten erheblich größer sind. Der schematische Aufbau einer IDC ist mit den geometrischen Parametern in der Abbildung 4.2 (a) in Kapitel 4 dargestellt. Die kleinstmögliche Ausführung von Spaltbreiten s_K, Fingerbreiten $b_{F,K}$, Fingerlängen $\ell_{F,K}$ und Anzahl der Finger n_F wird aufgrund der lithographischen Genauigkeit und Toleranzen beim Herstellungsprozess

126

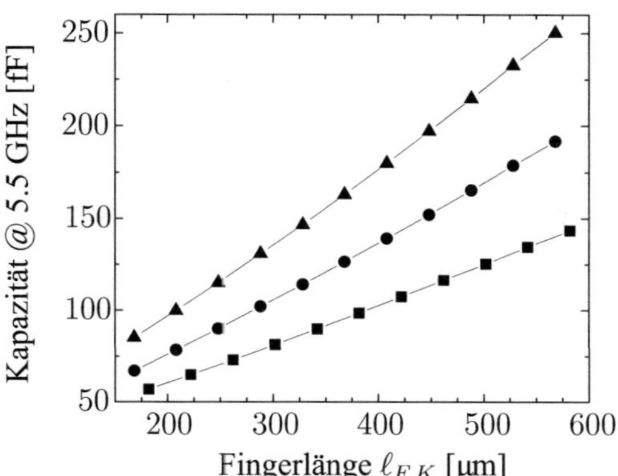

Abbildung 6.1.: Berechnete Kapazitätswerte von IDCs mit 3 (—■—), 4 (—●—) und 5 (—▲—) Fingerpaaren bei $5,5$ GHz mit $b_{F,K} = s_K = 5$ µm für Fingerlängen zwischen 150 µm $\leq \ell_{F,K} \leq 600$ µm. Die Darstellung einer IDC mit 3 Fingerpaaren ist in der Abbildung 4.2 (a) gezeigt.

begrenzt. In der Abbildung 6.1 ist die Abhängigkeit der IDCs von der Fingerlänge und Anzahl der Fingerpaare bei einer Frequenz von $5,5$ GHz gezeigt. Sowohl Fingerbreite als auch Spaltbreite sind mit $b_{F,K} = s_K = 5$ µm nahe an der minimalen Strukturierungsgröße des verwendeten Herstellungsprozesses ausgelegt. Durch Vergrößerung der Fingerlänge der IDCs bzw. mit steigender Zahl der Fingerpaare wird die Kapazität erhöht. Damit lässt sich ein breiter Bereich der Kapazitätswerte von einstelligen bis zu hohen dreistelligen fF–Werten erreichen. Es ist dabei zu beachten, dass große Kapazitäten gleichzeitig einen erhöhten Flächenbedarf erfordern.

6.2. Ausführung von konzentrierten Induktivitäten

Induktivitäten lassen sich in verschiedenen Bauformen realisieren. Bei sehr großen Werten der Induktivität kommen Spulen mit einer großen Anzahl von Windungen zum Einsatz. Diese können als dreidimensionale Komponenten nur in sehr beschränktem Maß verkleinert werden. Bei der Verwendung von zweidimensionalen planaren Strukturen werden miniaturisierte Leitungen als Induktivitäten eingesetzt. Durch Reduktion des stromführenden Querschnitts,

(a)   (b)

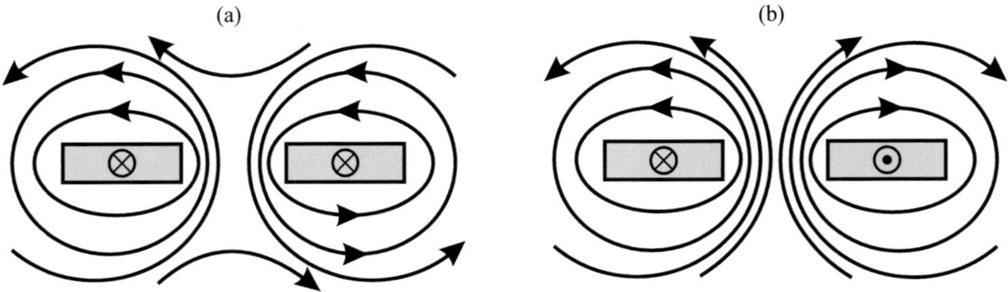

Abbildung 6.2.: Schematische Darstellung des Magnetfeldes zweier stromdurchflossener Leiter in Spiralinduktivitäten mit gleichgerichteten (a) und in mäandrierten Induktivitäten mit gegengerichteten (b) Strömen [89].

d.h. durch kleinere Leiterbreiten, lässt sich die Induktivität erhöhen. Eine weitere Methode zum Vergrößern der Induktivität ist durch eine Verlängerung der Leitung zu erreichen. Die Vergrößerung der Länge ist notwendig, wenn eine weitere Verkleinerung des Querschnitts nicht möglich oder wünschenswert ist.

Für die Realisierung eines kompakten Designs und die optimale Nutzung der verfügbaren Fläche ist eine effiziente Leitungsführung notwendig. Die zwei verbreitetsten Varianten für eine kompakte Leitungsgeometrie sind Spirale und Mäander [89]. Dabei entstehen Kopplungen der elektromagnetischen Felder zwischen benachbarten Leitungen, die in der Abbildung 6.2 dargestellt sind. Die Abbildung 6.2 (a) zeigt die Ströme von benachbarten Leiterabschnitten einer Spirale. Diese sind in der gleichen Richtung orientiert, wodurch sich die magnetischen Felder überlagern und die Induktivität vergrößert. Bei mäandrierten Leitungen sind die Ströme benachbarter Leiterabschnitte, wie in Abbildung 6.2 (b) gezeigt, einander entgegen gerichtet. Die Komponenten der magnetischen Felder beeinträchtigen sich gegenseitig, wodurch die Induktivität reduziert wird. In der Mikrowellentechnik kommen daher oft Spiralinduktivitäten anstatt mäandrierter Induktivitäten zum Einsatz. Der Nachteil der Spiralform liegt in der Kontaktierung des Mittelpunkts, der in planarer Bauform nicht auf einfache Weise nach außen geführt werden kann. Dadurch erhöht sich der technologische Aufwand bei der Realisierung. Um alle Komponenten in einem einzigen technologischen Schritt herzustellen, werden für die

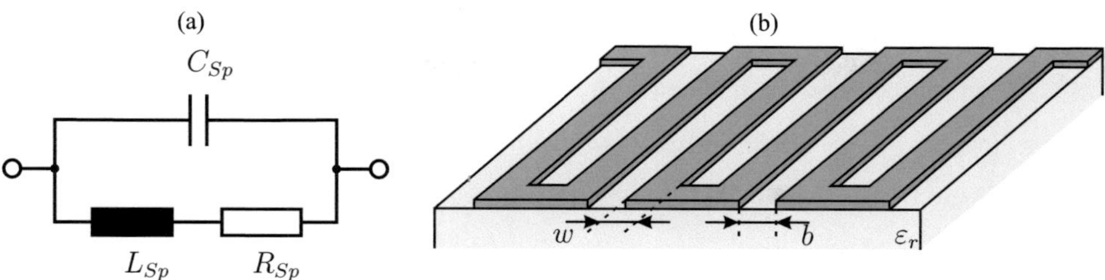

Abbildung 6.3.: (a) Elektrisches Ersatzschaltbild einer mäandrierten Induktivität mit der Induktivität L_{Sp}, der parasitären Kapazität C_{Sp} und den Verlusten R_{Sp} [89]. (b) Schematische Darstellung einer mäandrierten planaren Leitung mit Leiterbreite w und Abstand b zwischen den Leitern.

Schwingkreise mäandrierte Induktivitäten verwendet. Zur Einstellung des Induktivitätswertes wird die Leitungslänge variiert.

Die Abbildung 6.3 (a) zeigt das Ersatzschaltbild einer Spiralinduktivität, das ebenfalls für eine mäandrierte Induktivität verwendet werden kann [89]. Anhand der Induktivität L_{Sp}, der ohmschen Verluste R_{Sp} der Leitung und der parasitären Parallelkapazität C_{Sp} zwischen den Leitungen kann das Verhalten einer konzentrierten, mäandrierten Induktivität beschrieben werden. Die räumliche Darstellung einer solchen planaren Leitung ist in Abbildung 6.3 (b) dargestellt. Bei der Verlängerung der Leitung erhöhen sich neben der Induktivität auch die Leitungsverluste. Werden die Abstände zwischen den mäandrierten Leitungen zur Miniaturisierung des Bauelements verkleinert, so erhöht sich die parasitäre Kapazität aufgrund der stärkeren gegenseitigen Beeinflussung der Leiterabschnitte. Daraus resultiert eine reduzierte Gesamtinduktivität. Die Induktivitäten lassen sich anhand des Induktivitätsbelags und der Leitungslänge nach der in Kapitel 4.3 beschriebenen Methode berechnen. Parasitäre Effekte sind dabei vernachlässigt.

6.3. Simulation und Berechnung von Induktivitäten

Die Induktivität einer mäandrierten planaren Leitung wird mit dem Programm Sonnet simuliert und aus den Ergebnissen errechnet [55]. Bei dieser Berechnung wird in einer vergleichbaren Weise wie bei der Bestimmung der Kapazitäten in Kapitel 4.2 vorgegangen. Parasitäre Kapazitäten zwischen den Leitungen sind bei dieser Methode berücksichtigt. Dadurch ist eine präzise Vorauswahl des Induktivitätsdesigns möglich. Gegenüber den berechneten Induktivitätswerten aus Literaturwerten von Material– und Geometrieparameter liegt der Vorteil der Simulation in der Berücksichtigung des genauen Probenaufbaus und der verwendeten Leitungstopologie. Für die EM–Simulation sind Frequenz, Substratdicke und weitere Materialparameter von Substrat und Leiterschicht zu definieren.

Das Simulationsprogramm Sonnet liefert die Ergebnisse als S–Parameter. Diese werden anhand der Gleichungen (4.2) bis (4.5) in Y–Parameter umgewandelt. Unter Verwendung des π–Ersatzschaltbildes und der Gleichung (4.6) lassen sich aus den Y–Parametern die Leitwerte der π–Glieder $\underline{Y}_1$, $\underline{Y}_2$ und $\underline{Y}_3$ berechnen. Die Induktivität wird aus dem Imaginärteil von $\underline{Y}_2$ durch die Beziehung

$$L = \frac{1}{\omega}\Im(\underline{Z}_2) = \frac{1}{\omega}\Im(\frac{1}{\underline{Y}_2}) \tag{6.1}$$

mit der Phasendrehung $\angle(\underline{Z}_2)/(2\pi)\cdot 360$ ermittelt. Eine Kontrolle der simulierten Werte erfolgt durch die Überprüfung der Phase von $\underline{Z}_2$. Da der Strom der Spannung nacheilt, muss der Wert für eine Induktivität stets $-90°$ betragen. Eine abweichende Phase deutet entweder auf Fehler in der Simulation durch Streufeldeinflüsse zu kurzer Zuleitungen oder auf starke parasitäre Kapazitäten hin, die es zu vermeiden gilt.

Für die Induktivitäten werden verschiedene Geometrien bei Frequenzen zwischen $5,2$ und $5,8$ GHz simuliert und berechnet. Die Abmessungen der Flächen A, der Leiterbreiten w und der Abstände b zwischen den Leitern sind für die Mäanderanordnung nach Abbildung 6.3 (b) in der Tabelle 6.1 gegeben. In allen Varianten werden 26 Leitungen der Länge 600 bzw. 300 µm parallel zueinander angeordnet und zu einer langen induktiv wirkenden Leitung verbunden. Der Füllfaktor für die Induktivitäten mit den Geometrien von $w = 12$ µm und $b = 12$ µm beträgt 50 %. Eine Vergrößerung des Induktivitätswertes bei gleich bleibender Flächennutzung lässt sich mit der Kombination von $w = 6$ µm und $b = 18$ µm bei nahezu unveränderter Flächendimension von 600×606 µm^2 realisieren. Der Füllfaktor sinkt dabei auf ≈ 35 %. Ein drittes Design der Induktivität ist als miniaturisierte Variante für hoch kompakte Resonatoren vorgesehen. Bei der Induktivität mit $w = 6$ µm und $b = 6$ µm werden die Leitungen auf eine

Tabelle 6.1.: Geometrien, Simulationen und Berechnung der Werte L_{Sp}, C_{Sp} bzw. R_{Sp} für verschiedene mäandrierte Induktivitäten.

w	b	A	f	L_{Sp}	C_{Sp}	R_{Sp}
[µm]	[µm]	[µm^2]	[GHz]	[nH]	[fF]	[mΩ]
12	12	600×612	$5,2$	$5,525$	$27,225$	118
12	12	600×612	$5,5$	$5,519$	$27,401$	138
12	12	600×612	$5,8$	$5,512$	$27,590$	162
6	18	600×606	$5,2$	$7,972$	$26,508$	233
6	18	600×606	$5,5$	$7,951$	$26,754$	274
6	18	600×606	$5,8$	$7,933$	$27,020$	320
6	6	300×306	$5,2$	$2,8209$	$13,429$	26
6	6	300×306	$5,5$	$2,8207$	$13,450$	30
6	6	300×306	$5,8$	$2,8205$	$13,472$	34

Länge von 300 µm verkürzt. Der Flächenbedarf reduziert sich mit 300×306 µm^2 auf ein Viertel der ursprünglichen Flächenabmessungen und der Füllfaktor erhöht sich auf 50 %. Einige ausgewertete Simulationsergebnisse von Induktivitäten sind in der Tabelle 6.1 aufgelistet.

Die Ergebnisse der Simulationen zeigen einen leichten Anstieg des Widerstands mit der Frequenz. Dieses Verhalten lässt sich durch den erhöhten Oberflächenwiderstand im Supraleiter erklären, der quadratisch mit der Frequenz skaliert. Sowohl Induktivität als auch Kapazität bleiben im jeweils simulierten Frequenzbereich erwartungsgemäß nahezu konstant. Bei einer Halbierung der Leiterbreite von 12 µm auf 6 µm ist die angestrebte Induktivitätserhöhung zu beobachten. Allerdings steigen die Verluste ebenfalls mit kleinerer Leiterbreite. Die geringe Veränderung der Kapazität bei einer Vergrößerung des Abstandes zwischen den Leitungen zeigt, dass dieser hinreichend groß ist und keine parasitären Kapazitäten auf die Induktivität wirken. Eine Verkürzung der Leitungen im miniaturisierten Design mit der 300×306 µm^2 messenden Fläche bewirkt eine Verkleinerung von Induktivitäten, Kapazitäten und Verlusten.

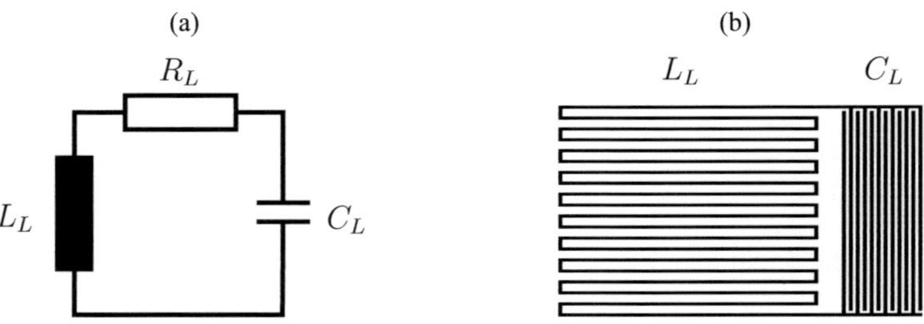

Abbildung 6.4.: (a) Elektrisches Ersatzschaltbild eines LEKID mit Kapazität C_L, Induktivität L_L und Widerstand R_L. (b) Realisierung in planarer Leitungstechnik mit mäandrierter Induktivität L_L und Fingerkapazität C_L. Die Verluste in R_L werden von den Widerstandsbelägen der Leitungen bestimmt.

In den Simulationen wird demonstriert, dass mit den verwendeten mäandrierten Induktivitäten der einstellige nH–Bereich abgedeckt werden kann.

6.4. Design von konzentrierten Schwingkreisen

Der Entwurf von diskreten Resonatoren erfolgt nach dem Ersatzschaltbild aus Abbildung 6.4 (a). Dabei werden Induktivität und Kapazität des Serienschwingkreises mit den entsprechenden konzentrierten Elementen ersetzt. Der Aufbau der LE–Resonatoren unterscheidet sich grundsätzlich vom Aufbau der verteilten Resonatoren. Die Strukturen sind deutlich kleiner und können sowohl in Einlagen– als auch in Mehrlagenprozessen hergestellt werden. In Abbildung 6.4 ist der serielle Schwingkreis mit Induktivität, Kapazität und Widerstand zum direkten Vergleich neben der Realisierung mit planaren Leitungskomponenten gezeigt. Die Verluste der planaren Leitungen sind als Widerstand im Ersatzschaltbild modelliert. Im Vergleich zu Leitungsresonatoren sind für die konzentrierten Resonatoren kleinere Güten zu erwarten. Die geringeren Güten sind darauf zurückzuführen, dass neben den Substrat– und Leitungsverlusten weitere Verluste existieren, die durch parasitäre Kopplungen in den kompakten Elementen und den miniaturisierten Leitungsabmessungen entstehen.

Der konzentrierte LC–Resonator wird mit einer induktiven Kopplung an die Durchgangsleitung gekoppelt. Die Abbildung 6.5 zeigt das entsprechende Ersatzschaltbild (ESB). Zur

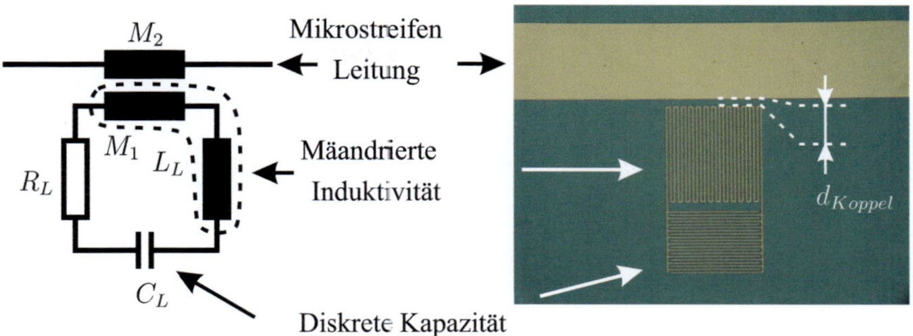

Abbildung 6.5.: Elektrisches Ersatzschaltbild und mikroskopische Aufnahme eines realisierten LEKIDs, das induktiv an eine MS–Durchgangsleitung gekoppelt ist. Der Parameter d_{Koppel} gibt den Abstand zwischen Resonator und Durchgangsleitung an.

Veranschaulichung ist parallel dazu die Aufnahme eines LE–Resonators mit Kopplung an eine MS–Leitung gezeigt. Die Verknüpfung zwischen den Abbildungen verdeutlicht die Zuordnung der realisierten Strukturen zu den Elementen des ESB. Das System aus Resonator, induktiver Kopplung und Segment der Durchgangsleitung wird elektrisch durch die effektive frequenzabhängige Impedanz Z_{eff} der Gleichung (6.2) beschrieben [11].

$$Z_{eff} = \frac{\omega^2 M_1 M_2}{Z_{res}} \tag{6.2}$$

Die bestimmenden Parameter sind Kreisfrequenz ω, induktive Kopplungen M_1, M_2 und Resonatorimpedanz Z_{res}. Aus dem elektrischen Ersatzschaltbild ist die Impedanz durch

$$\underline{Z}_{res} = R_L + \frac{1}{\omega C_L} \tan \delta_{eff} + j \left(\omega L_L - \frac{1}{\omega C_L} \right) \tag{6.3}$$

gegeben. Die Parameter R_L bzw. $1/(\omega C_L) \cdot \tan \delta_{eff}$ beschreiben den Leitungswiderstand in der Induktivität bzw. die Leitfähigkeit in der kapazitiven Komponente. Für die Kapazität wird das Modell eines Plattenkondensators angenommen. Die inhomogene Feldverteilung bei den planaren Strukturen mit den Dielektrika Luft und Substrat findet durch einen effektiven Verlustfaktor $\tan \delta_{eff}$ Berücksichtigung [11]. Die Blindanteile von Induktivität und Kapazität nehmen über die Impedanz Einfluss auf die Eigenschaften des Resonators.

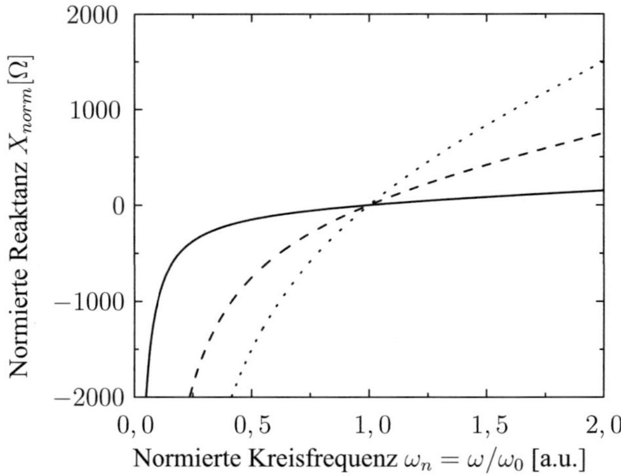

Abbildung 6.6.: Berechneter Verlauf der normierten Reaktanz eines Serienschwingkreises über die normierte Frequenz. Die Verläufe der Reaktanz sind für die Verhältnisse $\sqrt{L/C} = 100\,\Omega$ (—), $500\,\Omega$ (– – –) bzw. $1000\,\Omega$ (· · ·) dargestellt [92].

Das Verhältnis von Induktivität zu Kapazität wirkt sich auf die Charakteristik der Reaktanz aus [92]. Die Reaktanz X einer Serienschaltung mit Induktivität L und Kapazität C berechnet sich zu

$$X = X_L + X_C = \omega L - \frac{1}{\omega C} = \frac{\omega^2 LC - 1}{\omega C} \tag{6.4}$$

Für die weitere Betrachtung der Gleichung (6.4) wird die Kreisfrequenz ω auf die Resonanzkreisfrequenz ω_0 normiert [92]. Es gilt

$$\omega_n = \frac{\omega}{\omega_0} \quad \text{und} \quad \omega_0 = \frac{1}{\sqrt{LC}}\,. \tag{6.5}$$

Nach Einsetzen und Umformung erhält man die normierte Reaktanz X_{norm}.

$$X_{norm} = \frac{\omega_n^2 - 1}{\omega_n \sqrt{\frac{C}{L}}} = \frac{\omega_n^2 - 1}{\omega_n} \sqrt{\frac{L}{C}} \tag{6.6}$$

Der Verlauf der normierten Reaktanz ist in Abbildung 6.6 für drei verschiedene Verhältnisse von $\sqrt{L/C}$ dargestellt. Bei der Verwendung des Resonators in einem Detektor ist eine möglichst große Signaländerung durch das Detektionsereignis erwünscht. Der Schwingkreis darf

Tabelle 6.2.: Geometrieparameter für LE–Resonatoren mit kleiner bzw. großer Fläche.

	Design LE_{klein}		Design $LE_{\text{groß}}$	
Leiterbreite w [µm]	4	6	6	12
Leiterabstand b [µm]	6	8	18	12
Leiterlänge [µm]	300		600	
Anzahl Windungen n	$19, 26, 32$		26	
Fläche Ind. [µm^2]	$\approx 300 \times 420$		$\approx 600 \times 600$	
Fingerpaare p	$8, 9, 10$		$3, 4, 5$	
Fingerlänge [µm]	300		≈ 300	
Fingerbreite [µm]	5			
Fingerabstand [µm]	5			
Resonanzfrequenz [GHz]	$5 - 6$			
Induktivität [nH]	$2, 7 - 3$			
Kapazität [fF]	$100 - 300$			

lediglich in Resonanz niederohmig sein und soll sich bei allen anderen Frequenzen hochohmig zeigen. Der Anstieg des Impedanzverlaufs muss daher im Resonanzpunkt möglichst steil sein und kann durch ein großes Verhältnis von L/C erzielt werden. Da die Induktivität ebenfalls einen hohen Einfluss auf die Empfindlichkeit hat, muss diese so groß gewählt werden, wie es die technologischen Realisierungsmöglichkeiten zulassen. Mit der Kapazität erfolgt die Abstimmung auf eine Resonanzfrequenz.

Das komplexe Design von Induktivität und Kapazität erlaubt viele Freiheitsgrade beim Entwurf eines konzentrierten Resonators. Um diese Vielfalt einzuschränken, werden die Simulationen und Messungen mit zwei unterschiedlich großen LEKIDs durchgeführt. In Tabelle 6.2 sind die Geometrien und Werte für die verwendeten LE–Resonatoren aufgelistet.

6.5. Kopplung der konzentrierten Resonatoren an eine Mikrostreifenleitung

Zum Auslesen eines LE–Resonators wird dieser an eine Durchgangsleitung gekoppelt. Dafür bietet sich das Design einer Mikrostreifenleitung (MS)–Leitung an, da es sich dabei um eine weit verbreitete und flexibel einsetzbare Wellenleitertopologie handelt. Die Ebene des Leiters ist frei von Masseflächen und zeigt entlang des Leitungsverlaufs eine symmetrische Stromdichteverteilung. An den Kanten des Leiters steigen die Stromdichten an [16, 59]. Für den Entwurf von Multi–Resonator Systemen bietet diese Variante den Vorteil eines ungehinderten Zugangs zu beiden Seiten des Leiters. Die Massemetallisierung befindet sich auf der Substratrückseite. Der Entwurf und die Herstellung der Strukturen erfolgt auf 300 µm dickem Siliziumsubstrat mit einer 250 nm dicken Niobmetallisierung. Die verwendeten Prozessparameter sind im Anhang C beschrieben. Unter diesen Voraussetzungen wird die charakteristische Impedanz von 50 Ω bei einer Breite der MS–Leitung von 240 µm erreicht. Zur Untersuchung des Miniaturisierungspotenzials werden kleinere Leiterbreiten mit 120 bzw. 40 µm verwendet. Da die Substratdicke für alle Proben konstant gehalten wird, ergibt sich ein Wellenwiderstand von 66 Ω bei 120 µm bzw. 92 Ω bei 40 µm breiten Leitungen. Die Werte wurden mit dem Programm TX–LINE 2003 mit einem ε_r von $11,9$ für Silizium ermittelt [62].

An die MS–Durchgangsleitung werden die LE–Resonatoren aus Tabelle 6.2 angekoppelt. Das veränderte Design erfordert eine Optimierung der Koppelgeometrien in Bezug auf die optimale Koppelstärke. Für die weiteren Untersuchungen wird angenommen, dass parasitäre Kapazitäten zwischen den konzentrierten Resonatorelementen und der Massefläche der MS–Leitung vernachlässigt werden können, da die Leiter– und Fingerbreiten sehr klein sind gegenüber der Substratdicke. Mit Werten von $d_{Koppel} = 200$ µm, 100 µm und 20 µm wird eine Variation von schwach bis stark gekoppelter Resonatoren entworfen. Die Tabelle 6.3 zeigt eine Serie mit verschiedenen LEKIDs und unterschiedlich starker Ankopplung. Die Geometrien der LEKIDs P_{LE1}, P_{LE2}, P_{LE3} bzw. P_{LE4} sind der Tabelle 6.2 LE_{klein} mit $w = 4$ µm entnommen. Für die Koppelgeometrie werden die Werte der Tabelle 6.3 bei senkrechter Ausrichtung der induktiven Leitungen zur Durchgangsleitung verwendet. Die LEKIDs P_{LE5},

Tabelle 6.3.: Messung der Güten von LEKIDs an einer MS–Durchgangsleitung zur Untersuchung der Kopplungsparameter [92]. Die Frequenzabweichung zwischen Simulation und Messung wird durch $\Delta f = (f_{0,Sim} - f_{0,Mess})/(f_{0,Sim})$ berechnet.

LEKID	Breite$_{DL}$ [μm]	d_{Koppel} [μm]	κ	f_0 [GHz]	Δf [%]	$|\underline{S}_{21}|$ [dB]	Q_U	Q_L	Q_E
P_{LE1}	240	200	$0,011$	$5,951$	$+2,5$	$-1,06$	3918	3492	352665
P_{LE2}	240	100	$0,204$	$5,967$	$+2,8$	$-1,97$	4243	3244	20400
P_{LE3}	240	20	$0,458$	$5,967$	$+2,8$	$-3,37$	2697	1815	5894
P_{LE4}	40	200	$0,005$	$5,987$	$+3,1$	$-0,91$	2517	2251	532247
P_{LE5}	240	200	$0,003$	$5,680$	$-2,2$	$-1,21$	2827	2470	908908
P_{LE6}	240	100	$0,281$	$5,806$	$+0,1$	$-2,40$	2538	1873	9020
P_{LE7}	240	20	$0,869$	$5,776$	$-0,5$	$-5,53$	2822	1457	3249

P_{LE6} bzw. P_{LE7} sind ebenfalls im Design LE_{klein} realisiert, jedoch beträgt die Leiterbreite $w = 6$ μm.

Am Beispiel der LEKID–Probe P_{LE6} umfasst dessen Realisierung das Design LE_{klein} mit den Geometrien $n = 26$, $w = 6$ μm bzw. $p = 10$. Durch Simulationen der Struktur wird eine Resonanzfrequenz von $f_{0,Sim} = 5,8$ GHz ermittelt. Die Ankopplung an die 240 μm breite MS–Durchgangsleitung erfolgt in diesem Fall mit einen Abstand von $d_{Koppel} = 100$ μm. Die Anordnung von Induktivität, Kapazität und MS–Durchgangsleitung entspricht der in der Abbildung 6.5 gezeigten Aufnahme. Die Charakterisierung des Resonators wird mit einem Netzwerkanalysator bei einer Mikrowellenleistung von -15 dBm durchgeführt. In Abbildung 6.7 ist die gemessene Resonanzkurve von P_{LE6} im Frequenzbereich zwischen $5,79$ GHz und $5,82$ GHz gezeigt. Der Offset zur Nulllinie entsteht durch Kalibrierung des Messaufbaus bei Raumtemperatur und Messung der eingebauten Probe bei $4,2$ K mit unkalibrierten Zuleitungen zum LEKID. Die Resonanz liegt bei $5,806$ GHz und zeigt eine Amplitude von $-2,5$ dB. Die daraus berechneten Güten betragen $Q_U = 2538$, $Q_L = 1873$ und $Q_E = 9020$. Da die Koppelgüte sehr viel größer als die unbelastete Güte ist, handelt es sich hierbei

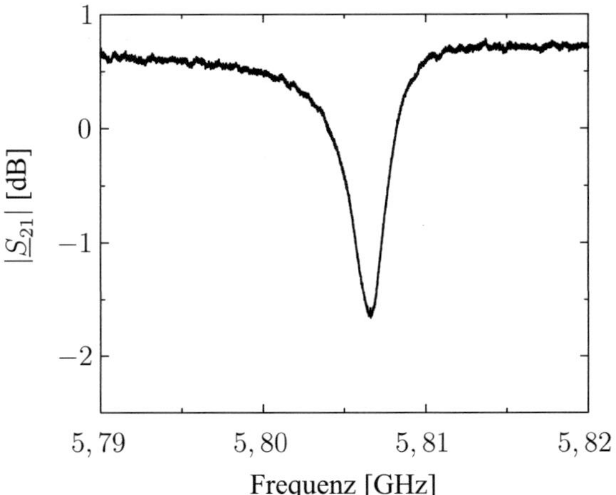

Abbildung 6.7.: Messung des $|\underline{S}_{21}|$–Parameters von P_{LE6} an einer MS–Durchgangsleitung über der Frequenz. Die Güten sind $Q_U = 2538$, $Q_L = 1873$ und $Q_E = 9020$. Der Offset zur Nulllinie entsteht durch Kalibrierung des Messaufbaus bei Raumtemperatur und Messung der eingebauten Probe bei $4,2$ K mit unkalibrierten MS–Zuleitungen zu den LEKIDs.

um ein schwach gekoppeltes System, bei dem die unbelastete Güte nicht durch die Koppelgüte limitiert wird. Aus den Messwerten errechnet sich der Koppelfaktor zu $\kappa = 0,28$.

Die gemessenen Resonanzen der verschiedenen Schwingkreise in Tabelle 6.3 weichen im Vergleich zur Simulation bis zu $3,1$ % bzw. 180 MHz ab. Dabei zeigen die LEKIDs P_{LE1}, P_{LE2}, P_{LE3} und P_{LE4} eine nahezu konstante Resonanzfrequenz bei etwa $5,97$ GHz. Das Optimum dieser Reihe mit maximalem Q_U wird bei $d_{Koppel} = 100$ µm gefunden. Sowohl der Offset der Resonanzen als auch die geringen Unterschiede zwischen den Varianten P_{LE1}, P_{LE2}, P_{LE3} bzw. P_{LE4} werden durch abweichende effektive dielektrische Permittivitäten im Vergleich zur Simulation und durch Herstellungstoleranzen verursacht. Die Messungen zeigen wie erwartet eine Zunahme der Koppelstärke bei abnehmendem Abstand. Für Proben mit gleichen Abstandswerten von d_{Koppel} sind die realisierten Koppelstärken sehr ähnlich zu einander. Die geringen Amplitudentiefen von wenigen dB erschweren die Auswertung der Schwingkreiseigenschaften. Wenn die Kopplungen Werte nah der optimalen Kopplung erreichen, steigen die Beträge der Amplituden in der Resonanz. Gleichzeitig ist das Absinken der belasteten Güten auf Werte kleiner als 2000 zu beobachten.

Die unbelasteten Güten sind im Vergleich zu den verteilten Absoptionsresonatoren aus Kapitel 5 sehr klein. Mit Werten von Q_U zwischen 2500 und 4200 macht dies einen Unterschied um den Faktor $3-5$ aus. Bei einer Verkleinerung der Durchgangsleitung, wie bei Probe P_{LE4}, sinkt die Koppelstärke und verursacht eine kleinere Amplitude der Resonanz. Durch die geringen Güten und die großen Frequenzabweichungen beim Design lassen sich die Bandbreiten der Resonatoren für einen Arrayentwurf schlecht vorhersagen. Beispielsweise lassen sich bei einer Bandbreite von 40 MHz in aktuellen FDM–Auslesesystemen [79] bis zu 40 Pixel auslesen, wenn die Resonatorbandbreite von 1 MHz realisiert werden kann. Die gemessenen Werte der hergestellten Proben liegen jedoch zwei Größenordnungen von diesem Wunsch entfernt und zeigen die Herausforderungen an das MW–Design der LE–Resonatoren.

Der Unterschied zwischen den erwarteten und gemessenen Resonanzfrequenzen kann durch parasitäre Koppeleffekte zwischen den LEKID–Strukturen und der rückseitigen Massemetallisierung erklärt werden. Die Simulationen haben keine derartigen Frequenzabhängigkeiten gezeigt. Bei den hergestellten Proben wird die Massemetallisierung allerdings durch den Boden im vergoldeten Messinggehäuse realisiert. Befindet sich ein Luftspalt zwischen Substrat und Gehäuse, so wird die effektive Permeabilität beeinflusst. Durch das Aufbringen einer Massefläche auf die Rückseite des Substrats mit einer Aussparung der Masse im Bereich des LEKIDs kann ein Luftspalt vermieden werden. Diese Variante erfordert weitere Prozessierungsschritte bei der Herstellung. Eine andere Möglichkeit ist der Wechsel der Topologie zu einem Leitungstyp mit Masseleitern, die möglichst weit vom LEKID entfernt sind. Auf diese Weise könnten die parasitären Einflüsse eliminiert werden, was eine Verbesserung der Güten ermöglichen würde.

6.6. Kopplung der konzentrierten Resonatoren an eine Zweibandleitung

Aufgrund der kleinen Güte bei der Kopplung von LE–Resonatoren an eine MS–Leitung wird die Topologie der Durchgangsleitung auf ein Zweibandleitungsdesign (Coplanar Strips – CPS) geändert. Zum Einen gibt es keine Massemetallisierung auf der Rückseite des Substrats und zum Anderen erlaubt die CPS–Topologie eine flexiblere Gestaltung der 50 Ω–Leitungsimpedanz durch Einstellen der Geometrien von Leiter und Massespalt. Das Fehlen der Masse auf der Substratrückseite verhindert effektiv eine parasitäre Kapazität zwischen LEKID und Masse. Zusätzlich ist ein Abstand von mindestens 1 mm zwischen der Rückseite des Substrats und der Gehäusemasse notwendig. Die Realisierung des Wellenwiderstands wird bei miniaturisierten Leitungen durch die technischen Herstellungsgrenzen limitiert. In Tabelle 6.4 sind einige mit Sonnet simulierte Werte von Z_L für verschiedene Leitungsgeometrien aufgeführt [55]. Daraus ist ersichtlich, dass der Spalt zwischen Leiter und Masse das begrenzende Element darstellt. Bei Werten unterhalb einer Leiterbreite von 200 μm bedeuten kleine Spaltänderungen große Sprünge des Wellenwiderstands.

Bei der Verwendung des CPS–Leitungsdesigns wird der Resonator an die Signalleitung positioniert. Da die Masseleitung auf der anderen Leiterseite geführt wird, gibt es keine direkte Koppelmöglichkeit und damit keine parasitären Kapazitäten zur Masse. Die größten Stromdichten der Zweibandleitung liegen an den Leiterkanten, die zum Koppelspalt orientiert sind [59]. Als Querschnittsgeometrie für die Durchgangsleitung wird eine Leiterbreite von $w = 100$ μm für Signal– bzw. Masseleiter gewählt, die durch einen $s = 20$ μm breiten Spalt voneinander getrennt sind. Die Leitergeometrie führt zu einem Wellenwiderstand von $Z_L \approx 65\ \Omega$. Obwohl mit dem Wellenwiderstand eine Fehlanpassung und damit Reflexionen in Kauf genommen werden müssen, wurde diese Breite des Leitungsquerschnitts gewählt, um eine ähnliche Gesamtleiterbreite im Vergleich zur 240 μm breiten MS–Durchgangsleitung zu ermöglichen.

Zur Kontaktierung der Durchgangsleitung mit dem 500 μm breiten SMA–Gehäusestecker ist eine Aufweitung der Leitung notwendig. Der Übergang wird mit einem Taper realisiert,

Tabelle 6.4.: Simulation des Wellenwiderstandes Z_L einer symmetrischen Zweibandleitung für verschiedene Geometrien.

Leiterbreite w [µm]	100	200	100	200	300	400	500
Spaltbreite s [µm]	10	10	20	20	20	20	30
Wellenwiderstand Z_L [Ω]	55, 98	48, 71	64, 95	55, 40	51, 45	49, 16	51, 40
Leiterbreite w [µm]	700	900	1100	1300	1500	1700	1900
Spaltbreite s [µm]	40	50	50	60	70	80	100
Wellenwiderstand Z_L [Ω]	51, 64	51, 97	50, 25	50, 54	50, 57	50, 31	50, 74

der am Probenrand eine $w = 1900$ µm breite CPS–Leitung in 50 Ω–Geometrie auf die $w = 100$ µm breite Durchgangsleitung mit $Z_L \approx 65$ Ω transformiert [92]. Der Probeneinbau wird dadurch erleichtert und Kurzschlüsse bei der Steckerkontaktierung vermieden.

Für den Vergleich von LE–Resonatoren an MS– und CPS–Durchgangsleitungen wurde die Probengeometrie mit den Resonatorparametern von LEKID P_{LE6} des Kapitels 6.5 verwendet. Die Ankopplung des Resonators im CPS–Design erfolgt ebenfalls mit einem Abstand von $d_{Koppel} = 100$ µm zum Leiter und der gleichen Orientierung zur Durchgangsleitung. Das Design erlaubt den direkten Vergleich der Mikrowellenparameter beider Topologien. Die Resonatorprobe mit der Bezeichnung LEKID P_{LE8} ist wie das LEKID P_{LE6} für eine Resonanzfrequenz von $5, 8$ GHz ausgelegt. In Abbildung 6.8 ist ein Vergleich der Amplituden $|\underline{S}_{21}|$ von LEKID P_{LE6} und LEKID P_{LE8} gezeigt. Der $|\underline{S}_{21}|$–Offset beider Kurven zur Nulllinie resultiert aus Kalibrierfehlern bei Raumtemperatur und Messung bei tiefen Temperaturen. Die beiden Kurven sind zur besseren Vergleichbarkeit mit deren Resonanzen in der Mitte des Diagramms zentriert.

In der Auswertung ist erkennbar, dass die Resonanz im CPS–Design mit $5, 897$ GHz höher liegt als beim LEKID P_{LE6} mit $5, 806$ GHz. Die gemessenen Güten betragen $Q_U = 5371$, $Q_L = 2973$ und $Q_E = 7219$. Anhand der sehr gut getroffenen Koppelgüte ist eine annähernd gleich große Koppelstärke der beiden Leitungsdesigns erreicht worden und ermöglicht den direkten Vergleich der beiden Schwingkreise. Die Messwerte des LEKID P_{LE6} sind in

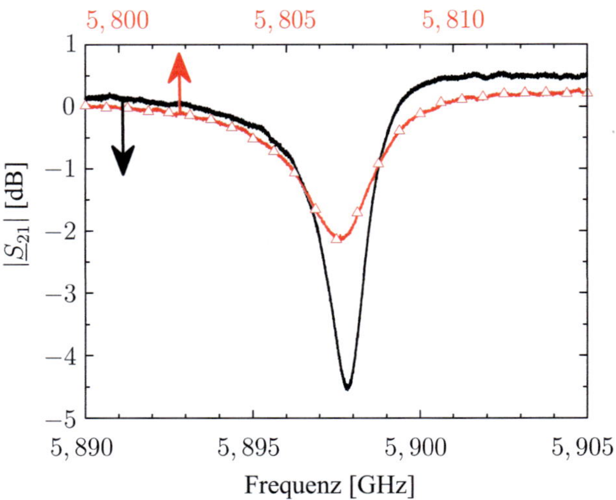

Abbildung 6.8.: Messung der Amplitude $|\underline{S}_{21}|$ des LEKID P_{LE8} (——) an einer CPS–Durchgangsleitung im Vergleich mit LEKID P_{LE6} (——$\triangle$——) an der MS–Durchgangsleitung. Die Kurven sind trotz unterschiedlicher Resonanzfrequenzen bei den Resonanzen zentriert, um die Amplituden vergleichen zu können. Der Offset zur Nulllinie entsteht durch Kalibrierung des Messaufbaus bei Raumtemperatur und Messung der eingebauten Probe bei $4,2$ K mit unkalibrierten CPS– bzw. MS–Zuleitungen zu den LEKIDs.

Tabelle 6.3 zu finden. Das CPS–Layout zeigt eine schwache Kopplung mit $\kappa = 0,74$. Als Vergleichsparameter lässt sich die unbelastete Güte heranziehen, da in diesem Fall die reine Resonatorgüte ohne eine äußere Beschaltung zu messen ist. Der Vergleich zeigt, dass die konzentrierten Schwingkreise an der CPS–Leitung doppelt so hohe unbelastete und belastete Güten erreichen als an einer MS–Leitung. Die Resonanzsenke ist beim CPS–Design deutlich tiefer mit einem $|\underline{S}_{21}|$–Wert von nahezu -5 dB. Damit ist der Einfluss der rückseitigen Massemetallisierung in der MS–Topologie auf das LEKID eindeutig nachgewiesen. Im CPS–Entwurf spielen parasitäre Kapazitäten zur Masse wegen der Trennung durch den Signalleiter keine Rolle.

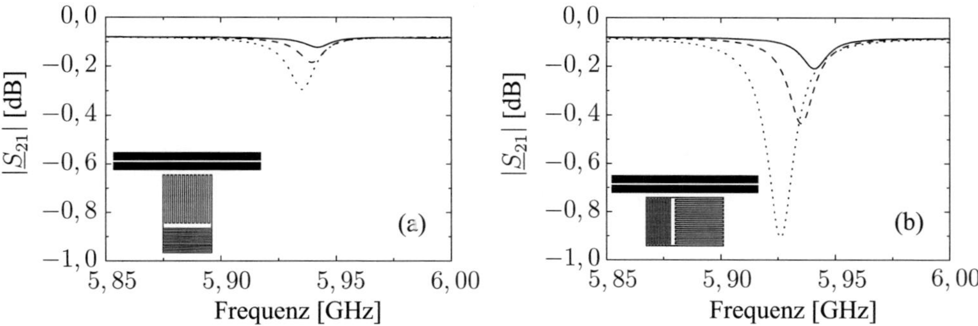

Abbildung 6.9.: Layout eines LEKIDs an einer CPS–Durchgangsleitung bei senkrechter Ausrichtung (a) und paralleler Ausrichtung (b) des LEKIDs. Die beiden Diagramme zeigen jeweils die simulierten $|\underline{S}_{21}|$–Parameter der LEKIDs über der Frequenz für die Koppelabstände $d_{Koppel} = 100$ µm (—), 40 µm (– – –) und 10 µm ($\cdots$). Der negative Offset von $\approx -0,1$ dB zur Nulllinie wird durch die Fehlanpassung der 65 Ω–Leitung an die 50 Ω–Auslegung der Simulation verursacht.

Um die elektromagnetische Kopplung zu verstärken, wird neben dem Koppelabstand die Orientierung der LEKIDs zur Durchgangsleitung verändert. Eine Drehung des Resonators um 90° vergrößert den Anteil der zur Durchgangsleitung parallel verlaufenden Leitungen der Induktivität. Dadurch steigt der effektive Induktivitätsanteil, der zur Koppelstärke beiträgt. Es werden verschiedene Simulationen mit schwach angekoppelten Resonatoren durchgeführt, um den Effekt der LEKID–Ausrichtung nachzuweisen. In Abbildung 6.9 (a) ist das Layout der bereits gezeigten LEKIDs dargestellt. Die induktiven Leitungen sind senkrecht zur CPS–Durchgangsleitung orientiert, während sich die Kapazität an der zur Durchgangsleitung abgewandten Seite des Resonators befindet. Die Simulationen wurden für drei unterschiedliche Koppelabstände durchgeführt. Der Offset von $\approx -0,1$ dB zur Nulllinie wird durch die Fehlanpassung der charakteristischen Impedanz zwischen 65 Ω–Leitung und 50 Ω–Auslegung der Simulation verursacht. Die verwendeten Geometrieparameter sind der Tabelle 6.2 Design LE_{klein} mit $w = 6$ µm entnommen. Für die parallel orientierten LEKIDs sind Layout und Simulationskurven in Abbildung 6.9 (b) dargestellt.

Tabelle 6.5.: Bestimmung von f_0, Q_U und κ aus den Messungen der verschiedenen LEKIDs in Abbildung 6.9.

d_{Koppel} [µm]	Kurve	Orientierung	f_0 [GHz]	Q_U	Q_L	Q_E	κ
100	—	(a) senkr.	5, 942	341	341	14855	0, 023
40	– – –	(a) senkr.	5, 939	396	396	14848	0, 027
10	$\cdots$	(a) senkr.	5, 935	418	406	9892	0, 042
100	—	(b) parallel	5, 941	407	396	9901	0, 041
40	– – –	(b) parallel	5, 935	424	406	7419	0, 057
10	$\cdots$	(b) parallel	5, 926	395	379	3703	0, 107

Die Auswertung der in Abbildung 6.9 gezeigten Simulationsergebnisse ist in der Tabelle 6.5 zusammengestellt. In beiden Fällen verschieben sich die Resonanzen der Simulationskurven mit größerer Koppelstärke zu kleineren Frequenzen hin. Dieses Verhalten wurde erwartet, da die unterschiedlichen Koppelkapazitäten eine Veränderung der LEKID–Impedanz verursachen und sich damit auf die Resonanzfrequenz auswirken. Mit steigender Koppelstärke vergrößern sich die Amplituden der Resonanzsenke. Während die unbelasteten Güten bei den verschiedenen Koppelabständen d_{Koppel} nahezu konstant bleiben, steigt die Amplitude $|\underline{S}_{21}|$ der Resonanzsenke bei den parallel angeordneten Schwingkreisen um das Dreifache gegenüber den senkrechten Designs. Das gleiche Verhalten kann für LE–Resonatoren an einer MS–Durchgangsleitung beobachtet werden. Damit ist gezeigt, dass die Orientierung neben dem Koppelabstand d_{Koppel} ein wichtiger Parameter für das Einstellen der Koppelstärke ist.

Die Kapazität des parallelen Designs befindet sich nicht mehr an der abgewandten Seite der Durchgangsleitung, sondern parallel neben der Induktivität. Aufgrund des asymmetrischen Designs des LEKIDs an der Durchgangsleitung unterscheiden sich $|\underline{S}_{21}|$– und $|\underline{S}_{12}|$–Parameterkurven geringfügig. Die $|\underline{S}_{12}|$–Amplituden sind gegenüber den dargestellten $|\underline{S}_{21}|$–Amplituden um etwa 0, 5 dB gedämpft. Die elektromagnetische Welle trifft zuerst auf die Kapazität, an der Reflexionen auftreten, bevor eine Kopplung zum induktiven Mäander

Tabelle 6.6.: Messung der Güten von LEKIDs an einer 100 μm breiten CPS–Durchgangsleitung zur Untersuchung der Kopplungsparameter [92].

LEKID	d_{Koppel} [μm]	κ	f_0 [GHz]	$|\underline{S}_{21}|$ [dB]	Q_U	Q_L	Q_E
P_{LE8}	100	0,744	5,897	$-4,94$	5371	2973	7219
P_{LE9}	40	1,900	5,874	$-9,24$	5856	1968	3082
P_{LE10}	10	3,933	5,909	$-13,53$	5997	1208	1525
P_{LE11}	80	4,015	5,596	$-14,10$	13169	2588	3280
P_{LE12}	60	4,068	5,765	$-13,96$	12446	2434	3065
P_{LE13}	40	4,854	5,598	$-15,40$	10065	1723	2074
P_{LE14}	40	4,629	5,837	$-14,97$	11185	1987	2416

stattfinden kann. Diese Richtungsabhängigkeit muss daher im Entwurfprozess berücksichtigt werden.

Auf dieser Basis lassen sich die LE–Resonatoren für hohe Güten optimieren. In Tabelle 6.6 sind einige Messungen von LEKIDs mit unterschiedlichen Koppelabständen und hohen Güten aufgelistet. Die Schwingkreise P_{LE8}, P_{LE9} und P_{LE10} sind nach dem LE_{klein}–Design entworfen, während die LEKIDs P_{LE11}, P_{LE12}, P_{LE13} und P_{LE14} nach den $LE_{groß}$–Parametern konstruiert sind. Eine größere Fläche ermöglicht größere Leitungsabstände zwischen den parallelen Leitern der mäandrierten Induktivität. Auf diese Weise werden die unbelasteten Güten von 5000 auf bis zu 13000 gesteigert. Die Resonanzsenken erreichen Werte bis zu -14 dB in der Messung. Der Signalhub ist groß genug, um die FDM–Ausleseelektronik für Messungen in Arrays verwenden zu können.

Die Belastbarkeit der LEKIDs gegenüber der eingespeisten Mikrowellenleistung ist im Vergleich zu Leitungsresonatoren kleiner, da die Leiterbreiten sehr viel schmaler ausgelegt sind. In Abbildung 6.10 ist der Amplitudenverlauf von LEKID P_{LE15} für Mikrowellenleistungen zwischen -5 und -45 dBm dargestellt. Bei diesem Resonatordesign handelt es sich um ein $\approx 600 \times 600$ μm^2 großes LEKID, das dem Design von P_{LE13} gleicht und dessen

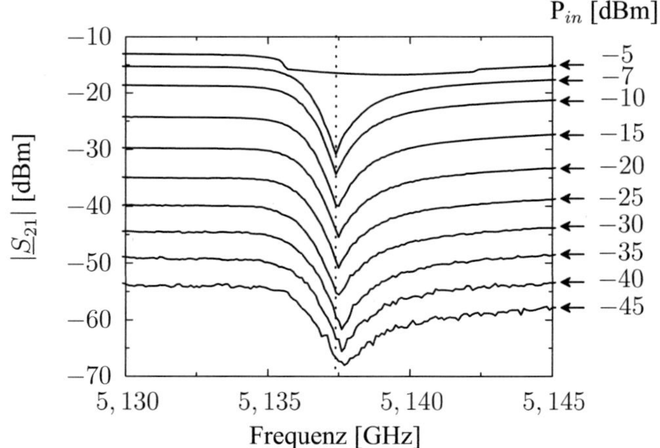

Abbildung 6.10.: Messungen von Amplitudenverläufen des LEKID P_{LE15} an einer CPS–
Leitung. Die Eingangsleistung wird in einem breiten Bereich zwischen -5 dBm $\leq P_{in} \leq -45$ dBm variiert.

Kapazität zugunsten einer kleineren Resonanzfrequenz verändert wurde. Bei Mikrowellenleistungen über -7 dBm bricht die Resonanz zusammen, da die Kantenströme den kritischen
Strom übersteigen. Unterhalb dieser Schwelle sind die Schwingkreise bis zu sehr kleinen
Signalleistungen funktionsfähig. Allerdings zeigen die Messungen einen zunehmenden Einfluss des Rauschens mit abnehmender Eingangsleistung P_{in}. Dabei nimmt die Breite der Resonanzsenke zu. Die belasteten Güten sinken von 1550 bei $P_{in} = -7$ dBm auf etwa 1300
bei $P_{in} = -45$ dBm. Bei Signalleistungen unter -35 dBm wird das Rauschen anhand der
Welligkeit im Kurvenverlauf besonders deutlich. Mit steigender Mikrowellenleistung zeigen
die Messungen eine Resonanzverschiebung zu kleineren Frequenzen. Dieser Effekt wird aus-
führlich im Kapitel 6.8 beschrieben. Die Messkurven zeigen eine Asymmetrie des Resonanz-
verlaufs. Dieses Verhalten ist ebenfalls bei anderen Proben an der CPS–Durchgangsleitung
aufgefallen. Als Ursache ist die Fehlanpassung der Durchgangsleitung mit Impedanztransfor-
mation entlang des Tapers und die parallele Orientierung des LEKIDs zur Durchgangsleitung
denkbar.

6.7. Multipixel–Arrays mit konzentrierten Resonatoren

Für den Aufbau eines Arrays mit konzentrierten Resonatoren werden drei LEKIDs an eine gemeinsame Durchgangsleitung gekoppelt. Unter Berücksichtigung der Optimierungen von verwendeter Topologie der Durchgangsleitung und Ausführung der Resonatorkopplung wird die Resonatorgeometrie mit der größten gemessenen Güte eingesetzt. Daher werden LEKIDs mit den Geometrien des Designs $LE_{\text{groß}}$ im Array verwendet. Die konzentrierte Induktivität ist mit den Parametern $n = 26$ und $w = 12$ µm realisiert. Zur Unterscheidung der einzelnen Resonanzen wird jeder Resonator mit unterschiedlich großen Kapazitäten ausgeführt. Die Werte werden anhand von 3, 4 oder 5 Fingerpaaren der Interdigitalkapazität eingestellt. Auf diese Weise wird ein Frequenzabstand von etwa 300 MHz zwischen den Resonanzen geschaffen. Koppeleffekte zwischen den einzelnen Elementen werden dadurch vermieden.

In Abbildung 6.11 ist das Layout eines solchen LEKID–Arrays mit drei angekoppelten Resonatoren dargestellt. Die alternierende Platzierung zu beiden Seiten der CPS–Leitung vergrößert den Abstand zwischen den Resonatoren und verhindert ein Übersprechen zwischen den Schwingkreisen. Zwei der Resonatoren sind an die Signalleitung gekoppelt, während der dritte Resonator an der Masseleiterseite platziert ist. Der Koppelabstand beträgt bei allen drei Strukturen $d_{Koppel} = 10$ µm, um eine optimale Kopplung und tiefe Resonanzsenken zu realisieren. Die Resonanzen der parallel orientierten LEKIDs sind für Frequenzen von $4,4$ / 5 / $5,8$ GHz entworfen.

Eine breitbandige Charakterisierung des hergestellten Arrays ist in der Abbildung 6.12 (a) gezeigt. Die gemessenen Resonanzen liegen bei $4,20$ / $4,65$ / $5,25$ GHz. Im Vergleich zu den Entwurfswerten treten bei den Messungen Abweichungen von $4 - 9$ % auf. Alle drei Resonatoren sind gleichermaßen zu tieferen Frequenzen verschoben. Bei der Auswertung der Amplituden erreichen die zwei äußeren Resonanzen sehr tiefe Resonanzsenken von -15 dB bis -19 dB, während die mittlere Resonanz mit -4 dB sehr gering ist. Anhand der Entwurfsparameter und der simulierten Resonanzfrequenzen der konzentrierten Resonatoren lässt sich die mittlere Resonanz dem auf der Masseseite angekoppelten Resonator zuordnen. Überraschenderweise ist die Koppelstärke mit $\kappa = 0,56$ sehr schwach und weicht deutlich von den benachbarten Schwingkreisen mit $5 \leq \kappa \leq 8$ ab. Obwohl die CPS–Leitung

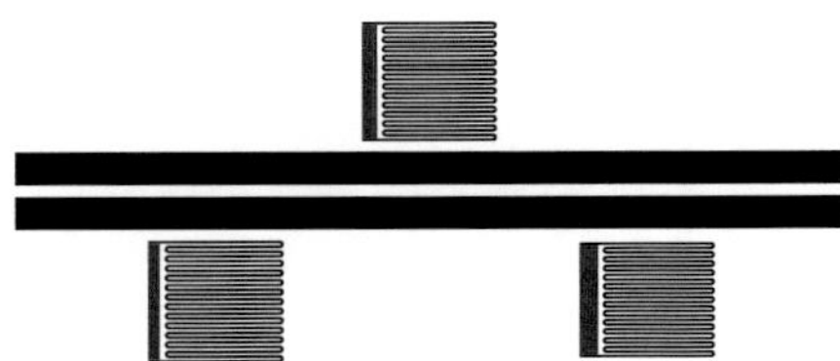

Abbildung 6.11.: Layout von drei konzentrierten Resonatoren, die alternierend an eine CPS–Durchgangsleitung angekoppelt sind. Im Entwurf sind zwei Resonatoren an der Seite der Signalleitung und ein Resonator an der Masseleitungsseite platziert.

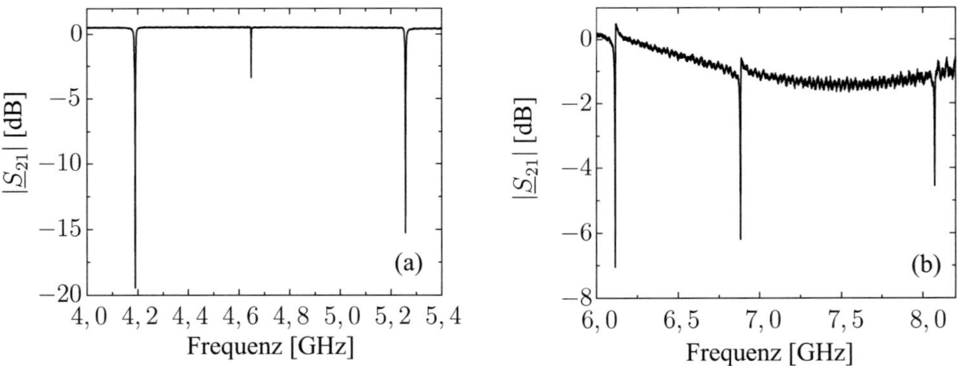

Abbildung 6.12.: (a) Messung des Amplitudenverlaufs von Array LEKID P_{LE16} über der Frequenz. Zwei Resonatoren sind an der Seite der Signalleitung und ein Resonator an der Masseseite der CPS–Leitung angekoppelt. (b) Messung des Amplitudenverlaufs von Array LEKID P_{LE17} über der Frequenz. Die drei Resonatoren sind alternierend zu beiden Seiten einer MS–Leitung angekoppelt. Der Offset zur Nulllinie entsteht durch Kalibrierung des Messaufbaus bei Raumtemperatur und Messung der eingebauten Probe bei $4,2$ K mit unkalibrierten CPS– bzw. MS–Zuleitungen zu den LEKIDs.

Tabelle 6.7.: Messung der Güten von LEKID P_{LE16} und LEKID P_{LE11} zur Untersuchung der Anordnung der Resonatoren an der CPS–Durchgangsleitung [92].

LEKID	d_{Koppel} [µm]	κ	f_0 [GHz]	Δf [%]	$\lvert \underline{S}_{21} \rvert$ [dB]	Q_U	Q_L	Q_E
P_{LE16}	10	$8,393$	$4,189$	$-4,8$	$-19,67$	9896	1066	1179
P_{LE16}	10	$0,561$	$4,647$	$-7,0$	$-3,84$	9095	5863	16219
P_{LE16}	10	$4,927$	$5,257$	$-9,3$	$-15,51$	8239	1388	1672
P_{LE11}	80	$2,492$	$5,268$	$+1,3$	$-10,66$	13818	3780	5545
P_{LE11}	80	$4,015$	$5,596$	$+1,7$	$-14,10$	13169	2588	3280
P_{LE11}	80	$7,027$	$5,937$	$+2,3$	$-17,75$	12837	1827	1827

an den Kanten zum CPS–Spalt eine symmetrische Stromdichteverteilung zeigt, kann dieses Verhalten bei allen weiteren Proben mit vergleichbarer Anordnung bestätigt werden. Daher wird an der Masseseite eine Gegentaktkopplung vermutet.

In Abbildung 6.12 (b) ist die Messung eines Arrays von drei Resonatoren an einer MS–Durchgangsleitung gezeigt. In diesem Fall sind die Resonatoren ebenfalls in alternierender Reihenfolge zu beiden Seiten der Durchgangsleitung angekoppelt. Die Resonanzfrequenzen liegen bei $6,11$ / $6,88$ / $8,07$ GHz. Mit Resonanzsenken zwischen -4 dB und -7 dB zeigen die Schwingkreise eine leichte Verkleinerung der Amplituden mit steigender Frequenz. Dieses Verhalten kann auf eine Reduktion der Güten zurück geführt werden, die aus den frequenzabhängigen Oberflächenverlusten im Supraleiter resultiert.

Bei einem weiteren Arrayentwurf werden alle drei Resonatoren auf die Seite der CPS–Signalleitung positioniert. Eine Verkleinerung der Koppelstärke anhand der Vergrößerung des Abstands d_{Koppel} soll Koppelwerte nahe der optimalen Kopplung erlauben. Das LEKID mit dem Design P_{LE11} ist mit einem Abstand von $d_{Koppel} = 80$ µm entworfen. Durch ein geändertes Design der diskreten Kapazitäten soll der Einfluss der Fingergeometrie auf die Güte untersucht werden. Ein Vergleich der Messwerte zwischen LEKID P_{LE16} und LEKID P_{LE11} ist in Tabelle 6.7 gegeben. Die gemessenen Resonanzen betragen $5,2$ / $5,5$ / $5,8$ GHz. Durch

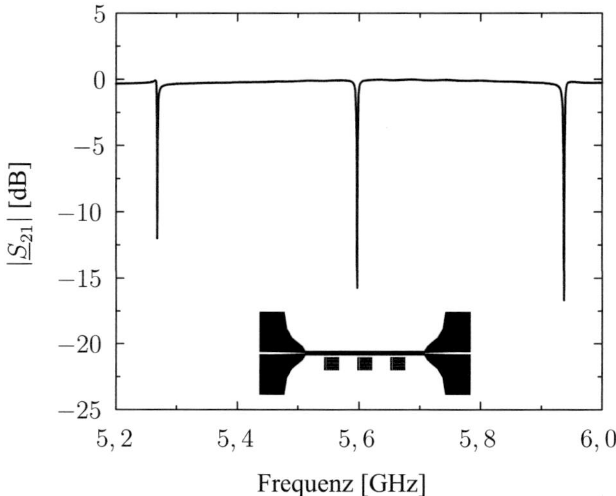

Abbildung 6.13.: Messung des Amplitudenverlaufs des Arrays LEKID P_{LE11} über der Frequenz. Im verkleinerten Layout ist gezeigt, dass die drei Resonatoren auf der Seite der Signalleitung der CPS–Durchgangsleitung angekoppelt sind. Der Offset zur Nulllinie entsteht durch Kalibrierung des Messaufbaus bei Raumtemperatur und Messung der eingebauten Probe bei $4,2$ K mit unkalibrierten CPS–Zuleitungen zu den LEKIDs.

die schwächere Kopplung werden höhere Güten mit Werten bis zu $Q_U \approx 14000$ erreicht. Die Frequenzabweichung ist im Vergleich zum LEKID P_{LE16} deutlich kleiner und beträgt im Schnitt $1,8$ %. Die mittlere Resonanzkurve erreicht erwartungsgemäß eine deutlich höhere Koppelstärke. Mit $\kappa = 4$ liegt der Wert zwischen den Koppelstärken der beiden benachbarten Resonatoren. Die Abbildung 6.13 zeigt die gleichmäßig verteilten und tiefen Resonanzen ohne Störungen oder Interferenzen im Signal der gemessenen Bandbreite.

Die Resonatoren mit der CPS–Durchgangsleitung erreichen im Vergleich zur MS–Variante größere Güten bei gleichzeitig tieferen Senken. Bei der Positionierung der Resonatoren an der Durchgangsleitung sollten diese entweder nur an der Signalleitung angekoppelt werden oder die schwache Gegentaktkopplung an der Masseleitung muss im Resonatorentwurf Berücksichtigung finden. Eine Erhöhung der Resonatoranzahl für größere Arrays kann durch eine

Tabelle 6.8.: Parameter des Messaufbaus für die LEKID P_{LE13}–Proben mit den Schichtdicken $t = 200, 150, 100$ und 50 nm. Die Werte der Mikrowellenleistungen geben Pegel außerhalb der Resonanz an.

Schichtdicke t [nm]	P_{MW} Quelle [dBm]	P_{MW} vor Probe [dBm]	P_{MW} vor Verst. [dBm]	P_{MW} vor IQ–Mischer [dBm]
200	22	-2	ohne	-6
150	22	-5	-10	$+15$
100	22	-10	-16	$+9$
50	22	-15	-26	-2

verlängerte Durchgangsleitung mit optimierter Flächennutzung erreicht werden, wie für die Leitungsresonatorarrays in Abbildung 5.12 gezeigt.

6.8. Test der Detektorfunktion unter optischer Bestrahlung

Für den Nachweis der Detektorfunktion wird mit dem LEKID P_{LE13} ein konzentrierter Resonator im Design $LE_{\text{groß}}$ entworfen und hergestellt. Die Leiterbreite der Induktivität beträgt $w = 6$ µm. Für die Interdigitalkapazität wird die Variante mit 4 Fingerpaaren verwendet. Als Substrat kommt Saphir zum Einsatz, um ein Aufheizen des Substrats durch die Absorption der Einstrahlung zu verringern. Der Koppelabstand zur CPS–Durchgangsleitung beträgt $d_{Koppel} = 40$ µm. Für die Messungen werden mehrere LE–Resonatoren mit identischem Design hergestellt. Bei den verschiedenen Proben wird die Schichtdicke der Metallisierung mit $t = 200$, 150, 100 und 50 nm variiert und deren Eigenschaften bei den Detektormessungen untersucht. Der Anteil der Induktivität α_{kin} steigt mit abnehmender Schichtdicke.

Die Auslesung erfolgt mit dem IQ–Messaufbau aus Kapitel 3.5.2. Das LEKID wird dabei zentral mit einem Laser der Wellenlänge $\lambda = 658$ nm bestrahlt. In Tabelle 6.8 sind die Mikrowellenleistungen an den verschiedenen Stellen im Messaufbau für die durchgeführten Messungen aufgelistet. Bei den Proben mit den Schichtdicken kleiner als 150 nm wird das

Tabelle 6.9.: Messwerte von f_0, Q_U und Q_L für die LEKID P_{LE13}–Proben mit den Schichtdicken $t = 200, 150, 100$ und 50 nm. Der NEP–Wert wird aus den Detektormessungen berechnet, die bei $T = 4,2$ K und $P_{opt} = 10$ µW durchgeführt wurden.

Schichtdicke t	f_0	Q_U	Q_L	NEP
[nm]	[GHz]			[W/$\sqrt{\text{Hz}}$]
200	$5,1466$	9700	1320	$3,6 \cdot 10^{-8}$
150	$5,0926$	6000	1200	$6,1 \cdot 10^{-9}$
100	$4,9985$	3800	1100	$2,5 \cdot 10^{-9}$
50	$4,7124$	1600	450	$3,1 \cdot 10^{-8}$

MW–Signal zum RF–Eingang des IQ–Mischers mit einem HP 83006A verstärkt [93]. Eine Verstärkung des Signals ist notwendig, um die minimal erforderlichen Signalpegel des IQ–Mischers zu erreichen. Die Messkurve des Resonators wird mit einem Phasenschieber im komplexen IQ–Diagramm ausgerichtet, damit die größte Pegeländerung bei Einstrahlung im Q–Kanal auftritt. Für die Messung der Signale wird ein Lock–In Verstärker verwendet, der mit der Chopfrequenz der Laserdiode synchronisiert ist. Die Rauschspannungsdichte des Systems ohne Einstrahlung wird mit 500 nV/$\sqrt{\text{Hz}}$ bestimmt. Die Zeitkonstante und die Steilheit des Lock–In betragen $\tau = 1\ s$ bzw. 18 dB/Oct. Anhand der Rauschleistungsdichte, der Messspannung und der eingestrahlten Leistung kann nach der in Kapitel 2.5 beschriebenen Methode der NEP–Wert berechnet werden. Für die eingestrahlte Leistung wird angenommen, dass die gesamte Leistung von $P_{opt} = 10$ µW am Wellenleiterende in den Detektor einkoppelt.

Die wichtigsten Werte der Resonatorcharakterisierung und die Berechnung des NEP–Wertes aus den Detektormessungen sind in Tabelle 6.9 aufgelistet. Das Volumen des Resonators sinkt mit kleineren Schichtdicken. In der Theorie wird eine Erhöhung der Empfindlichkeit bei Verkleinerung des Volumens beschrieben, die zu kleinen NEP–Werten führt [8, 11]. Mit den dünnen Schichten ist eine Verschiebung der Resonanzen zu kleineren Frequenzen beobachtbar, die aus einer Vergrößerung des induktiven Anteils im Resonator resultiert. Die Verschiebung der tiefsten Resonanz um 430 MHz im Vergleich zum 200 nm dicken LEKID entspricht einer

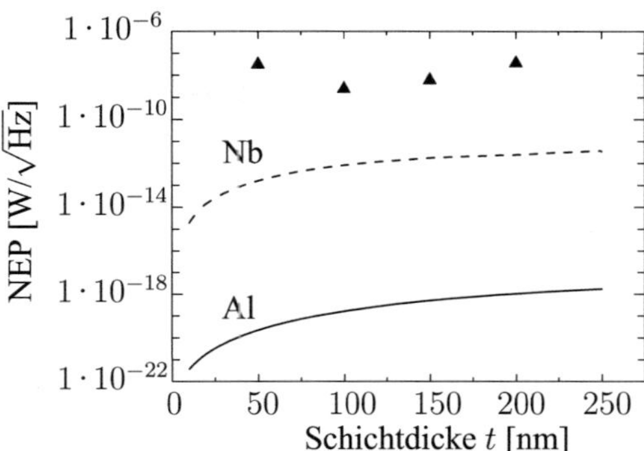

Abbildung 6.14.: Vergleich der berechneten NEP–Werte aus Messungen von LEKIDs der Schichtdicken 50 nm $\leq t \leq 200$ nm bei $4,2$ K (▲) mit den berechneten NEPs von Niob– (– – –) bzw. Aluminium–Leitungsresonatoren @ $T_C/2$ (—).

Vergrößerung der Induktivität um etwa 19 %. Mit dem Schrumpfen der unbelasteten Güte wird das zeitgleiche Ansteigen der Verluste im Leiter dokumentiert. Solange die Schichtdicke größer als die Londoneindringtiefe ist, sinkt Q_U deutlich, während Q_L fast konstant bleibt. Mit Unterschreiten dieser Dicke steigen die Verluste sprungartig an und die belastete Güte bricht stark ein, da die Verluste im Supraleiter kubisch mit der Londoneindringtiefe skalieren. Die äquivalente Rauschleistungsdichte erreicht mit dünnen Schichten oberhalb von λ_L bessere bzw. kleinere Werte. Bei der Probe mit einer Schichtdicke von 50 nm erhöht sich der NEP–Wert auf $3,1 \cdot 10^{-8}$ W/$\sqrt{\text{Hz}}$. Das Auftreten der hohen Verluste kann durch kleinere Betriebstemperaturen gelöst werden.

Die Messwerte zeigen, dass die LEKID–Konfiguration mit $T = 4,2$ K die beste äquivalente Rauschleistungsdichte bei einer Schichtdicke von $t \approx 100$ nm aufweist. In der Abbildung 6.14 wird die Einordnung dieser Ergebnisse zu den berechneten NEPs durchgeführt. Unter Berücksichtigung der groben Näherung für die Einkopplung von Strahlungsleistung im Messaufbau mit einem Wirkungsgrad von etwa 9 % bei konzentrierten Resonatoren ergeben sich NEP–Werte zwischen $\approx 3,2 \cdot 10^{-9}$ W/$\sqrt{\text{Hz}}$ @ $t = 200$ nm und $\approx 2,2 \cdot 10^{-10}$ W/$\sqrt{\text{Hz}}$ @ $t = 100$ nm. Die LEKIDs zeigen im Vergleich zu den berechneten Werten der

Leitungsresonatoren höhere äquivalente Rauschleistungsdichten, da die Güten geringer sind. Mit Ausnahme des 50 nm dicken LEKIDs wird der berechnete Kurvenverlauf von NEP als Funktion der Schichtdicke anhand der gemessenen Proben bestätigt.

6.9. Diskussion und Zusammenfassung

Die Packungsdichte eines Resonatorarrays lässt sich neben einer kompakten Anordnung der Resonatoren durch eine Miniaturisierung der Schwingkreise erhöhen. Im Gegensatz zu Leitungsresonatoren können die konzentrierten Schwingkreise deutlich kleiner als ein Viertel der Resonanzwellenlänge dimensioniert und hergestellt werden. Dieses Kapitel beschreibt den Entwurf von konzentrierten Induktivitäten bzw. Kapazitäten und deren Kombination zu einem konzentrierten Niobresonator mit der maximalen Kantenlänge der Induktivität von $\approx 600 \times 600$ µm². Der Entwicklungsaufwand ist im Vergleich zu einem Leitungsresonator hoch, da beim Design der Induktivitäten und der Kapazitäten verschiedene Geometrieparameter zu bestimmen sind.

Sowohl die Werte der konzentrierten Elemente als auch die Resonanzfrequenz des kombinierten LC–Schwingkreises werden anhand von Simulationen ermittelt und optimiert. Die Simulationsergebnisse zeigen den Einfluss von parasitären Kapazitäten in der mäandrierten Induktivität, die anhand von zwei unterschiedlichen Designs für die LEKIDs nachgewiesen und reduziert werden. Die Kopplung an eine MS–Leitung wird untersucht und für maximale Güten optimiert. Da die Simulationswerte der Frequenzen große Abweichungen zu den Messwerten zeigen, werden parasitäre Kapazitäten zwischen Resonator und Massefläche der MS–Leitung vermutet. Die Vergleichsmessung eines Resonators an der CPS–Durchgangsleitung erlaubt die Identifizierung der parasitären Kapazitäten und den Nachweis der Massekopplung im MS–Design. Die Messungen zeigen nahezu eine Verdopplung der unbelasteten Güten mit sehr guten Werten bis zu 14000 und belastete Güten bis zu 4000. Die hohen Gütewerte werden durch die Optimierung des Koppelabstands und der Orientierung der mäandrierten Induktivität zur Durchgangsleitung mit einer optimalen Koppelstärke des LEKIDs zur CPS–Durchgangsleitung erreicht.

Anhand des optimierten LEKID–Designs wird ein Array mit diskreten Resonatoren an einer CPS–Durchgangsleitung erstellt. Die Messungen zeigen unterschiedlich große Koppelstärken bei Ankopplung der Resonatoren an die Leiter– oder die Masseseite der CPS–Leitung. Die Vergleichsmessungen eines Resonatorarrays an einer MS–Durchgangsleitung zeigen keine signifikanten Unterschiede der Koppelstärke in Abhängigkeit der verwendeten Leiterseite und weisen dieses Verhalten als charakteristische Eigenschaft der CPS–Leitung nach. Werden bei Arraydesigns mit hoher Packungsdichte beide Seiten der CPS–Leitung für die Ankopplung von Resonatoren verwendet, dann muss diese Abschwächung der Koppelstärke an der Masseseite durch den Koppelabstand zum Resonator kompensiert werden.

Der Nachweis der Detektorfunktion der konzentrierten Resonatoren wird erfolgreich anhand des LEKID P_{LE13} durchgeführt. Die Messung einer Resonatorserie mit verschiedenen Schichtdicken größer als die Londoneindringtiefe zeigt bessere NEP–Werte bei kleineren Resonatorvolumen. Damit folgen die Messwerte dem berechneten theoretischen NEP–Verlauf für Niobresonatoren. Bei der Probe mit der Schichtdicke von 50 nm ist die Londoneindringtiefe unterschritten. Daher treten deutlich höhere Verluste auf und die äquivalente Rauschleistungsdichte verschlechtert sich. Die Verluste sind in der Berechnung der NEPs nicht berücksichtigt und erklärt die Abweichung des Messwertes vom Kurvenverlauf.

7. Zusammenfassung und Ausblick

In dieser Arbeit wird die Entwicklung von planaren Resonatoren in Dünnschichttechnologie für die Anwendung in Kinetic–Inductance Detektoren (KID) beschrieben. Die Entwurfsstrategie der Resonatoren verfolgt die systematische Konzeption von einzelnen Resonatoren und die Erweiterung zu Resonatorarrays. Primär erfolgt die Optimierung der Schwingkreise für Detektoranwendungen mit dem Sekundärziel der Realisierung von Multiresonatorarrays für Multipixel–Detektoren. Es wird der Nachweis erbracht, dass die entwickelten Resonatoren als Kinetic–Inductance Detektoren funktionieren. Um diese Aufgaben zu lösen werden drei Bereiche bearbeitet:

- Entwurf eines Resonators und Optimierung der Resonatorparameter für die Anwendung in Kinetic–Inductance Detektoren

- Erweiterung des Entwurfs zu einem Array, das mit mehreren Resonatoren betrieben werden kann

- Maximierung der Packungsdichte des Resonatorarrays durch Miniaturisierung der Resonatorstrukturen

Vor der Erstellung der Resonatorentwürfe wird auf die Funktionsweise eines KIDs eingegangen und dessen Aufbau beschrieben. Auf diese Weise lassen sich die Mikrowellenparameter identifizieren, die einen Einfluss auf die Detektoreigenschaften zeigen. Die Empfindlichkeit eines KIDs skaliert proportional mit dem Anteil der kinetischen Induktivität und der Resonatorgüte und umgekehrt proportional zum Resonatorvolumen. Für diese Einflussgrößen sind geeignete Resonatorgeometrien zu ermitteln, die einen Betrieb als Kinetic–Inductance Detektor erlauben.

Für den Entwurf der Resonatoren werden supraleitende Leitungsresonatoren verwendet. Die Optimierung der Detektoreigenschaften erfolgt über die Gütewerte der Resonatoren, die mit den Resonatorgeometrien dimensioniert werden. Das nahezu zweidimensionale Design erlaubt kleine Volumina, da die Schichtdicke der Niobmetallisierung des Resonators mit Werten von 250 nm sehr gering ist. Mit Breiten der Innenleiter von 50 µm und kleiner wird eine äußerst kompakte Bauweise der Leitungsresonatoren mit sehr kleinen Volumina realisiert. Das Design mit koplanaren Leitungen erleichtert die Miniaturisierung der Resonatoren unter Beibehaltung eines konstanten Wellenwiderstandes.

An den $\lambda/4$–Leitungsresonatoren werden Untersuchungen des Koppeldesigns der Resonatoren zur Ausleseleitung durchgeführt, die das Ziel einer Optimierung der Koppelstärke zur Maximierung der Güten verfolgt. Die Ermittlung der Koppelgeometrien für optimale Koppelstärken mit $\kappa \approx 1$ erfolgt an Reflexionsresonatoren. Dazu wird ein Simulationsmodell des Koppelspalteinflusses auf die Güten im Resonator aufgestellt und durch Messungen erfolgreich verifiziert. Koppelgüte und belastete Güte werden anhand der Maximierung der Reflexionsgüte optimiert. In den Simulationen werden Güten von bis zu $Q_R = 3 \cdot 10^9$ ermittelt. Bei den realisierten Resonatoren können Spitzenwerte mit $Q_R = 12 \cdot 10^6$ bei einer Betriebstemperatur von $4,2$ K gemessen werden. Die hohe Güte demonstriert eine nahezu optimale Kopplung mit kritischer Koppelstärke für optimale Detektorperformance.

Der Nachweis der kinetischen Induktivität im Resonator wird anhand der Einkopplung von optischer Strahlung mit thermischer Anregung des Resonators durchgeführt. Diese Einkopplung verursacht eine messbare Verstimmung des Resonators, die den unmittelbaren Einfluss der kinetischen Induktivität auf den Resonator demonstriert. Die Detektormessung des Reflexionsresonators zeigt unter Annahme einer verlustbehafteten Leistungseinkopplung den in der Theorie berechneten NEP–Wert des Resonatorsystems mit Niob–Leitungsresonatoren bei $4,2$ K. Damit ist eine optimale Umsetzung der Resonatorgeometrie mit maximierter Güte für Reflexionsresonatoren demonstriert.

Für die Erweiterung des Resonatordesigns zu einem Array werden die Leitungsresonatoren an eine Durchgangsleitung gekoppelt und die Koppelgeometrien für die optimale Koppelstärke ermittelt. Ein Vergleich der induktiven und kapazitiven Koppelmethoden weist die kapazitive Kopplung mit Massestreifen zwischen Resonatorleitung und Durchgangsleitung als geeignete Koppelvariante für das Resonatorarray aus. Um einen störungsfreien Betrieb jedes Resonators im Array zu ermöglichen, wird das Übersprechen zwischen benachbarten Resonatoren modelliert und untersucht. Anhand von Simulationen und Messungen wird gezeigt, dass zur Vermeidung von Übersprechen bei 10 µm breiten Leitungsresonatoren ein Mindestabstand von 125 µm zwischen den Resonatoren und ein minimaler Abstand von 30 MHz zur nächstgelegenen Resonanzfrequenz erforderlich ist. Unter diesen Voraussetzungen wird ein kompaktes Array mit 10 Leitungsresonatoren an einer gemeinsamen Durchgangsleitung auf einer 12×10 mm^2 großen Probenfläche realisiert.

Die Resonatoren im Array zeigen im simulierten Modell und bei der Messung Verschiebungen der Resonanzen zueinander, die durch Koppeleffekte mit mehreren benachbarten Resonatoren im dicht gepackten Array verursacht werden. Die Kopplungen sind von der Anordnung der Resonatoren zueinander abhängig. Daher werden optimierte Resonatoranordnungen ermittelt, die eine gegenseitige Beeinflussung im Array minimieren, Messergebnisse mit äußerst äquidistanten Resonanzen realisieren und einheitliche Amplituden der Resonanz zeigen. Damit sind die Voraussetzungen für eine zuverlässige Auslesung der einzelnen Informationen aus einem Array erfüllt. Mit den hochgütigen Absorptionsresonatoren an der Durchgangsleitung lassen sich große Arrays erstellen, die anhand der beschriebenen Vorgehensweise optimierte Detektoreigenschaften vorweisen und einfach auszulesen bzw. auszuwerten sind.

Bei der Einkopplung einer optischen Leistung in einen Leitungsresonator an der Durchgangsleitung wird durch die leistungsabhängige Verstimmung des Resonators der Effekt der kinetischen Induktivität nachgewiesen. Die Güten dieser Leitungsresonatoren sind im Vergleich zu den Reflexionsresonatoren geringer. Die Ursache liegt an den kleineren Innenleiterbreiten von 10 µm bei den Absorptionsresonatoren, wodurch in den miniaturisierten Strukturen höhere Leitungsverluste auftreten. Dennoch werden sehr gute belastete Güten von ≈ 5000 erreicht.

Die Miniaturisierung der Resonatoren erfolgt durch das Verwenden von Schwingkreisen mit diskreten Induktivitäten und Kapazitäten. Dadurch lassen sich die Resonatoren auf die Größe von $\approx 1/20$ der Wellenlänge reduzieren. Aufgrund des geänderten Designs ist eine Optimierung der Koppelgeometrie notwendig, mit dem Ziel maximale Güten zu erreichen. Bei der komplexen Struktur der Resonatorelemente treten parasitäre Kopplungen innerhalb der Geometrie der Induktivität und vom Resonator zur Massefläche der MS–Durchgangsleitung auf. Diese zusätzlichen Verluste werden reduziert, um die Güten zu maximieren. Unter Verwendung einer CPS–Durchgangsleitung, einer mäandrierten Induktivität mit großen Leitungsabständen und der Ankopplung der diskreten Resonatoren auf der Leiterseite der CPS lassen sich die Güten nahe an das Niveau der Absorptionsresonatoren an der Durchgangsleitung bringen. Es werden hohe Güten mit $Q_U \approx 14000$ und $Q_L \approx 4000$ erreicht.

Bei der Einstrahlung einer optischen Leistung auf einen diskreten Resonator wird der Effekt der kinetischen Induktivität anhand der Verstimmung der Resonanz nachgewiesen. Im Vergleich zu den beiden vorangegangenen Detektortypen sind die NEP–Werte höher, da die Güten durch die zusätzlichen Koppeleffekte und Verluste im hochkompakten Design geringer ausfallen.

In einer abschließenden Messreihe werden Detektormessungen mit verschiedenen diskreten Resonatoren durchgeführt. Dabei sind mehrere Proben des gleichen LEKID–Designs mit unterschiedlichen Metallisierungsdicken charakterisiert. Die Messungen zeigen eine geringfügige Verbesserung der NEP–Werte mit sinkender Schichtdicke. Dieses Verhalten gilt lediglich solange die Londoneindringtiefe nicht unterschritten wird und lässt eine geringfügige Verbesserung für das optimale NEP vermuten.

Mit den entwickelten Resonatoren lässt sich eine breite Palette von Detektoranwendungen abdecken. Diese reicht von hochsensitiven Einzelpixeldetektoren, deren Empfindlichkeit mit kleineren Betriebstemperaturen weiter gesteigert werden kann, bis hin zu kompakten Detektorarrays, die für Multipixel–Anwendungen geeignet sind.

Die Entwicklung der Resonatoren und der Resonatorarrays hat gezeigt, dass die Koppelgeometrie der Schwingkreise an die Ausleseleitung einen großen Einfluss auf die Detektorempfindlichkeit ausübt. Bei der Herstellung der Strukturen sind hohe Genauigkeiten für die Realisierung und geringe Herstellungstoleranzen gefordert. Zur Kompensation der Toleranzen wurde bei den Messungen die Betriebstemperatur angepasst und mit der kinetischen Induktivität die Resonatorimpedanz an die realisierte Koppelstärke eingestellt. Diese Methode bietet das Potenzial einer nachträglichen Einstellung der Resonatorparameter und damit eines

Abgleichs der Resonatoren für optimale Detektoreigenschaften.

Anhang A.

Grundlagen der Supraleitung

Der Strom im Supraleiter wird von den gebundenen Elektronen, den sogenannten Cooper–Paaren, getragen [17, 94, 95]. Diese Teilchen besitzen die Ladung $q_S = -2e$ mit der Elektronenladung e. Sie zeigen einen bosonischen Charakter, d.h. das Elektronenpaar weist einen antiparallelen Spin auf und der Gesamtspin ist Null. Der Betrag des Impulses besitzt einen Wert nahe dem Fermi–Impuls bzw. der Fermi–Energie [96]. Die Gesamtheit aller Cooper–Paare beschreibt eine einzige harmonische Wellenfunktion

$$\psi = |\psi(r)| e^{j[\varphi(r) - f\, t]} \tag{A.1}$$

mit r dem Ortsvektor, $\varphi(r)$ der Phase der Cooper–Paare und der Schwingfrequenz $f = 2E_F/\hbar$ [17]. Durch Elektron–Phonon– bzw. Coulomb–Wechselwirkung befinden sich die Cooper–Paare in einem energetisch günstigen Zustand, wodurch sich eine Energielücke Δ ausbildet [78]. Die Bindungsenergie Δ ist für $T << T_C$ durch die Gleichung (A.2) gegeben [66].

$$2\Delta = \frac{2\pi}{\gamma_e} k_B T_C = 3{,}528 k_B T_C \tag{A.2}$$

Es gilt eine schwache Elektron–Phonon–Kopplung mit $\Delta << \hbar\omega_D$. Der Parameter γ_e beträgt $\gamma_e = e^\gamma = 1{,}781$ mit $\gamma = 0{,}577\,215$ der Euler–Mascheroni Konstante. Die Debye–Temperatur Θ_D und die Debye–Frequenz ω_D entsprechen der größten vorkommenden Phononenenergie, der Debye–Energie $\hbar\omega_D = k_B\Theta_D$. Die Energielücke von Niob (Nb) berechnet sich damit zu $\Delta_{Nb} \approx 1{,}4$ meV für $T_C = 9{,}25$ K. Für Temperaturen T sehr viel kleiner als T_C, also $T_C/2$ oder besser $T_C/10$, erreicht die Energielücke Δ bereits annähernd den Wert von $\Delta(0)$ beim absoluten Nullpunkt ($T = 0$ K$= -273{,}15°$C). Supraleitende Ladungsträger können wechselwirken, wenn der gebundene Zustand aufgebrochen wird. Eine Energie von mindestens 2Δ muss dem Elektronen Paar zugeführt werden, um dieses zu zwei Quasiteilchen anzuregen. Wird eine Energie kleiner 2Δ zugeführt, so ist eine Energiedissipation unmöglich. So lange ist der Ladungstransport widerstandslos. Quasiteilchen verhalten sich wie Elektronen in normalen Metallen und können mit dem Kristallgitter wechselwirken, wodurch dieser Ladungstransport widerstandsbehaftet ist.

Das Zweiflüssigkeitsmodell setzt die Koexistenz von normalleitenden und supraleitenden Ladungsträgern voraus [17, 97, 98]. Die Maxwell–Gleichung $\mathrm{rot}(\vec{H}) = \vec{j}$ mit $\vec{B} = \mu\mu_0\vec{H}$ ($\mu \approx 1$ für unmagnetische Supraleiter) und $\vec{j} = \vec{j_s}$ lässt sich über $\mathrm{rot}(\vec{B}) = \mu_0\vec{j_s}$ und der Maxwell–Gleichung $\mathrm{div}\,\vec{B} = 0$ zu der Differenzialgleichung

$$\Delta\vec{B} = \frac{1}{\lambda_L^2}\vec{B} \tag{A.3}$$

umformen [17]. Die Gleichung (A.3) gibt den Meißner–Ochsenfeld Effekt wieder. Wird ein Magnetfeld $\vec{B_a} = (0, 0, B_a)$ von aussen an eine unendlich ausgedehnte Supraleiterplatte im (y,z)–Raum angelegt, so kann allein die z–Komponente parallel zur Oberfläche in das Material eindringen. Dieses Verhalten wird durch eine Funktion in Abhängigkeit der Eindringtiefe in positiver x–Richtung (x>0) beschrieben:

$$\frac{\partial^2 B_z(x)}{\partial x^2} = \frac{1}{\lambda_L^2} B_z(x) \tag{A.4}$$

Die Lösung dieser Gleichung ist

$$B_z(x) = B_z(0) \cdot e^{-x/\lambda_L} \tag{A.5}$$

und führt zu dem Schluss, dass ein äußeres Magnetfeld in eine dünne Oberflächenschicht eindringt, die mit einer e–Funktion beschrieben wird.

Das Eindringen der Magnetfelder im Supraleiter ist temperaturabhängig und kann nach dem Zweiflüssigkeitsmodell nach Gorter–Casimir durch

$$n_n = n\left(\frac{T}{T_C}\right)^4 \text{ und } n_s = n\left[1 - \left(\frac{T}{T_C}\right)^4\right] \text{ mit } n = n_n + n_s = \text{konst} \tag{A.6}$$

beschrieben werden [97]. Dabei addieren sich normalleitende n_n und supraleitende n_s Ladungsträger zur Gesamtstromdichte $j = j_n + j_s$. Die Abbildung A.1 (a) zeigt das elektrische

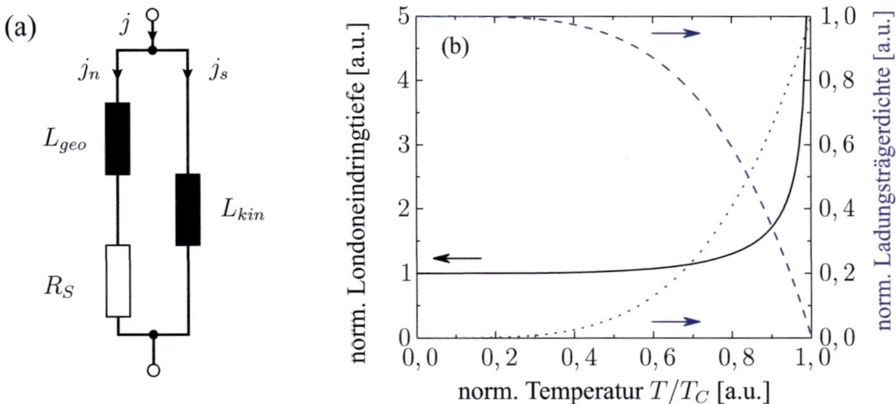

Abbildung A.1.: (a) Elektrisches Ersatzschaltbild der Impedanz im Zweiflüssigkeitsmodell mit den Stromdichten $j = j_s + j_n$. (b) Auswertung der normierten Dichten von supraleitenden ($n_s/n \leq 1$, $---$) und normalleitenden Ladungsträgern ($n_n/n \leq 1$, $\cdots$) nach Gleichung (A.6) und der normierten London–Eindringtiefe ($\lambda_L(T)/\lambda_L(0)$, —) nach Gleichung (A.7) bei normierten Temperaturen zwischen $0,01 \leq T/T_C \leq 1$.

Ersatzschaltbild. Durch Einsetzen von (A.6) in die Formel der London–Eindringtiefe erhält man Gleichung (A.7).

$$\lambda_L(T) = \frac{\lambda_L(0)}{\sqrt{1 - (\frac{T}{T_C})^4}} \tag{A.7}$$

Die Auswertung der Gleichung (A.6) in Abbildung A.1 (b) zeigt den berechneten Verlauf der Ladungsträgerdichten n_n und n_s, normiert auf die Gesamtdichte n, in Abhängigkeit der auf T_C normierten Temperatur. Unterhalb von $T_C/10$ sind nahezu alle Elektronen zu Cooper–Paaren kondensiert und die berechnete Kurve der Londoneindringtiefe zeigt, dass $\lambda_L(T) \approx \lambda_L(0)$ gilt. Bei Temperaturen von $T_C/10$ bis T_C wird die Felddurchdringung des Supraleiters größer, bis bei T_C das Material vollständig vom Feld durchdrungen ist. Der Supraleiter geht dann in den normalleitenden Zustand über und die Londoneindringtiefe durchdringt den Leiter vollständig. Für viele supraleitende Materialien liegt $\lambda_L(0)$ in der Größenordnung von 100 nm.

Im stationären Fall wird das elektrische Feld völlig aus dem Leiter verdrängt und es gibt keinen Spannungsabfall über dem Leiter. Ein zeitabhängiges elektrisches Feld dringt in einen elektrischen Leiter ein, wodurch sich das ohmsche Gesetz $\vec{j_n} = \sigma_n \vec{E}$ auf die normalleitenden Ladungsträger anwenden lässt. Da der Suprastrom j_s reibungs– und verlustfrei sein soll, werden die Cooper–Paare im elektrischen Feld E unbegrenzt und stoßfrei beschleunigt. Die newtonsche Bewegungsgleichung

$$m_s \dot{\vec{v}}_s = q_s \vec{E},\tag{A.8}$$

mit effektiver Masse m_s, Geschwindigkeit $\vec{v}_s$ und Ladung q_s, lässt sich mit dem Durchflutungsgesetz nach Maxwell unter Vernachlässigung der Verschiebungsströme $\vec{j} >> j\omega\vec{D}$ um die phänomenologischen London–Gleichungen zu $\mathrm{rot}(\vec{H}) = \vec{j} = \vec{j_s} + \vec{j_n}$ erweitern. Die Feldgleichungen zwischen Normalleiter und Supraleiter sind in der Tabelle A.1 vergleichend gegenübergestellt [53]. Mit

$$\vec{j_s} = \frac{1}{i\omega\mu_0\lambda_L^2}\vec{E} \quad \text{und} \quad \vec{j_n} = \sigma_n\vec{E}\tag{A.9}$$

lassen sich die beiden Ströme ausdrücken [17]. Durch den imaginären Faktor i ist der Suprastrom um i zum elektrischen Feld verschoben und eilt diesem um $90°$ nach. Dieses Verhalten kann als Induktivität interpretiert werden. σ_n ist die Leitfähigkeit im Leiter, die bei Vorhandensein von Verschiebungsströmen eine komplexwertige Funktion $\sigma_n = \sigma_1 + i\sigma_2$ annehmen kann. Für die Gesamtstromdichte $\vec{j}$ gilt

$$\vec{j} = \vec{j_n} + \vec{j_s} = \sigma_1\vec{E} + \frac{1}{i\omega\mu_0\lambda_L^2}\vec{E} = \underline{\sigma}\vec{E}\tag{A.10}$$

mit der komplexen Leitfähigkeit

$$\underline{\sigma} = \sigma_n\frac{n_n}{n} - i\frac{1}{\omega\mu_0\lambda_L^2} = \sigma_1 - i\sigma_2\,.\tag{A.11}$$

Da im Realteil σ_1 lediglich die Elektronenkonzentration der normalen Ladungsträger zu berücksichtigen ist, wird dessen Wert aus dem spezifischen Oberflächenwiderstand gewonnen. Das Lösen der Maxwell–Gleichung führt zur Erkenntnis, dass die Welle mit der Funktion $e^{(-z/\delta)}$ abfällt und mit der Skintiefe von

$$\delta = \sqrt{\frac{2}{\omega\mu_0\sigma_n}}\tag{A.12}$$

Tabelle A.1.: Makroskopische Feldgleichungen für Normal– und Supraleiter. Die allgemeinen Grundgleichungen aus den ersten drei Tabellenzeilen lassen sich auf Normal– und Supraleiter anwenden [53].

$$\mathrm{rot}(E) = -\dot{B}$$
$$\mathrm{rot}(H) = j + \dot{D}$$

Normalleitung	Supraleitung
$j_n = n_n q_n v$	$j_s = n_s q_s v$
$v_n = \mu_{eff} E$	$\dot{v}_s = \frac{q_s}{m_s} E$
$j_n = \sigma_n E$	$\dot{j}_s = \frac{1}{\mu_0 \lambda_L^2} E$
Ohmsches Gesetz	1. London–Gleichung
$\sigma_n = \frac{1}{\rho_n}$	$\lambda_L = \sqrt{\frac{m_s}{\mu_0 n_s q_s^2}}$ (London–Eindringtiefe)
$\rho_n \, \mathrm{rot}(j_n) = -\dot{B}$	$B = -\mu_0 \lambda_L^2 \, \mathrm{rot}(j_s)$
	2. London–Gleichung
Zeitlich veränderliche Magnetfelder sind	Ein statisches Magnetfeld ist die Quelle
Quelle für Wirbelströme,	für supraleitende Abschirmströme,
$\rightarrow$ Induktionsgesetz	$\rightarrow$ Feldverdrängung

für $j \gg \dot{D}$ und div $B = 0$ gilt

Normalleitung	Supraleitung
$\Delta B = \sigma_n \mu \dot{B}$	$\Delta B = \frac{1}{\lambda_L^2} B$
$\Rightarrow \delta = \sqrt{\frac{2}{\mu \sigma_n \omega}}$	$\Rightarrow \lambda_L = \sqrt{\frac{m_s}{\mu_0 n_s q_s^2}}$
Wirbelstromeindringtiefe	London–Eindringtiefe

in ein normalleitendes Metall eindringt. In Kupfer bei $f = 10$ GHz und $T = 293$ K beträgt diese ≈ 660 nm. Für die Oberflächenimpedanz von Normalleitern gilt

$$\underline{Z}_{S,n} = R_S + jX_s = (1 + j)\frac{1}{\sigma_n \delta} = \frac{1}{\delta \sigma_n}(1 + j) \, . \tag{A.13}$$

R_S und X_S sind Oberflächenwiderstand und Oberflächenimpedanz, wobei im Normalleiter Realteil R_S und Imaginärteil X_S gleich groß sind. Aus (A.13) lässt sich ableiten, dass sowohl für Realteil, als auch Imaginärteil, für den normalen Skineffekt eine Proportionalität zur Wurzel der Frequenz aufweisen.

$$R_S = \sqrt{\frac{\omega \mu_0}{2\sigma_n}} \quad \propto \sqrt{\omega} \tag{A.14}$$

Am Beispiel von Kupfer bei $f = 10$ GHz und $T = 293$ K ergibt sich ein Wert von $R_S = 26$ mΩ. Für deutlich höhere Frequenzen und damit höhere Leitfähigkeiten σ_n wird der Wert von δ irgendwann vergleichbar oder kleiner als die mittlere freie Weglänge ℓ der Elektronen. In diesem Fall lassen sich Stromdichte und elektrisches Feld nicht mehr durch das ohmsche Gesetz ermitteln. Ein Integral muss gelöst werden, welches das elektrische Feld über ca. eine freie Weglänge mittelt. Dieser sogenannte 'anormale Skineffekt' beschreibt für $\ell >> \delta$, dass die Wirbelstromeindringtiefe ungefähr proportional zu $(\sigma_n \omega)^{-1/3}$ ist [48]. Im Supraleiter lassen sich R_S und X_S unter den Annahmen von Frequenzen deutlich unterhalb der Energielückenfrequenz $f << f_\Delta = \frac{2\Delta_0}{h} = \frac{\Delta_0/e}{\phi_0}$, einer Temperatur $T < T_C$ und $\sigma_1 << \sigma_2$ bzw. $\lambda_L << \delta$ zu

$$R_S = \frac{\omega \mu_0 \lambda_L}{\sqrt{2}} \sqrt{\frac{\sqrt{1 + 4\left(\frac{\lambda_L}{\delta_1}\right)^4} - 1}{1 + 4\left(\frac{\lambda_L}{\delta_1}\right)^4}} \approx \frac{1}{2} \mu_0^2 \sigma_1 \omega^2 \lambda_L^3 \quad \propto \omega^2 \tag{A.15}$$

$$X_S = \frac{\omega \mu_0 \lambda_L}{\sqrt{2}} \sqrt{\frac{\sqrt{1 + 4\left(\frac{\lambda_L}{\delta_1}\right)^4} + 1}{1 + 4\left(\frac{\lambda_L}{\delta_1}\right)^4}} \approx \omega \mu_0 \lambda_L \tag{A.16}$$

bestimmen [53]. Der Oberflächenwiderstand zeigt eine Proportionalität zu ω^2. Im Gegensatz zur Wirbelstromeindringtiefe im Normalleiter ist die London–Eindringtiefe im Supraleiter frequenzunabhängig.

Die Leitfähigkeiten σ_1 und σ_2 der komplexen Leitfähigkeit $\underline{\sigma}$ können für Frequenzen unterhalb der Energielückenfrequenz $f_\Delta = (\Delta/e)/\phi_0$ mit ϕ_0 als einem einzigen Flußquant durch

$$\sigma_1 = \sigma_n \frac{\frac{2\Delta}{e}}{\frac{k_B T}{e}} \frac{e^{\frac{\Delta}{k_B T}}}{(1 + e^{\frac{\Delta}{k_B T}})^2} \ln \frac{\frac{2\Delta}{e}}{4\phi_0 f} = \sigma_n \frac{2\Delta}{k_B T} \frac{e^{\frac{\Delta}{k_B T}}}{(1 + e^{\frac{\Delta}{k_B T}})^2} \ln \frac{2\Delta}{4e\phi_0 f} \tag{A.17}$$

und

$$\sigma_2 = \frac{1}{\omega \mu_0 \lambda_L^2} \tag{A.18}$$

berechnet werden [99]. Die einzusetzenden Parameter sind die Elementarladung e eines Elektrons, die Energielückenenergie $2\Delta = 3,05$ meV, das magnetische Flußquant ϕ_0, die Permeabilität des Vakuums μ_0, die Boltzmann–Konstante k_B und die Leitfähigkeit σ_n der normalleitenden Elektronen. Für den Temperaturbereich $0,8\,T_C < T < T_C$ liefert Gleichung (A.17) eine gute Näherung. Bei Temperaturen unter $0,8\,T_C$ sind die Werte zu klein. Unter den Bedingungen $T << T_C$, $hf << \Delta$, $k_B T << \Delta$ und $e^{-\frac{E}{k_B T}}$ lässt sich die komplexe Leitfähigkeit mit der Energie $E = \Delta$ und $\mu^* = 0$ berechnen [25, 100].

$$\sigma_1 = \sigma_n \frac{4\Delta_0}{hf}\, e^{-\frac{\Delta_0}{k_B T}} \sinh(\frac{hf}{2k_B T}) K_0(\frac{hf}{2k_B T}) \tag{A.19}$$

$$\sigma_2 = \sigma_n \frac{\pi\Delta_0}{hf}\left[1 - \sqrt{\frac{2\pi k_B T}{\Delta_0}}\, e^{\frac{\Delta_0}{k_B T}} - 2\, e^{-\frac{\Delta_0}{k_B T}}\, e^{-\frac{hf}{2k_B T}} I_0(\frac{hf}{2k_B T}) \right] \tag{A.20}$$

I_n und K_n sind modifizierte Besselfunktionen erster und zweiter Art und n–ter Ordnung.

Anhang B.

Berechnungsgrundlagen

B.1. Berechnung zur kinetischen und geometrischen Induktivität

Jeder Stromkreis, bei dem ein Stromfluss einsetzt, baut zeitgleich ein magnetisches Feld auf, welches einer Änderung des Stromes entgegenwirkt. Der Selbstinduktionskoeffizient L ist als Proportionalitätsfaktor zwischen magnetischem Fluss Φ bzw. Energie E und zeitlicher Änderung des Stroms I durch den Leiter definiert [17, 51, 101].

$$L = \frac{\Phi}{I} = \frac{2E}{I^2} \tag{B.1}$$

Mit der Stromdichte $j = nqv$ lässt sich das elektrische Feld eines stromdurchflossenen Drahtes beschreiben [9, 20].

$$E = \left(\frac{m}{ne^2\tau}\right) J + \left(\frac{m}{ne^2}\right) \frac{\partial J}{\partial t} \tag{B.2}$$

Der Widerstandsbelag ρ bzw. Widerstand R eines Drahtes ist gegeben durch

$$\rho = \frac{m}{ne^2}\frac{1}{\tau} \quad \text{bzw.} \quad R = \left(\frac{m}{ne^2}\right)\left(\frac{l}{\sigma}\right)\frac{1}{\tau} \tag{B.3}$$

mit Länge l, Querschnittsfläche σ und Elektronenkollisionszeit τ. Auf gleiche Weise kann der Belag der kinetischen Induktivität Λ bzw. die kinetische Induktivität L_{kin} durch

$$\Lambda = \frac{m}{ne^2} \quad \text{bzw.} \quad \omega L_{kin} = \left(\frac{m}{ne^2}\right)\left(\frac{l}{\sigma}\right)\omega \tag{B.4}$$

definiert werden. Durch die Paarung im Supraleiter tragen die Ladungsträger immer die zweifache Ladung $2e$. Diese Eigenschaft trifft auf die kinetische Induktivität nicht zu, da

$$\Lambda = \frac{2m}{\frac{1}{2}n(2e)^2} = \frac{m}{ne^2} \, . \tag{B.5}$$

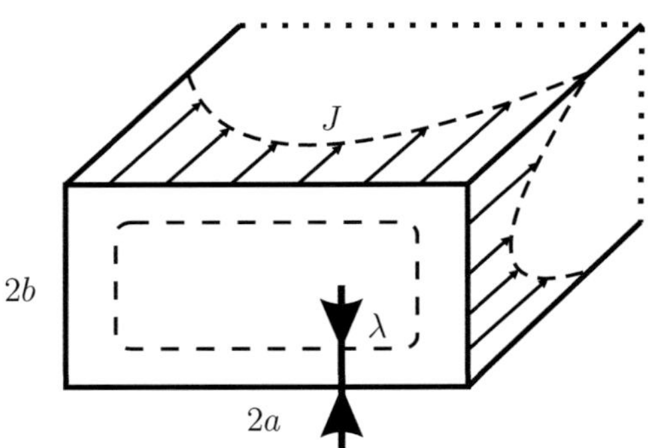

Abbildung B.1.: Stromverteilung in einem langen rechteckigen Leiter. Im Querschnitt ist qualitativ die London–Eindringtiefe gestrichelt dargestellt mit der qualitativen Intensität der Stromdichte in Ausbreitungsrichtung aufgetragen.

Bei der Bestimmung der kinetischen Induktivität ist die Unterscheidung in zwei Fällen zu beachten [9, 11]. Die Abbildung B.1 zeigt den Ausschnitt eines langen, elektrischen Leiters mit rechteckigem Querschnitt mit Leiterbreite $w = 2a >> 2b$ und $b > \lambda_l$. Die beiden Seiten mit $t = 2b$ werden bei der Betrachtung vernachlässigt. Für dünne Schichten ist die London–Eindringtiefe λ_L gleich oder größer als die halbe Schichtdicke b. Damit durchdringt das Feld die dünne Schicht vollständig. Die bei Berechnung der Energie zu beachtende Fläche beschränkt sich auf $w \cdot t$ und für L_{kin} gilt nach (B.4)

$$L_{kin} \propto \mu_0 \lambda_L^2 \quad \text{für} \quad \lambda_L > b \,. \tag{B.6}$$

Für den Fall, dass dicke Schichten verwendet werden, d.h. $b >> \lambda_L$, existiert im Supraleiter ein Bereich, aus dem das Feld komplett verdrängt wird. Die Berechnung der Energie erfolgt über den stromführenden Querschnitt $2w\lambda_L$ und die kinetische Induktivität ergibt sich nach (A.16)

$$L_{kin} \propto \mu_0 \lambda_L \quad \text{für} \quad \lambda_L < b \,. \tag{B.7}$$

Die London–Eindringtiefe λ_L muss an die Dicke der Schicht t angepasst werden [102].

$$\lambda_{L,eff}(T) = \lambda_L(T) \coth\left(\frac{t}{\lambda_L(T)}\right) \tag{B.8}$$

Die Berechnung der Gesamtinduktivität für eine Mikrostreifenleitung der Länge l, Breite w, Schichtdicke t, Substratdicke t_0 und gleicher Metallisierung für Leiter und Massefläche ist durch

$$L = \mu_0 \frac{l}{w} \left[t_0 + 2\lambda_L \coth\left(\frac{t}{\lambda_L} \right) \right] \tag{B.9}$$

gegeben [102, 103]. Für ein beliebiges, rechteckiges Leitungsstück ohne Masse errechnet sich die Gesamtinduktivität L mit der Breite w und der Dicke t durch die Gleichungen (B.10) bis (B.12) [11].

$$L = L_{geo} + L_{kin} = \frac{\mu_0 \lambda_L}{2w} \left(\coth\left(\frac{t}{2\lambda_L} \right) \right) \tag{B.10}$$

mit

$$L_{geo} = \frac{\mu_0 \lambda_L}{4w} \left[\coth\left(\frac{t}{2\lambda_L} \right) - \left\{ \left(\frac{t}{2\lambda_L} \right) \operatorname{csch}^2\left(\frac{t}{2\lambda_L} \right) \right\} \right] \tag{B.11}$$

und

$$L_{kin} = \frac{\mu_0 \lambda_L}{4w} \left[\coth\left(\frac{t}{2\lambda_L} \right) + \left\{ \left(\frac{t}{2\lambda_L} \right) \operatorname{csch}^2\left(\frac{t}{2\lambda_L} \right) \right\} \right] . \tag{B.12}$$

B.2. Phasenantwort auf Änderung der Quasiteilchendichte

Eine volle analytische Beschreibung der Absorption von Photonen im supraleitenden Schwingkreis, der Paarbrechung und des Einflusses auf die Resonatorparameter sind durch die Gleichungen (B.13) bis (B.17) gegeben [8, 11]. Die Messgröße ist eine Phasenwinkeländerung des $|\underline{S}_{21}|$-Parameters in Resonanz, welche durch eine gleichmäßige Änderung der Quasiteilchendichte im gesamten Resonator hervorgerufen wird. Für die Empfindlichkeit S ergibt sich

$$S = \frac{\partial \phi}{\partial N_{qp}} = \frac{\partial \phi}{\partial \omega_0} \frac{\partial \omega_0}{\partial L_{tot}} \frac{\partial L_{tot}}{\partial \sigma_2} \frac{\partial \sigma_2}{\partial T} \frac{\partial T}{\partial N_{qp}} \quad \text{mit} \tag{B.13}$$

$$\frac{\partial \phi}{\partial \omega_0} = -\frac{g Q_L}{\omega_0} , \quad \frac{\partial \omega_0}{\partial L_{tot}} = -\frac{\omega_0 L_{tot}}{2} = -\frac{\omega_0 \alpha_{kin}}{2 L_{int}} dL_{int} , \tag{B.14}$$

$$\frac{\partial L_{tot}}{\partial \sigma_2} = -\frac{\mu_0}{8} \sqrt{2} \, \frac{2\sqrt{a} \coth\left(\frac{t}{2}\sqrt{a} \right) - at + a \coth\left(\frac{t}{2}\sqrt{a} \right)^2}{\sqrt{\frac{\mu_0}{\sigma_2 \omega}} \sigma_2 \omega \sqrt{a}} , \tag{B.15}$$

$$\frac{\partial \sigma_2}{\partial T} = -\frac{\pi \Delta(T) \sigma_n}{\hbar \omega_0 k_B T^2} e^{-\frac{\Delta_0}{k_B T} - \frac{\hbar \omega_0}{2 k_B T}} \left[2\Delta_0 I_0(b) + \hbar \omega I_0(b) - \hbar \omega_0 I_1(b) \right] \quad \text{und} \tag{B.16}$$

$$\frac{\partial T}{\partial N_{qp}} = \frac{1}{N_0 \frac{\sqrt{2\pi}}{T} \Delta_0 V \frac{k_B T + 2\Delta_0}{\sqrt{k_B T \Delta_0}} e^{-\frac{\Delta_0}{k_B T}}} . \tag{B.17}$$

Es sind $a = \mu_0 \sigma_2 \omega_0$, $b = \frac{\hbar\omega}{2k_B T}$, ω_0 Kreisresonanzfrequenz, ω Strahlungsfrequenz, t Schichtdicke, T Temperatur, g Koppelkoeffizient, I_0 und I_1 modifizierte Besselfunktionen erster bzw. zweiter Art und V Volumen des Resonatorfilms. Durch die Mattis–Bardeen Theorie ist die Temperaturabhängigkeit in den Gleichungen berücksichtigt. Eine Maximierung der belasteten Güte Q_L und des Anteils der kinetischen Induktivität α_{kin} ist anzustreben, während das Volumen V des Resonators möglichst klein gewählt werden muss.

B.3. Empfindlichkeit eines Detektors

Eine Berechnungsvorschrift der Empfindlichkeit ist in den folgenden Gleichungen gegeben [13, 18]. Die interessanten Messgrößen eines Resonators sind Amplitude und Phase bei Resonanz, die als S–Parameter erfasst werden. Anhand der Messwerte lässt sich die Induktivitätsverstimmung dL_S eines Schwingkreises bestimmen, die aufgrund der Änderung der Quasiteilchendichte dn_{qp} auftritt. Damit ist das Maß der Empfindlichkeit

$$S = \frac{\partial L_S}{\partial n_{qp}} \tag{B.18}$$

gegeben. Für dünne Schichten verhält sich die partielle Änderung der Induktivität proportional zur partiellen Änderung des imaginären Teils der komplexen Leitfähigkeit.

$$\frac{\partial L_S}{L} = -\frac{\partial \sigma_2}{\sigma_2} \tag{B.19}$$

Unter Anwendung der Mattis–Bardeen Theorie für $T << T_C$ ist

$$\frac{\partial \sigma_2}{\partial n_{qp}} = -\frac{\sigma_2}{2N_0 \Delta(0)}\left(1 + \sqrt{\frac{2\Delta(0)}{\pi^2 h f}}\right). \tag{B.20}$$

Mit der Näherung $L_S = \frac{1}{\sigma_2 t}$, die für dünne Schichten mit der Dicke t gilt, lässt sich die Empfindlichkeit durch

$$S = -\frac{1}{2N_0 \Delta(0)\sigma_2 t}\left(1 + \sqrt{\frac{2\Delta(0)}{\pi^2 h f}}\right) \tag{B.21}$$

ersetzen mit der Zustandsdichte N_0, der Energielücke Δ bei 0 K und der Frequenz f. Die Änderung der Induktivität lässt sich im Schwingkreis durch die Verstimmung der Impedanz Z_S bestimmen. Die S–Parameter ergeben

$$S_{21}(dfx) = 1 - \frac{Q_L}{Q_E}\frac{1}{1 + 2jQ_R\,dfx} \quad \text{mit} \quad dfx = \frac{f - f_0}{f_0}, \tag{B.22}$$

wobei belastete Güte Q_L, Koppelgüte Q_E, Auslesefrequenz f und Resonanzfrequenz f_0 Resonatorparameter sind. Die differentielle Gleichung von (B.22) ist

$$\frac{S_{21}}{\partial dfx} = \frac{Q_L^2}{Q_E} \left[\frac{\partial \frac{1}{Q_L}}{\partial dfx} + 2j \right] \tag{B.23}$$

mit $d\frac{1}{Q_L}/d\,dfx$ als Änderung der belasteten Güte über der von den Quasiteilchen verursachten Frequenzverschiebung. Das Verhältnis von dn_{qp}/dP_{opt} gibt die Effizienz der Erzeugung von Quasiteilchen durch die Einkopplung von optischer Strahlungsleistung an. Die Empfindlichkeit wird durch

$$S = \frac{S_{21}}{\partial dfx} \frac{\partial dfx}{\partial L_S} \frac{\partial L_S}{\partial \sigma_2} \frac{\partial \sigma_2}{\partial n_{qp}} \frac{\partial n_{qp}}{\partial P_{opt}} \tag{B.24}$$

ausgedrückt. Mit der Rauschspannungsdichte der Messapparatur kann das NEP unter Verwendung von Gleichung (2.9) berechnet werden.

Anhang C.

Probenherstellung

C.1. Substratmaterialien

Die Anforderungen von Hochfrequenzschaltungen an das verwendete Substrat lassen sich in mechanische und elektrische Eigenschaften gliedern [16, 27]. Das Substrat dient als Trägermaterial für die elektrischen Leitungen und muss stabil in seinen mechanischen, als auch technologischen Eigenschaften sein. Für die Zuverlässigkeit sind geringe Einflüsse der Alterung auf die Substrateigenschaften sehr wichtig. Zur Vermeidung von Degradation der elektrischen Eigenschaften darf Luftfeuchtigkeit weder bei Lagerung, noch bei Betrieb Einfluss auf die elektrischen Schaltungen nehmen. Eine gute Wärmeleitfähigkeit zur Kühlung, Unempfindlichkeit gegenüber starken Temperaturschwankungen, Dehnungsverhalten bei thermischen Prozessen und Stoßfestigkeit bzw. Stabilität der Materialien spielen sowohl bei Herstellungsprozessen, als auch beim Betrieb von Hochfrequenzschaltungen im Endprodukt eine Rolle. Ein Kostenfaktor bei der Herstellung ist die mehr oder weniger einfache Bearbeitbarkeit des Materials.

Als wellenleitendes Medium kommen verschiedene elektrische Eigenschaften hinzu. Eine große Permittivität ε_r mit bekannten Abhängigkeiten von Frequenz und Temperatur ermöglicht die Miniaturisierung der Schaltungsdimensionen durch einen hohen Wellenlängenverkürzungsfaktor. Der Verlustfaktor $\tan\delta$ beschreibt die Verluste im Substrat. Hohe Resonatorgüten werden bei sehr geringen Verlusten erreicht. Homogene und isotrope Eigenschaften, bzgl. der Permittivität ε_r, ermöglichen gleichmäßige und ortsunabhängige Leitungseigenschaften auf dem gesamten Schaltkreis. Ein hoher spezifischer Widerstand ermöglicht elektrisch verlustarme Schaltungen. Das verspannungsfreie und gleichmäßige Aufbringen von

Dick– und Dünnschichten ist auf qualitativ hochwertigen Substraten möglich. Am Besten eignen sich einkristalline Substrate dafür.

Siliziumsubstrate haben eine Permittivität von $\varepsilon_r = 11,9$. Standardgrößen sind als Wafer bis 150 mm Durchmesser und mit Dicken bis zu 675 μm in verschiedenen Orientierungen von der Firma CrysTec erhältlich [104]. Der Verlustfaktor beträgt $\tan\delta = 1 \cdot 10^{-3}$ bei Raumtemperatur ($T = 300$ K) und $\tan\delta = 1 \cdot 10^{-4}$ @ 4,2 K. Die in dieser Arbeit verwendeten Standardwafer sind einseitig polierte 2"–Silizium Substrate mit einer Dicke von 300 μm. Als grundlegender Schritt werden diese durch eine Temperaturbehandlung im Feuchtluftofen bei 1000°C vier Stunden lang oxidiert. Dabei entsteht eine $500-600$ nm dicke Siliziumdioxidschicht (SiO_2), die für eine bessere elektrische Isolation an der Oberfläche sorgt. Diese reicht allerdings nicht an die Werte von hochohmigem oder einkristallinem Silizium heran. Das hochohmige undotierte Silizium Substrat hat einen Durchmesser von $d = 3"$, ist beidseitig poliert und besitzt eine Dicke von 380 μm. Der spezifische Widerstand des Halbleiters ist nach Herstellerangaben größer als 5000 Ωcm [104]. Der Verlustfaktor beträgt $\tan\delta = 1,5 \cdot 10^{-3}$ bei Raumtemperatur ($T = 300$ K) und $f = 10$ GHz [16].

Ein sehr gutes Mikrowellensubstrat ist Saphir (Al_2O_3). Diese Substrate sind in unterschiedlichen Orientierungen zur Einheitszelle erhältlich und werden aus einem Einkristallinblock geschnitten. Die Unterscheidung erfolgt durch den Winkel Θ zwischen dem Normalenvektor der Schnittebene und der C–Hauptachse der Kristallorientierung [105]. Die bekanntesten Schnitte sind C–Schnitt mit $\Theta = 0°$, R–Schnitt mit $\Theta = 57,6°$ und M–Schnitt mit $\Theta = 90°$. Im M–Schnitt wird eine homogene dielektrische Zahl von $\varepsilon_r = 9,4$ erreicht. In Abbildung C.1 (a) wird die Orientierung in der Elementarzelle dargestellt. Bei den in dieser Arbeit verwendeten Substraten handelt es sich um R–Schnitt Saphire mit einer $(1-102)$ Kristallstruktur. Der Durchmesser ist $d = 2" = 5,08$ cm mit einer Dicke von 330 μm. Eine Seite ist poliert, um eine ebene und homogene Fläche zu gewährleisten. In der Literatur ist der spezifische Widerstand mit $\rho > 10^{14}$ Ωcm zu finden [16]. Saphir ist ein anisotropes Substrat, d.h. die Permittivität ε_r besitzt bei paralleler Orientierung zur C–Hauptachse einen abweichenden Wert im Vergleich zur senkrechten Orientierung dieser Hauptachse, und ist in [16] mit $\varepsilon_r = 11,6 \parallel$ bzw. $\varepsilon_r = 9,4 \perp$ angegeben. So ist Verkürzungsfaktors im Vergleich zum

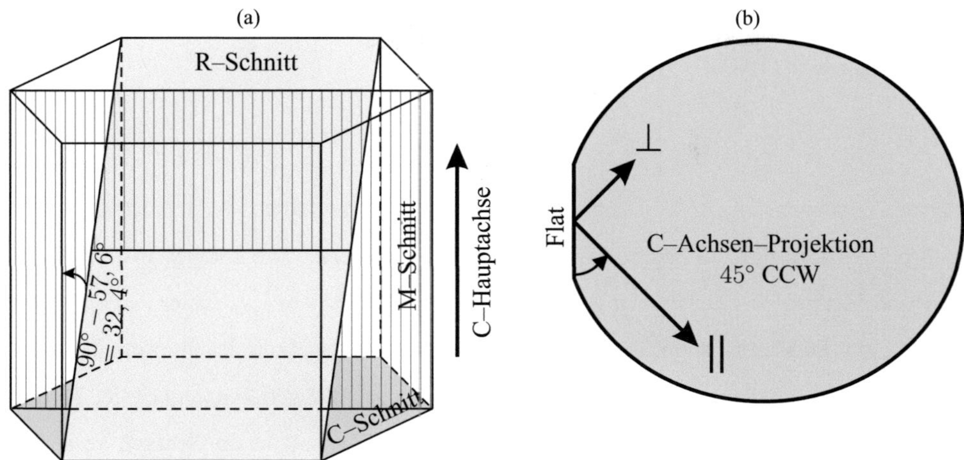

Abbildung C.1.: (a) Lage von C–Schnitt, R–Schnitt und M–Schnitt Ebenen in der Saphir–Elementarzelle. (b) Lage der C–Achsen–Projektion im 2"–Wafer eines R–Schnitt Saphir Substrats.

M–Schnitt im schlechtesten Fall gleich groß und im besten Fall um den Wert $2,2$ größer. Bei den verwendeten Wafern ist die Projektion der C–Hauptachse auf die Schnittebene um einen Winkel von $45°$ zum Flat des Wafers im Gegenuhrzeigersinn gedreht. Die Ausrichtung zum Flat ist in Abbildung C.1 (b) gezeigt. Die verwendeten CrysTec Saphir Wafer von der Firma Crystal GmbH in Berlin sind mit einem $\varepsilon_{r,\parallel} = 11,5$ und $\varepsilon_{r,\perp} = 9,3$ zur C–Achsenprojektion angegeben [106]. Der Verlustfaktor beträgt $\tan\delta = 1 \cdot 10^{-4}$ bei Raumtemperatur (300 K), 10 GHz [16] und $\tan\delta = 1 \cdot 10^{-5}$ @ 4,2 K.

Die dielektrische Anisotropie bringt für die Hochfrequenzschaltungen weder mechanische, technologische oder elektrische Nachteile mit sich. Allerdings ist die Berechnung und Dimensionierung der Wellen– und Streifenleiter auf dem Substrat aufwändig. Die Ausrichtung auf der Oberfläche muss wegen den unterschiedlich wirksamen ε_r Werten beachtet werden. Simulationsprogramme wie AWR–MWO und Sonnet sind nicht oder erst seit kurzem in der Lage die Anisotropie in Substraten zu berücksichtigen [55, 62]. Im R–Schnitt kann für die Orientierung senkrecht zur C–Achsenprojektion $\varepsilon'_{r,\perp}$ der gleiche Wert verwendet werden, wie in der Elementarzelle senkrecht zur C–Hauptachse mit $\varepsilon_{r,\perp} = 9,4$. Parallel zur C–Achsen–

Projektion im R–Schnitt berechnet sich der Wert von $\varepsilon'_{r,\parallel}$ durch Umformung der Ellipsoidengleichung, wie in [107, 27] verwendet

$$\varepsilon'_{r,\parallel} = \sqrt{\varepsilon^2_{r,\perp} \cos \Theta^2 + \varepsilon^2_{r,\parallel} \sin \Theta^2} \ . \tag{C.1}$$

Hieraus errechnet sich ein Wert von $\varepsilon'_{r,\parallel} = 11,01$. Die Eigenschaften von geraden Leitungen sind bei bekannter Ausrichtung auf dem Substrat berechenbar. Die Quellen [107, 27] zeigen eine Methode zur Bestimmung einer isotropen Permittivität $\varepsilon_{r,iso}$. Unter einem Winkel von $45°$ zur parallelen Ausrichtung wird die Richtungsabhängigkeit der Permittivität minimal. Die in $45°$ und $-45°$ orientierten elektronischen Schaltungen können mit der Permittivität $\varepsilon_{r,iso} = 10,06$ berechnet werden [107, 27]. Dieser Wert wird im weiteren Verlauf in Berechnungen und Simulationen mit Saphirsubstraten verwendet.

C.2. Deposition von Niobschichten

Die Standarddicke der Niobschichten auf Silizium und auf Saphirsubstraten beträgt 250 nm. Diese kann durch kürzere oder längere Behandlung sehr flexibel eingestellt werden. Die Deposition der Metallisierung erfolgt durch Magnetronsputtern in einer "UTS500"–Anlage, die Wafer bis zu einem Durchmesser von 2" verarbeiten kann. Es handelt sich dabei um ein Zweikammersystem mit einer Vorkammer zum Einschleusen mit Vorreinigung und einer Hauptkammer zum Niobsputtern. Nach der Einbringung eines Wafers oder einer Probe in die Vorkammer wird diese mit einem Argonplasma bei einer Reinigungsspannung von $u_{SS} = 800\ V$ und einem Argondruck von $p = 40$ µBar für die Dauer von 3 Minuten gereinigt. Danach erfolgt das Aufbringen des Niob in der Hauptkammer bei einem Basisdruck unter 10^{-7} mBar. Das Plasma wird mit einem $13,56$ MHz–Generator und mit einer Leistung von $P = 300$ W bei $U \approx 265$ V und $I \approx 1,1$ A erzeugt. Der Argonfluss ist auf $2,00$ eingestellt mit einem Argondruck von $p_{Ar} = 5,4$ mTorr. Bei geschlossenem Shutter ist eine Vorsputterzeit von 3 Minuten notwendig, um einen gleichmäßigen Niobabtrag vom Niobtarget zu erzielen. Die Sputterzeit für eine 200 nm Schicht beträgt 250 s, wodurch sich für 250 nm Niob eine Sputterzeit von 312 s errechnet. Die hergestellten Niobschichten haben einen RRR–Wert von $3,7$ auf Silizium und $4,56$ auf Saphir [31].

C.3. Maskendesign

Das Programm zur Erstellung der Simulationsdesigns kann für die Maskenherstellung verwendet werden. Hierbei handelt es sich um das Programm 'xgeom' von Sonnet [55]. Jedes andere CAD–fähige Programm eignet sich ebenfalls zum Design von Masken. Das erforderliche Dateiformat für die Weiterverarbeitung im DWL66–Laserschreiber von Heidelberg Instruments ist DXF oder GDSII. Es können sowohl Chrommasken als auch Strukturen direkt auf einem Mikrowellensubstrat beschrieben werden. Bei der Photolithographie werden die Designs auf Transparentfolien gedruckt, mit denen Photomasken belichtet werden können. Zur Kennzeichnung von Probenrändern kommen L–förmige Sägemarken zum Einsatz, welche die Ecken begrenzen. Die Bemaßung der Marken hängt vom Material ab, das bearbeitet werden soll. Abhängig von der Härte des Substrats müssen unterschiedliche Sägeblätter mit verschiedenen Breiten verwendet werden. Sägemarken auf Silizium sollten mindestens 30 µm breit, auf Saphir mindestens 190 µm breit sein. Damit die Marken unter dem Mikroskop der Wafersäge gut erkennbar sind, bietet sich eine Kantenlänge von 500 µm für beide Seiten des L an.

C.4. Lithographieprozesse

Beim Photolithographieprozess wird eine vergrößerte Maskenvorlage des Leitungsdesigns mit einer stark deckenden Farbe auf eine Transparentfolie gedruckt. Mittels Photobelichtungsprozess mit Verkleinerungsfaktor wird eine lichtempfindliche Glasplatte belichtet und entwickelt, die als Probenmaske in 1 : 1 Größe dient. Proben und Wafer sind in Aceton für 5 Minuten im Ultraschallbad mit anschließender Propanolspülung zu reinigen. Anschließend wird der unverdünnte Lack AZ5214E der Firma Clariant in einem Spincoater aufgeschleudert. Die Drehzahl beträgt 7000 U/min für eine Dauer von einer Minute, wodurch eine Lackdicke von $\sim 1,4$ µm erreicht wird. Anschließend erfolgt ein Softbake für 4 Minuten bei 85°C auf einer Hotplate. Nun kann für 10 Sekunden mit einer strukturierten Maske belichtet werden. Danach erfolgt die Entwicklung mit AZ–Developper, der mit Wasser im Verhältnis 2 : 1 verdünnt ist. Die Entwicklungszeit beträgt 1 − 2 Minuten. Danach wird der Prozess in einem

Wasserbad gestoppt und die Probe mit gefilteter Luft getrocknet. Beim verwendeten photolithographischen Schritt handelt es sich um einen Positivprozess, da die belichteten Bereiche entwickelt und entfernt werden, damit dort das unterliegende Material geätzt werden kann.

Die Belichtungsanlage wird mit einer Quecksilberdampf–Kurzbogenlampe (Osram HBO 350 W/S) betrieben. Die Lampe emittiert eine intensive Strahlung im Wellenlängenbereich von 350 bis 450 nm. Aufgrund der Belichtungsoptik lassen sich kleine Designs mit großen Abbildungsfaktoren verarbeiten. Eine hohe Genauigkeit kann bei kleinen (bis zu 10×10 mm^2) Proben erreicht werden. Damit ist in der Lithographie eine theoretische Genauigkeit im sub–µm Bereich möglich. Die Limitierung der Genauigkeit in der Praxis ist durch die Positionierungsvorrichtung der Anlage beschränkt. Der Probentisch ist in der X–Y–Ebene auf etwa 1 µm genau ausrichtbar. Die Kantenglätte ist von der Druckauflösung in Verbindung mit diesem Verkleinerungsfaktor beschränkt.

Die Resonatorproben weisen teilweise deutlich größere Außenmaße auf. Da die hohe Kantenglätte einen wichtigen Aspekt für Hochfrequenzschaltungen darstellt, wird für Entwürfe mit Strukturgrößen unter 20 µm Laserlithographie verwendet. Dabei wird ein Laser als Belichtungsquelle verwendet. Digitale Masken als DXF– oder GDSII–Dateien werden als Masken mit einem Heidelberg Instrument DWL66–Laserschreiber direkt in den Lack der Probe oder der Chrommaske geschrieben. Der Dioden–Laser hat eine Wellenlänge von 442 nm mit Ausgangsleistungen zwischen 20 mW und 180 mW.

Nach Herstellerangaben sind minimale Strukturgrößen bis zu $0,6$ nm unter optimalen Bedingungen möglich. Erfahrungsgemäß sollten die kleinsten Abmessungen nicht unter 2 µm liegen, um eine fehlerfreie Probe mit hoher Ausbeute zu gewährleisten. Die Kantenrauhigkeit liegt deutlich unter 200 nm. Alle Proben und Wafer sind in Aceton für 5 Minuten im Ultraschallbad mit anschließender Propanolspülung zu reinigen. Es wird ein S1805 Lack von Microchemicals verwendet, der speziell auf die Wellenlänge des Lasers abgestimmt ist. Die Belackungsparameter für den Verteilungszyklus sind 300 U/min für 3 s mit darauf folgendem Rotationszyklus 4500 U/min für 90 s. Damit wird eine Lackdicke von $\sim 0,5$ µm erreicht. Der Lack wird 60 s lang in einem Ofen oder einer Hotplate bei 120°C fertiggebacken. Zum Schreiben der feinsten Strukturen wird der 2 mm Schreibkopf mit den Prozessparametern

Defocuswert (Defoc 1330) und Laser–Energie (Energy 40%) mit 10% Graufilter im Strahlengang verwendet. Anschließend wird die belichtete Probe mit dem unverdünnten MF–319 Entwickler von Microchemicals für 25 s entwickelt. Destilliertes Wasser dient als Stoppbad.

C.5. Ätzmethoden

Zum Ätzen von Niob wird die Methode des reaktiven Ionenätzens (RIE – Reactive Ion Etching) verwendet. Vor jedem Ätzprozess findet eine Konditionierung der Ätzanlage statt. Hierzu wird eine Niobscheibe in die Hauptkammer eingeschleust und für etwa 3 Minuten geätzt. Dadurch wird sichergestellt, dass immer ähnliche Bedingungen zum Ätzen der tatsächlichen Probe in der Hauptkammer herrschen. Für den Ätzprozess wird ein Tetraflourmethan–Sauerstoff Plasma ($CF_4 - O_2$) mit einer HF–Leistung von $P = 100$ W bei einem Druck von $p = 200$ mTorr gezündet. Die Einstellungen der verschiedenen Flüsse sind $Flow = 49$ sccm für CF_4 und $Flow = 21$ sccm für O_2. Mit den Gaspartialdrücken werden die Ätzraten eingestellt. Die Ätzrate der verwendeten Niobschichten beträgt $\approx$ 75 nm/min. Beim reaktiven Ionenätzen handelt es sich um einen isotropen Ätzprozess. Deswegen sollte die Ätzdauer möglichst genau auf die Schichtdicke abgestimmt sein, damit kein Überätzen auftritt.

Zum Ätzen des Chroms einer Chrommaske wird AmmomiumCer(IV)sulfat mit der chemischen Formel $Ce(NH_4)_4(SO_4)_4$ verwendet. Die Zusammensetzung der Ätzlösung besteht aus 16 g AmmomiumCer(IV)sulfat, das in 7 ml Schwefelsäure (H_2SO_4) mit 100 ml Wasser (H_2O) gelöst wird. Das Gemisch wird auf ein Volumen von 250 ml mit destilliertem Wasser aufgefüllt. Die Ätzdauer für eine Chrommaske beträgt $10 - 15$ min mit destilliertem Wasser als Stopbad.

Anhang D.

Glossar

Abkürzung	Erklärung, Übersetzung
ADC	Analog–Digital–Converter – Analog–Digital–Wandler
$\coth(x)$	Kotangens Hyperbolicus Funktion $= \cosh(x)/\sinh(x) = (e^x + e^{-x})/(e^x - e^{-x})$
CPS	Coplanar Strips – Zweibandleitung
CPW	Coplanar Waveguide – Koplanarer Wellenleiter
$\operatorname{csch}(x)$	Kosekans Hyperbolicus Funktion $= 1/\sinh(x) = 2/(e^x - e^{-x})$
DAC	Digital–Analog–Converter – Digital–Analog–Wandler
DL	Durchgangsleitung
DSP	Digital Signal Processing – Digitale Signalverarbeitung
DUT	Device under Test, Probe
EM	Electromagnetic – Elektromagnetisch
FDM	Frequency–Domain Multiplexing – Frequenzbereichs–Multiplexen
FPGA	Field Programmable Gate Array
FWHM	Full Width at Half Maximum – Halbwertsbreite
HF	$\rightarrow$ RF
IDC	Interdigitalkapazität, Fingerkapazität
IF	Intermediate frequency – Zwischenfrequenz
IMS	Institut für Mikro– und Nanoelektronische Systeme

KI	Kinetische Induktivität,
	Induktivität der bewegten Ladungsträger
KID	Kinetic–Inductance Detektor
K(k)	Vollständiges elliptisches Integral erster Ordnung

$$K(k) = \int_0^1 \frac{dx}{\sqrt{(1-x^2)(1-k^2 x^2)}} \quad 0 \leq k \leq 1 \quad , \quad k' = \sqrt{1 - k^2}$$

LE	Lumped–Element – konzentriertes Element
LEKID	Lumped–Element Kinetic–Inductance Detektor
LO	Local Oscillator – Referenzfrequenz
MS	Microstripe Line – Mikrostreifenleitung
MW	Microwave – Mikrowelle
MWO	Applied Wave Research, Inc – Microwave Office
NEP	Noise Equivalent Power –
	Rauschäquivalente Leistung
NWA	Network–Analyzer – Netzwerkanalysator
ODFM	Orthogonal Frequency Division Multiplex –
	Orthogonales Frequenzbereichsmultiplexen
OFHC – Kupfer	Oxide Free High Conductivity Copper –
	Hochreines, sauerstofffreies Kupfer
RF	Radio frequency – Hochfrequenz
$RRR = \dfrac{R_{300K} - R_{T_C}}{R_{T_C}}$	Residual Resistivity Ratio –
	Restwiderstandsverhältnis
S – Parameter	Scatteringparameter, Streuparameter
SOI	Silicon on Insulator – Silizium auf einem Isolator
Sonnet	Sonnet Software, Inc – Sonnet Suite
SQUID	Superconducting QUantum Interference Device –
	Supraleitendes Quanteninterferenzeinheit
TDM	Time–Domain Multiplexing –
	Zeitbereichs–Multiplexen
TEM – Leitungen	Transversal–Elektro–Magnetische Leitungen

TES	Transition Edge Sensor
Y – Parameter	Admittanz (Leitwert)–Parameter
Z – Parameter	Impedanz (Widerstands)–Parameter

Anhang E.

Symbole und Konstanten

Lateinische Buchstaben

Name	Variable	Einheit
magnetische Induktion	B	Vs/m^2
Grenzwert Meissner–Phase	B_{c1}	Vs/m^2
Grenzwert Shubnikov–Phase	B_{c2}	Vs/m^2
Bandbreite	BW	Hz
Kapazitätsbelag	C'	As/(Vm)
el. Feldstärke	E	V/m
Fermi–Energie	ϵ_F	J
Mittenfrequenz / Resonanzfrequenz	f_0	Hz
Ableitungsbelag	G'	S/m
mag. Feldstärke	H	A/m
Stromdichte	J	A/m^2
kritische Stromdichte	J_C	A/m^2
Stromdichte der Normalladungsträger	j_n	A/m^2
Stromdichte der Supraladungsträger	j_s	A/m^2
elliptisches Integral 1. Ordnung	$K(k)$	1
Induktivitätsbelag	L'	H/m
Innerer Induktivitätsbelag	L_i'	H/m
Äußerer Induktivitätsbelag	L_a'	H/m

Name	Variable	Einheit
Cooper–Paardichte	n_C	$1/\text{m}^3$
Dichte der Normalladungsträger	n_N	$1/\text{m}^3$
Dichter der Supraladungsträger	n_S	$1/\text{m}^3$
Koppelgüte	Q_E	1
Belastete Güte	Q_L	1
Unbelastete Güte	Q_U	1
Ladung der Supraladungsträger	q_S	C
Widerstandsbelag	R'	Ω/m
Innerer Widerstandsbelag	R'_i	Ω/m
Oberflächenwiderstand (intrinsisch)	R_S	Ω
Empfindlichkeit (engl. Sensitivity)	S	V/W
Reflexionsparameter	$|\underline{S}_{11}|$	1
Transmissionsparameter	$|\underline{S}_{21}|$	1
Temperatur	T	K
Sprungtemperatur	T_C	K
Wellenwiderstand	Z_L	Ω
Wellenwiderstand für $\varepsilon_r = 1$	Z_{L0}	Ω
Innerer Impedanzbelag	Z'_i	Ω/m
Oberflächenimpedanz	Z_s	Ω

Griechische Buchstaben

Name	Variable	Einheit
Dämpfungsbelag, -maß	α	1/m
Anteil der kinetischen Induktivität	α_{kin}	1
Phasenbelag, -maß	β	1/m
Ausbreitungskonstante	$\underline{\gamma}$	1/m
Energielücke	Δ	eV
Wirbelstromeindringtiefe	δ	m
Verlustfaktor	$\tan\delta$	1
Relative Permittivität	ε_r	1
Effektive relative Permittivität	$\varepsilon_{r,eff}$	1
Koppelfaktor, -stärke	κ	1
Ginzburg–Landau–Parameter	κ_{GL}	1
Wellenlänge	λ	m
London–Eindringtiefe	λ_L	m
Spez. Widerstand	ρ	$\Omega\,\text{m}$
Komplexe Leitfähigkeit	$\underline{\sigma} = \sigma_1 + j\sigma_2$	S/m
Kreisfrequenz	$\omega = 2\cdot\pi\cdot f$	1/s
Ginzburg–Landau–Kohärenzlänge	ξ_{GL}	m

Fundamentale Konstanten [108, 109]

Name	Variable	Wert	Größen-ordnung	Einheit
Lichtgeschwindigkeit im Vakuum				
	c_0	299 792 458	1	m/s
Elementarladung des Elektrons				
	e	$1,602\,176\,487(40)$	10^{-19}	C
Influenzkonstante, elektrische Feldkonstante, Permittivität				
	$\varepsilon_0 = 1/\mu_0 c^2$	$8,854\,187\,817$	10^{-12}	F/m
Newtonsche Gravitationskonstante				
	G	$6,674\,28(67)$	10^{-11}	m³/(kgs²)
Euler–Mascheroni Konstante				
	$\gamma = \lim\limits_{n\to\infty}\left(\sum\limits_{k=1}^{n}(\frac{1}{k}) - \ln n\right)$	$0,577\,215\,664$	1	1
Plancksche Konstante				
	h	$6,626\,068\,96(33)$	10^{-34}	Js
	h in eVs	$4,135\,667\,33(10)$	10^{-15}	eVs
	$\hbar = h/2\pi$	$1,054\,571\,628(53)$	10^{-34}	Js
	$\hbar$ in eVs	$6,582\,118\,99(16)$	10^{-16}	eVs
Boltzmann–Konstante				
	$k_B = R_{MG}/N_A$	$1,380\,650\,4(24)$	10^{-23}	J/K
Elektronenmasse				
	m_e	$9,109\,382\,15(45)$	10^{-31}	kg
Induktionskonstante, magnetische Feldkonstante				
	$\mu_0 = 4\pi 10^{-7}$	$1,256\,637\,061$	10^{-6}	N/A²
Avogadro Konstante				
	N_A	$6,022\,141\,79(30)$	10^{23}	1/mol

Name	Variable	Wert	Größen-ordnung	Einheit
Magnetisches Flussquant				
	$\phi_0 = h/2e$	$2,067\,833\,667(52)$	10^{-15}	Wb
Kreiskonstante				
	π	$3,141\,592\,653\,59$	1	1
Molare Gaskonstante				
	$R_{MG} =$	$8,314\,472(15)$	1	J/(mol$\cdot$K)
Vakuumimpedanz, Freiraumwellenwiderstand				
	$Z_0 = \sqrt{\mu_0/\varepsilon_0} = \mu_0 c_0$	$376,730\,313\,461$	1	Ω
		$\approx 120\pi$		

Anhang F.

Liste eigener Publikationen

Veröffentlichungen in referierten Zeitschriften

S. Wuensch, G. Hammer, T. Kappler, F. Geuppert and M. Siegel, "Investigation and Optimization of LEKID Coupling Structures and Multi–Pixel Arrays at 4.2 K", *IEEE Transactions on Applied Superconductivity*, Volume 21(3), Page(s): 752–755, June (2011). Digital Object Identifier 10.1109/TASC.2010.2090445

G. Hammer, S. Wuensch, M. Roesch, K. Ilin, E. Crocoll and M. Siegel, "Coupling of microwave resonators to feed lines", *IEEE Transactions on Applied Superconductivity*, Volume 19(3), Part 1, Page(s): 565–569, June (2009). Digital Object Identifier 10.1109/TASC.2009.2018476

G. Hammer, S. Wuensch, K. Ilin and M. Siegel, "Ultra high quality factor resonators for kinetic inductance detectors", *Journal of Physics: Conference Series (JPCS)*, Volume 97, 012044 (6pp), (2008).

N. Kikillus, G. Hammer and A. Bolz, "Identifizieren von Patienten mit Vorhofflimmern anhand von HRV–Parametern / Identification of patients with atrial fibrillation using HRV parameters", *Biomedizinische Technik / Biomedical Engineering*, Band / Volume 53(1), Page(s): 8–15, ISSN (Print) 0013–5585 / ISSN (Online) 1862–278X, (2008).

G. Hammer, S. Wuensch, M. Roesch, K. Ilin, E. Crocoll and M. Siegel, "Superconducting coplanar waveguide resonators for detector applications", *Superconductor Science and Technology*, Volume 20, Page(s): S408–S412, (2007).

N. Kikillus, G. Hammer, S. Wieland and A. Bolz, "Algorithm for Identifying Patients with Paroxysmal Atrial Fibrillation without Appearance on the ECG", *Engineering in Medicine and Biology Society*, EMBS 2007, 29th Annual International Conference of the IEEE, Page(s): 275–278, (2007). Digital Object Identifier 10.1109/IEMBS.2007.4352277

Veröffentlichungen in nicht–referierten Zeitschriften

N. Kikillus, G. Hammer, F. Stockwald, N. Lentz and A. Bolz, "Three Different Algorithms for Identifying Patients Suffering from Atrial Fibrillation during Atrial Fibrillation Free Phases of the ECG", *Computers in Cardiology (CINC) 2007*, Volume 34, Page(s): 801–804, (2007).

G. Hammer, N. Kikillus und A. Bolz, "Neue Möglichkeiten der Signalanalyse mittels Normierung der HRV zur Erkennung von Vorhofflimmer–Arrhythmie", de Gruyer Verlag, Berlin, *Biomedizinische Technik: Beiträge zur 40. gemeinsame Jahrestagung der Deutschen, Österreichischen und Schweizerischen Gesellschaft für Biomedizinische Technik (DGBMT) im VDE*, (2pp), P69, ISSN 0939–4990, (2006).

Literaturverzeichnis

[1] Christoph Seidler. Körperscanner der Zukunft – Forscher entwickeln tugendhaften Allesblicker. *SPIEGEL ONLINE GmbH*, 11. Januar 2010. URL: http://www.spiegel.de/wissenschaft/technik/0,1518,671178,00.html.

[2] P. H. Siegel. THz Instruments for Space. *IEEE Transactions on Antennas and Propagation*, 55(11):2957–2965, 2007. DOI: 10.1109/TAP.2007.908557.

[3] M. Theuer, G. Torosyan, F. Ellrich, J. Jonuscheit, and R. Beigang. *Terahertz-Bildgebung in industriellen Anwendungen*. Technisches Messen 75. Oldenbourg Verlag, 2008. DOI: 10.1524/teme.2008.0850.

[4] K. D. Irwin. SQUID multiplexers for transition–edge sensors. *Physica C: Superconductivity*, 368(1–4):203–210, 2002. DOI: 10.1016/S0921-4534(01)01167-4.

[5] B. A. Mazin, P. K. Day, J. Zmuidzinas, and H. G. LeDuc. Multiplexable Kinetic Inductance Detectors. In F. S. Porter, D. McCammon, M. Galeazzi, and C. K. Stahle, editors, *Ninth International Workshop on Low Temperature Detectors*, volume 605 of *AIP Conf. Proc.*, pages 309–312, New York, 2002. AIP.

[6] Benjamin A. Mazin, Peter K. Day, Henry G. LeDuc, Anastasios Vayonakis, and Jonas Zmuidzinas. Superconducting Kinetic Inductance Photon Detectors. *Proc. SPIE*, 4849:283–293, 2002. DOI: 10.1117/12.460456.

[7] P. K. Day, H. G. LeDuc, B. A. Mazin, A. Vayonakis, and J. Zmuidzinas. A broadband superconducting detector suitable for use in large arrays. *Nature*, 425:817–821, 2003. DOI: 10.1038/nature02037.

[8] Benjamin A. Mazin. *Microwave Kinetic Inductance Detectors*. PhD thesis, California Institute of Technology, Pasadena, California, USA, August 2004.

[9] R. Meservey and Tedrow P. M. Measurements of the Kinetic Inductance of Superconducting Linear Structures. *Journal of Applied Physics*, 40(5):2028–2034, 1969. DOI: 10.1063/1.1657905.

[10] G. Vardulakis, S. Withington, D. J. Goldie, and D. M. Glowacka. Superconducting kinetic inductance detectors for astrophysics. *Measurement Science And Technology*, 19:(10pp), 2008. DOI: 10.1088/0957-0233/19/1/015509.

[11] Simon Doyle. *Lumped Element Kinetic Inductance Detectors*. PhD thesis, Cardiff University, April 2008.

[12] Megan E. Eckard. *Measurements of X–ray Selected AGN and Novel Superconducting X–ray Detectors*. PhD thesis, California Institute of Technology, Pasadena, California, USA, Mai 2007.

[13] Shwetank Kumar. *Submillimeter wave camera using a novel photon detector technology*. PhD thesis, School of Applied Physics, California Institute of Technology, Pasadena, California, USA, Mai 2007.

[14] Rami Barends. *Photon–detecting superconducting resonators*. PhD thesis, Technische Universiteit Delft, June 2009. ISBN 978-90-85930-52-5.

[15] Otto Zinke and Heinrich Brunswig. *Lehrbuch der Hochfrequenztechnik II: Elektronik und Signalverarbeitung*. 2. neubearbeitete und erweiterte Auflage, Springer Verlag, Berlin, Heidelberg, New York, 1974. ISBN 3-540-06245-9.

[16] Reinmut K. Hoffmann. *Integrierte Mikrowellenschaltungen : Elektrische Grundlagen, Dimensionierung, technische Ausführung, Technologien*. Springer Verlag, Berlin, Heidelberg, 1983. ISBN 3-540-12352-0, ISBN 0-387-12352-0.

[17] Werner Buckel and Reinhold Kleiner. *Supraleitung: Grundlagen und Anwendungen.* 6. vollst. überarb. u. erw. Auflage, WILEY–VCH Verlag GmbH & Co. KGaA, Weinheim, 2004. ISBN 3-527-40348-5.

[18] Jiansong Gao. *The Physics of Superconducting Microwave Resonators.* PhD thesis, California Institute of Technology, Pasadena, California, USA, May 2008.

[19] Neil W. Ashcroft and David N. Mermin. *Festkörperphysik.* 3., verb. Aufl. Oldenbourg Verlag, 2007. ISBN 3-486-58273-9.

[20] Alan M. Kadin. *Introduction to Superconducting Circuits.* John Wiley & Sons, Inc., New York, Weinheim [u.a.], 1999. ISBN 0-471-31432-3.

[21] Heinrich Hertz. *Gesammelte Werke von Heinrich Hertz – Band 1; Schriften vermischten Inhalts.* Johann Ambrosius Barth (Arthur Meiner), Druck von Metzger & Wittig, Leipzig, 1895.

[22] Michael Damian Audley. *A Broad–Band Spectral and Timing Study of the X-ray Binary System Centaurus X–3.* PhD thesis, Laboratory for High Energy Astrophysics, Goddard Space Flight Center, Greenbelt, Maryland, USA, August 1998.

[23] A. Semenov, A. Engel, H.-W. Hübers, K. Il'in, and M. Siegel. Spectral cut–off in the efficiency of the resistive state formation caused by absorption of a single–photon in current–carrying superconducting nano–strips. *The European Physical Journal B – Condensed Matter and Complex Systems,* 47(4):495–501, 2005. DOI: 10.1140/epjb/e2005-00351-8.

[24] W. Jutzi, S. Wuensch, E. Crocoll, M. Neuhaus, T. A. Scherer, T. Weimann, and J. Niemeyer. Microwave and DC Properties of Niobium Coplanar Waveguides With 50–nm Linewidth on Silicon Substrates. *IEEE Transactions on Applied Superconductivity,* 13(2):320–323, 2003. DOI: 10.1109/TASC.2003.813719.

[25] J. Gao, J. Zmuidzinas, A. Vayonakis, P. Day, B. Mazin, and H. Leduc. Equivalence of the Effects on the Complex Conductivity of Superconductor due to Temperature

Change and External Pair Breaking. *Journal of Low Temperature Physics*, 151:557–563, 2008. DOI: 10.1007/s10909-007-9688-z.

[26] A. G. Kozorezov, A. F. Volkov, J. K. Wigmore, A. Peacock, A. Poelaert, and R. den Hartog. Quasiparticle–phonon downconversion in nonequilibrium superconductors. *Physical Review B*, 61(17):11807–11819, 2000. DOI: 10.1103/PhysRevB.61.11807.

[27] Stefan Wünsch. *Supraleitende koplanare Mikrowellenfilter für radioastronomische Empfänger bei 15 K*. PhD thesis, Universität Karlsruhe (TH), Mai 2005. ISBN 3-937-30060-0.

[28] Otto Zinke and Heinrich Brunswig. *Lehrbuch der Hochfrequenztechnik I: Koppelfilter, Leitungen, Antennen*. 2. neubearbeitete und erweiterte Auflage, Springer Verlag, Berlin, Heidelberg, New York, 1973. ISBN 3-540-05974-1.

[29] Constantine A. Balanis. *Antenna theory : analysis and design*. Wiley–Interscience, John Wiley & Sons, Inc., Hoboken, N.J., 3. edition, 2005. ISBN 0-471-66782-X.

[30] Meinke and Gundlach. *Taschenbuch der Hochfrequenztechnik*. 5., überarb. Aufl., Springer Verlag, Berlin, Heidelberg, 1992. ISBN 3-540-54717-7.

[31] Gerd Hammer, Stefan Wünsch, Markus Rösch, Konstantin Ilin, Erich Crocoll, and Michael Siegel. Superconducting coplanar waveguide resonators for detector applications. *Superconductor Science and Technology*, 20:S408–S412, 2007. DOI: 10.1088/0953-2048/20/11/S21.

[32] J. Gao, J. Zmuidzinas, B. A. Mazin, H. G. LeDuc, and Day P. K. Noise properties of superconducting coplanar waveguide microwave resonators. *Applied Physics Letters*, 90:102507 1–3, 2007. DOI: 10.1063/1.2711770.

[33] George A. Vardulakis, Stafford Withington, and David J. Goldie. Theoretical Modelling of Optical and X–ray Photon Counting Kinetic Inductance Detectors. *Proc. SPIE*, 5499:348, 2004. DOI: 10.1117/12.550901.

[34] Benjamin A. Mazin, Peter K. Day, Kent D. Irwin, Carl D. Reintsema, and Jonas Zmuidzinas. Digital readouts for large microwave low–temperature detector arrays. *Nuclear Instruments and Methods in Physics Research Section A: Accelerators, Spectrometers, Detectors and Associated Equipment*, 559(2):799–801, 2006. DOI: 10.1016/j.nima.2005.12.208.

[35] J.J.A. Baselmans, S. Yates, A. Neto, D. Bekers, G. Gerini, A. Baryshev, Y.J.Y. Lankwarden, and H. Hoevers. EBG Enhanced Dielectric Lens Antennas for the Imaging at Sub–mm Waves. In *Proceedings of the 38th European Microwave Conference*, pages 940–942, Amsterdam, The Netherlands, October 2008. DOI: 10.1109/APS.2008.4619323.

[36] J. Schlaerth, A. Vayonakis, P. Day, J. Glenn, J. Gao, S. Golwala, S.and Kumar, H. LeDuc, B. Mazin, J. Vaillancourt, and J. Zmuidzinas. A Millimeter and Submillimeter Kinetic Inductance Detector Camera. *Journal of Low Temperature Physics*, 151:684–689, 2008. DOI: 10.1007/s10909-008-9728-3.

[37] A. Monfardini, L. J. Swenson, A. Bideaud, F. X. Désert, S. J. C. Yates, A. Benoit, A. M. Baryshev, J. J. A. Baselmans, S. Doyle, B. Klein, M. Roesch, C. Tucker, P. Ade, M. Calvo, P. Camus, C. Giordano, R. Guesten, C. Hoffmann, S. Leclercq, P. Mauskopf, and K. F. Schuster. NIKA: A Millimeter–Wave Kinetic Inductance Camera. *Instrumentation and Methods for Astrophysics (astro-ph.IM)*, pages 1–6, 13 April 2010. arXiv:1004.2209v1 [astro-ph.IM].

[38] W. Eisenmenger. Nonequilibrium phonons. In Kenneth E. Gray, editor, *Nonequilibrium Superconductivity, Phonons, and Kapitza Boundaries*, volume 65, pages 73–110. Plenum Press, New York and London, 1981. ISBN 0-306-40720-5.

[39] S. B. Kaplan, C. C. Chi, and D. N. Langenberg. Quasiparticle and phonon lifetimes in superconductors. *Physical Review B*, 14(11):4854–4873, 1976. DOI: 10.1103/PhysRevB.14.4854.

[40] J. P. Carbotte. Properties of boson–exchange superconductors. *Reviews of Modern Physics*, 62(4):1027–1157, 1990. DOI: 10.1103/RevModPhys.62.1027.

[41] Arnold Daniels. *Field guide to infrared systems*, volume FG09 of *SPIE Field Guides*. SPIE Press, Bellingham, Washington, USA, 2006. ISBN 0-819-46361-2.

[42] A. V. Sergeev, V. V. Mitin, and B. S. Karasik. Ultrasensitive hot–electron kinetic–inductance detectors operating well below the superconducting transition. *Applied Physics Letters*, 80(5):817–819, 2002. DOI: 10.1063/1.1445462.

[43] S. Kumar, P. Day, H. Leduc, B. Mazin, M. Eckart, J. Gao, and J. Zmuidzinas. Frequency Noise in Superconducting Thin-Film Resonators. *American Physical Society, APS Meeting Abstracts*, pages 38002–+, March 2006. http://adsabs.harvard.edu/abs/2006APS..MARB38002K. Provided by the SAO/NASA Astrophysics Data System.

[44] Jiansong Gao, Miguel Daal, Anastasios Vayonakis, Shwetank Kumar, Jonas Zmuidzinas, Bernard Sadoulet, Benjamin A. Mazin, Peter K. Day, and Henry G. Leduc. Experimental evidence for a surface distribution of two–level systems in superconducting lithographed microwave resonators. *Applied Physics Letters*, 92:152505 1–3, 2008. DOI: 10.1063/1.2906373.

[45] Jiansong Gao, Miguel Daal, John M. Martinis, Anastasios Vayonakis, Jonas Zmuidzinas, Bernard Sadoulet, Benjamin A. Mazin, Peter K. Day, and Henry G. Leduc. A semiempirical model for two–level system noise in superconducting microresonators. *Applied Physics Letters*, 92:212504 1–3, 2008. DOI: 10.1063/1.2937855.

[46] P. Macha, S. H. W. van der Ploeg, G. Oelsner, E. Il'ichev, H.-G. Meyer, S. Wünsch, and M. Siegel. Losses in coplanar waveguide resonators at millikelvin temperatures. *Applied Physics Letters*, 96:062503 1–3, 2010. DOI: 10.1063/1.3309754.

[47] Agilent Technologies, Inc., Agilent Technologies, Inc., Printed in USA. *E8361A Agilent Technologies PNA Series Microwave Network Analyzer – Service Guide*, February 2008.

[48] M. Hein. *High–Temperature–Superconductor Thin Films at Microwave Frequencies*, volume 155 of *Springer Tracts in Modern Physics*. Springer Verlag, Berlin, Heidelberg, New York, 1999. ISBN 3-540-65646-4.

[49] Carol G. Montgomery, R. H. Dicke, and E. M. Purcell. *Principles of microwave circuits*. Radiation Laboratory Series ; 11. McGraw–Hill Book Company, Inc., New York [u.a.], 1948.

[50] Edward L. Ginzton. *Microwave measurements*. International series in pure and applied physics. McGraw–Hill Book Company, Inc., New York [u.a.], 1957.

[51] Georg Benz. *Supraleitende Bausteine mit Flußgräben*. Fortschritt-Berichte VDI : Reihe 9, Elektronik/Mikro– und Nanotechnik ; 321. VDI–Verlag, Düsseldorf, 2000. ISBN 3-18-332109-2.

[52] Rudolf Schneider, Rolf Aidam, and Alexander Zaitsev. *Supraleitende Mikrowellenresonatoren*. Wissenschaftliche Berichte / Forschungszentrum Karlsruhe in der Helmholtz-Gemeinschaft, FZKA ; 6343. Forschungszentrum Karlsruhe, Karlsruhe, 1999.

[53] Johann Hinken. *Supraleiter Elektronik*. Springer Verlag, Berlin, Heidelberg [u.a.], 1988. ISBN 3-540-18720-0.

[54] Deutsches Kupferinstitut e.V., Auskunfts– und Beratungsstelle für die Verwendung von Kupfer und Kupferlegierungen, Düsseldorf, Deutschland. *DKI Werkstoff–Datenblätter Cu–OFE*, 2005.

[55] Sonnet Software, Inc., 100 Elwood Davis Road, North Syracuse, NY 13212, USA. *Sonnet® User's Guide – Release 12 – Manual of the Program Sonnet®*, April 2009.

[56] J. Zmuidzinas, B. Mazin, A. Vayonakis, P. Day, and H. G. Leduc. Multiplexable Kinetic Inductance Detectors. CiteSeerX - Scientific Literature Digital Library and Search Engine [http://citeseerx.ist.psu.edu/oai2] (United States), 2002.

[57] Walter Janssen. *Streifenleiter und Hohlleiter*. Hüthig, Heidelberg, 1992. ISBN 3-7785-1834-8.

[58] M. Thumm. *Hoch– und Höchstfrequenz–Halbleiterschaltungen*. Institut für Höchstfrequenztechnik und Elektronik (IHE), Universität Karlsruhe (TH), 12. Auflage, 2005.

[59] K. C. Gupta, R. Garg, I. Bahl, and P. Bhartia. *Microstrip lines and slotlines*. Artech House, Boston [u.a.], 1996. ISBN 0-89006-766-X.

[60] Wolff Ingo. *Coplanar microwave integrated circuits*. Wolff, Dr., Aachen, 2005. ISBN 3-922697-30-5.

[61] Rainee N. Simons. *Coplanar Waveguide Circuits, Components, And Systems*. Wiley–Interscience, John Wiley & Sons, Inc., New York, Weinheim [u.a.], 2001. ISBN 0-471-16121-7.

[62] Applied Wave Research, Inc., 1960 E. Grand Avenue, Suite 430, El Segundo, CA 90245, USA. *AWR® Design Environment™ 2009 – User Guide*, version 9.0 edition, 2009.

[63] G. Ghione and C. U. Naldi. Coplanar Waveguides for MMIC Applications: Effect of Upper Shielding, Conductor Backing, Finite–Extent Ground Planes, and Line–to–Line Coupling. *IEEE Transactions on Microwave Theory and Techniques*, 35(3):260–267, 1987.

[64] G. Ghione and C. Naldi. Analytical Formulas for Coplanar Lines in Hybrid and Monolithic MICs. *Electronics Letters*, 20(4):179–181, 1984. 10.1049/el:19840120.

[65] S. Gevorgian and H. Berg. Line capacitance and impedance of coplanar–strip waveguides on substrates with multiple dielectric layers. *31st European Microwave Conference*, pages 1–4, 2001. DOI: 10.1109/EUMA.2001.339161.

[66] Andreas Heinz Vogt. *Mikrowellenbausteine mit Hochtemperatursupraleitern*. Fortschrittberichte VDI : Reihe 9, Elektronik, Mikro- und Nanotechnik ; 251. VDI–Verlag, Düsseldorf, 1997. ISBN 3-18-325109-4.

[67] J. E. Aitken. Swept–frequency microwave Q–factor measurement. *PROC. IEE*, 123(9):855–862, 1976. DOI: 10.1049/piee.1976.0184.

[68] J. R. Bray and L. Roy. Measuring the unloaded, loaded, and external quality factors of one– and two– port resonators using scattering parameter magnitudes at fractional power levels. *IEEE Proc.–Microw. Antennas Propag.*, 151(4):345–350, 2004. DOI: 10.1049/ip-map:20040521.

[69] D. Baek, T. Song, S. Ko, E. Yoon, and Hong S. Analysis on resonator coupling and its application to CMOS quadrature VCO at 8 GHz. *IEEE Radio Freq. Int. Circ. Symp. (RFIC)*, pages 85–88, 2003.

[70] Gerd Hammer, Stefan Wuensch, Markus Roesch, Erich Crocoll, Konstantin Ilin, and Michael Siegel. Coupling of microwave resonators to feed lines. *IEEE Transactions on Applied Superconductivity; Special Issue from the Applied Superconductivity Conference*, 19(3):565–569, 2009. DOI: 10.1109/TASC.2009.2018476.

[71] A. Khanna and Y. Gerault. Determination of the Loaded, Unloaded and External Quality Factors of a Dielectric Resonator Coupled to a Microstrip Line. *IEEE Transactions on Microwavs Theory and Techniques*, 31(3):261–264, 1983. DOI: 10.1109/TMTT.1983.1131473.

[72] R. Fang and J. Krautenbacher. *Technical Data Sheet – SMA Panel Jack Stripline 32K724-600S3*. Rosenberger Hochfrequenztechnik GmbH & Co. KG, P.O.Box 1260, 84526 Tittmoning, Germany, b00 edition, 2006. Webseite: http://www.rosenberger.de.

[73] Agilent Technologies, Inc., Agilent Technologies, Inc., Santa Rosa Systems Division, 1400 Fountaingrove Parkway, Santa Rosa, CA 95403–1799, USA. *Agilent Technologies 85052D 3.5 mm Economy Calibration Kit – User's and Service Guide*, September 2007.

[74] Tottori SANYO Electric Co., Ltd. – Photonics Business Unit, 5-318, Tachikawa, Tottori 680-8634 Japan. *Red Laser Diode DL–6147–040*, ver.2 edition, May 2005. Webseite: http://www.sanyocomponentsdirect.com.

[75] Spectrum Detector Inc., 5825 Jean Road Center, Lake Oswego, OR 97035, USA. *SPH Series Hybrid Pyroelectric Detectors for THz Measurement – SPH–62 THz*, 2009. Webseite: http://www.spectrumdetector.com.

[76] Thorlabs Inc., 435 Route 206, P.O. Box 366, Newton, NJ 07860-0366, USA. *SM05PD2A Mounted Si–Photodiode – Datasheet*, 8920-S01 Rev. A edition, 2004. Webseite: http://www.thorlabs.com.

[77] C. L. Foiles. Mo – Nd. In K.-H. Hellwege and J. L. Olsen, editors, *Landolt-Börnstein - Group III Condensed Matter Numerical Data and Functional Relationships in Science and Technology*, volume 15b, chapter 4.3 Optical constants of pure metals. Springer-Materials – The Landolt–Börnstein Database, 2010. DOI: 10.1007/10201705_35.

[78] Michael Tinkham. *Introduction to Superconductivity*. Dover Publications, Inc, Mineola, New York, second edition, 2004. ISBN 0-486-43503-2, unabridged republication of the 1996 2. ed. ... by McGraw–Hill Book, New York.

[79] Florin Geuppert. Entwicklung eines FPGA – basierten Prototyps zur Auslese von Microwave Kinetic Inductance Detektoren im Frequenzbereich von 6 GHz. Master's thesis, Karlsruher Institut für Technologie (KIT) – Institut für Mikro– und Nanoelektronische Systeme, Kaiserstraße 12, 76131 Karlsruhe, Deutschland, Mai 2010.

[80] Ulrich Lewark. Aufbau einer Ausleseschaltung für Kinetic Inductance Detektoren. Master's thesis, Universität Karlsruhe (TH) – Institut für Mikro– und Nanoelektronische Systeme, Kaiserstraße 12, 76131 Karlsruhe, Deutschland, August 2009.

[81] Agilent Technologies, Inc., Agilent Technologies, Inc., 3501 Stevens Creek Blvd., Santa Clara, CA 95052, USA. *Agilent Technologies N5161A/62A/81A/82A/83A MXG Signal Generators – User's Guide*, May 2009.

[82] Agilent Technologies, Inc., Agilent Technologies, Inc., Santa Rosa Systems Division, 1400 Fountaingrove Parkway, Santa Rosa, CA 95403–1799, USA. *HP / Agilent 11667A Power Splitter – DC to 18 GHz – User's and Service Guide*, June 2001.

[83] Hittite Microwave Corporation, 20 Alpha Road, Chelmsford, MA 01824, USA. *HMC525LC4 – GaAs MMIC I/Q MIXER 4 – 8.5 GHz*, v02.1208 edition, 2009.

[84] Agilent Technologies, Inc., Agilent Technologies, Inc., 1400 Fountaingrove Parkway, Santa Rosa, CA 95403, USA. *Agilent X–Series Signal Analyzer – Measurement Guide and Programming Examples*, March 2009.

[85] EM Research, Inc., 1301 Corporate Blvd., Reno, Nevada 89502, USA. *FST Series – Extremely Fast Switching Frequency Synthesizer*, June 2009.

[86] Agilent Technologies, Inc., Agilent Technologies, Inc., Santa Rosa Systems Division, 1400 Fountaingrove Parkway, Santa Rosa, CA 95403–1799, USA. *Agilent 11691D/11692D Directional Couplers – 2 to 18 GHz – Product Overview*, October 2006.

[87] Agilent Technologies, Inc., Agilent Technologies, Inc., 1900 Garden of the Gods Road, Colorado Springs, CO 80907, USA. *Agilent InfiniiVision 5000/6000/7000 Series Oscilloscopes – User's Guide*, first edition, June 2009.

[88] Gerd Hammer, Stefan Wuensch, Konstantin Ilin, and Michael Siegel. Ultra high quality factor resonators for kinetic inductance detectors. *Journal of Physics: Conference Series*, 97:012044 1–6, 2008. DOI: 10.1088/1742-6596/97/1/012044.

[89] Inder J. Bahl. *Lumped Elements for RF and Microwave Circuits*. Artech House Publishers, Inc., 685 Canton Street, Norwood, MA 02062, 2003. ISBN 1-580-53309-4.

[90] Markus Rösch. Design und Aufbau eines mehrkanaligen $\lambda/4$ Resonatorarrays im L–Band für KID. Master's thesis, Universität Karlsruhe (TH) – Institut für Mikro– und Nanoelektronische Systeme, Kaiserstraße 12, 76131 Karlsruhe, Deutschland, September 2008.

[91] Martin Herold. Untersuchung über die Erhöhung der Packungsdichte supraleitender $\lambda/4$ – Resonatoren. Master's thesis, Universität Karlsruhe (TH) – Institut für Mikro–

und Nanoelektronische Systeme, Kaiserstraße 12, 76131 Karlsruhe, Deutschland, Februar 2009.

[92] Tobias Kappler. Lumped Element Kinetic Inductance Detektoren bei 4,2 K. Master's thesis, Karlsruher Institut für Technologie – Universität des Landes Baden–Württemberg und nationales Forschungszentrum in der Helmholtz–Gemeinschaft – Institut für Mikro– und Nanoelektronische Systeme, Kaiserstraße 12, 76131 Karlsruhe, Deutschland, Dezember 2009.

[93] Agilent Technologies, Inc., Agilent Technologies, Inc., Santa Rosa Systems Division, 1400 Fountaingrove Parkway, Santa Rosa, CA 95403–1799, USA. *Agilent 83000A Series Microwave System Amplifiers – Product Overview*, November 2008.

[94] Michael Kathke. *Supraleitung – Eine Einführung*. Fachbereich 5 – Elektrotechnik Fachhochschule Aachen, Juni 1999.

[95] K. Kopitzki and P. Herzog. *Einführung in die Festkörperphysik*. 4., überarb. Aufl., Teubner GmbH & Co. KGaA, Stuttgart, Leipzig, Wiesbaden, 2002. ISBN 3-519-33083-0.

[96] T. van Duzer and C. W. Turner. *Principles of superconductive devices and circuits*. Elsevier, New York, 1981. ISBN 0-444-00411-4.

[97] C. J. Gorter and Casimir H. B. G. On Supraconductivity. *Physica*, 1:306–320, 1934.

[98] F. London and London H. The electromagnetic equations of the superconductor. *Proc. Royal Society London A*, 149:71–88, 1935. DOI: 10.1098/rspa.1935.0048.

[99] Ralf Pöpel. *Auswertung der Mattis–Bardeen–Theorie und Messungen an supraleitenden Mikrostreifenleitungen*. PhD thesis, Technische Universität Braunschweig, 1986.

[100] B. T. Geilikman and V. Z. Kreisin. *Kinetic and Nonsteady–State Effekts in Superconductors*. John Wiley & Sons, New York, Toronto, 1974. ISBN 0-7065-1428-9.

[101] Werner Wiesbeck. Grundlagen der Hochfrequenztechnik. Institut für Höchstfrequenztechnik und Elektronik (IHE), Universität Karlsruhe (TH), 2006. 8. Auflage.

[102] W. H. Henkels and C. J. Kircher. Penetration Depth Measurements on Type II Superconducting Films. *IEEE Transactions on Magnetics*, MAC–13(1):63–66, 1977.

[103] N. H. Meyers. Inductance in Thin–Film Superconducting Structures. *Proc. IRE*, 49(11):1640–1649, 1961. DOI: 10.1109/JRPROC.1961.287767.

[104] CrysTec GmbH, Köpenicker Str. 325, D–12555 Berlin, Germany. *Datenblatt: Silicon*, 2004 edition, 2010. Webseite: www.crystec.de/daten/silicon.pdf.

[105] G. I. Kanel, W. J. Nellis, A.S. Savinykh, S. V. Razorenov, and A. M. Rajendran. Response of seven crystallographic orientations of sapphire crystals to shock stresses of 16–86 GPa. *Journal of Applied Physics*, 106:043524 1–10, 2009. DOI: 10.1063/1.3204940.

[106] CrysTec GmbH, Köpenicker Str. 325, D–12555 Berlin, Germany. *Datenblatt: Sapphire*, 2004 edition, 2010. Webseite: www.crystec.de/daten/al2o3.pdf.

[107] Raymond S. Kwok, Dawei Zhang, Qiang Huang, Todd S. Kaplan, Jihong Lu, and Guo–Chun Liang. Superconducting Quasi–Lumped Element Filter on R–Plane Sapphire. *IEEE Transactions on Microwave Theory and Techniques*, 47(5):586–591, 1999. DOI: 10.1109/22.763159.

[108] P. J. Mohr and B. N. Taylor. CODATA recommended values of the fundamental physical constants: 2006. *Reviews of Modern Physics*, 80(2):633–730, April–June 2008. DOI: 10.1103/RevModPhys.80.633.

[109] Peter J. Mohr and Barry N. Taylor. The NIST Reference on Constants, Units, and Uncertainty: CODATA Internationally recommended values of the Fundamental Physical Constants. Webseite: http://physics.nist.gov/constants [01-Dec-2010], 2010.

Lebenslauf

28. Oktober 1978	Geboren in Schramberg
1985 – 1989	Besuch der Grundschule in Hardt
1989 – 1998	Besuch des Gymnasiums in Schramberg
1998	Abitur
1998 – 1999	Wehrdienst
1999 – 2006	Studium der Elektro– und Informationstechnik an der Universität Karlsruhe (TH)
2006	Diplom in Elektro– und Informationstechnik
2006 – 2010	Wissenschaftlicher Mitarbeiter am Institut für Mikro– und Nano-elektronische Systeme, Karlsruher Institut für Technologie (KIT)

Karlsruher Schriftenreihe zur Supraleitung
(ISSN 1869-1765)

Herausgeber: Prof. Dr.-Ing. M. Noe, Prof. Dr. rer. nat. M. Siegel

Die Bände sind unter www.ksp.kit.edu als PDF frei verfügbar oder als Druckausgabe bestellbar.

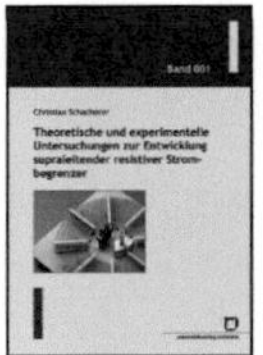

Band 001
Christian Schacherer
Theoretische und experimentelle Untersuchungen zur Entwicklung supraleitender resistiver Strombegrenzer. 2009
ISBN 978-3-86644-412-6

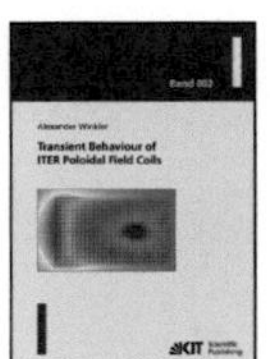

Band 002
Alexander Winkler
Transient behaviour of ITER poloidal field coils. 2011
ISBN 978-3-86644-595-6

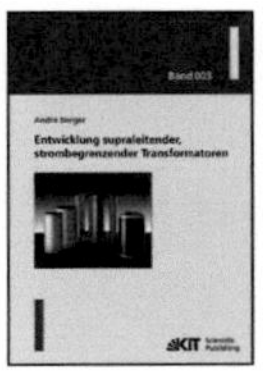

Band 003
André Berger
Entwicklung supraleitender, strombegrenzender Transformatoren. 2011
ISBN 978-3-86644-637-3

Band 004
Christoph Kaiser
High quality Nb/Al-AlOx/Nb Josephson junctions. Technological development and macroscopic quantum experiments. 2011
ISBN 978-3-86644-651-9

Band 005
Gerd Hammer
Untersuchung der Eigenschaften von planaren Mikrowellenresonatoren für Kinetic-Inductance Detektoren bei 4,2 K. 2011
ISBN 978-3-86644-715-8